从概念到现实

冯大伟◎编著

ChatGPT 和 Midjourney 的设计之旅

北京大学出版社
PEKING UNIVERSITY PRESS

内 容 提 要

本书详细介绍了ChatGPT与Midjourney的使用方法和应用场景，并结合设计案例讲解了如何利用AIGC辅助不同行业的设计师提升工作效率和创造力，共涉及8个应用领域，近60个案例演示，生动展示了各行各业中融入AIGC技术的设计成果，为设计师提供了更开阔的设计思路。同时，书中还有很多实用的技巧和建议，可以帮助设计师更快地掌握相关技术。对于不熟悉AI技术的设计师来说，这将是一本很有价值的指南书。通过阅读本书，插画设计师、UI和UX设计师、游戏设计师、电商设计师、文创设计师、服装设计师、家居建筑设计师、工业设计师及相关设计人员可以更好地理解AI工具的工作原理，并更加灵活地加以运用。

本书不仅适合对设计充满热情的专业人士，还适合广大热爱设计艺术的读者。

愿我们共同开启这段关于AI与设计的奇妙旅程，探索无限的创作空间！

图书在版编目(CIP)数据

从概念到现实：ChatGPT和Midjourney的设计之旅 / 冯大伟编著. — 北京：北京大学出版社，2023.10

ISBN 978-7-301-34381-4

Ⅰ.①从… Ⅱ.①冯… Ⅲ.①人工智能 Ⅳ. ①TP18

中国国家版本馆CIP数据核字（2023）第163623号

书　　名 从概念到现实：ChatGPT和Midjourney的设计之旅
CONG GAINIAN DAO XIANSHI：ChatGPT HE Midjourney DE SHEJI ZHILÜ

著作责任者 冯大伟　编著

责 任 编 辑 刘　云　孙金鑫

标 准 书 号 ISBN 978-7-301-34381-4

出 版 发 行 北京大学出版社

地　　址 北京市海淀区成府路205号　100871

网　　址 http://www.pup.cn　新浪微博：@ 北京大学出版社

电 子 邮 箱 编辑部 pup7@pup.cn　总编室 zpup@pup.cn

电　　话 邮购部 010-62752015　发行部 010-62750672　编辑部 010-62570390

印 刷 者 北京宏伟双华印刷有限公司

经 销 者 新华书店

787毫米×1092毫米　16开本　17印张　509千字

2023年10月第1版　2023年10月第1次印刷

印　　数 1-3000册

定　　价 119.00元

随着科技的不断进步和人工智能的快速发展，AIGC（人工智能生成内容）已经在各个领域展现出了巨大的潜力。具体到设计领域，AIGC在辅助创作和设计过程中正发挥着越来越重要的作用。设计师只有积极面对AIGC的快速发展，不断提升自身的专业素养，才能在未来技术发展的浪潮中保持竞争力。但是由于信息不对称，很多设计师对AI有抵触心理，还有很多设计师想要学习AIGC却无从下手。帮助设计师拥抱AIGC，而不是与之抗衡，这是笔者编写本书的初衷。

本书将为各个行业的设计师呈现一种崭新的思考方式和工作流程。过去，设计师需要花费大量的时间和精力研究与运用复杂的设计工具和软件；现在，设计师无须深入掌握复杂的设计工具和软件，只需输入一些简单的指令或者模糊的概念描述，就能够通过AI迅速生成相关的图像及内容。

无论是平面设计师、插画设计师、UI设计师、服装设计师、建筑设计师、工业设计师，还是家装设计师，都可以从ChatGPT与Midjourney中获得一些独特的帮助。ChatGPT可以帮助设计师快速生成文案、产品描述或者创意构思；Midjourney则可以提供创作灵感、辅助绘图以及自动生成设计元素等。书中的案例能够鼓励和激发更多的设计师尝试借助AIGC来提升工作效率和创造力。

相信随着AI技术的进一步发展，AIGC将成为设计师们日常工作中不可或缺的工具，帮助他们更好地发挥创造力，在设计领域取得更加出色的成果。本书的出版将会对设计行业产生积极的影响。通过将AI技术与设计结合起来，设计师们可以更加高效地完成任务，释放更多的时间和精力去追求创造性的想法。同时，AI工具的普及也将促进设计师之间的交流和协作。

通过分享实际案例和经验，设计师们可以相互启发，共同推动整个行业的发展。

面对AI技术的普及，各个行业的设计师可能会感到焦虑。这种焦虑是可以理解的，因为AIGC在一定程度上能够替代传统设计师的一些工作任务。然而取代设计师的并不是AI，而是会使用AI的人。以下建议可以帮助设计师应对焦虑。

第一，视AI技术为助手而非竞争对手。AIGC的出现并不意味着设计师将被取代，而是表明设计师多了一个得力的助手。设计师需要学会如何与AIGC协作，共同提升创意和设计的质量。

第二，专注于独特的创意和策略。AI工具主要是基于数据和算法进行创作的，而设计师可以发挥自己的独特思维和创意进行创作。通过深入了解客户需求、研究目标受众，以及关注社会趋势，设计师可以创造出更加独特和具有个性化的设计方案。

第三，持续学习和提升技能。设计师应该不断学习新技术，并结合自身的专业知识和技能来应用这些新技术。通过不断提升自身的综合素质，设计师可以保持竞争力。

第四，与客户保持沟通和合作。设计师与客户之间的沟通和合作非常重要。通过与客户深入沟通，理解其需求和目标，并积极融入AIGC，设计师可以为客户提供更有价值的设计解决方案。

第五，在团队中发挥优势。设计师在团队合作中发挥的独特优势是AI无法替代的。设计师应该与团队成员密切合作，共同探索如何利用AIGC来提高工作效率和创意水平。

希望这本书能够为设计师们带来灵感和启示，成为他们在追求卓越设计道路上的“指南针”。

目录

ChatGPT 和 Midjourney 的使用技巧 045

使用 ChatGPT 和 Midjourney 提升插画设计效率 056

使用 ChatGPT 和 Midjourney 提升 UI 和 UX 设计效率 095

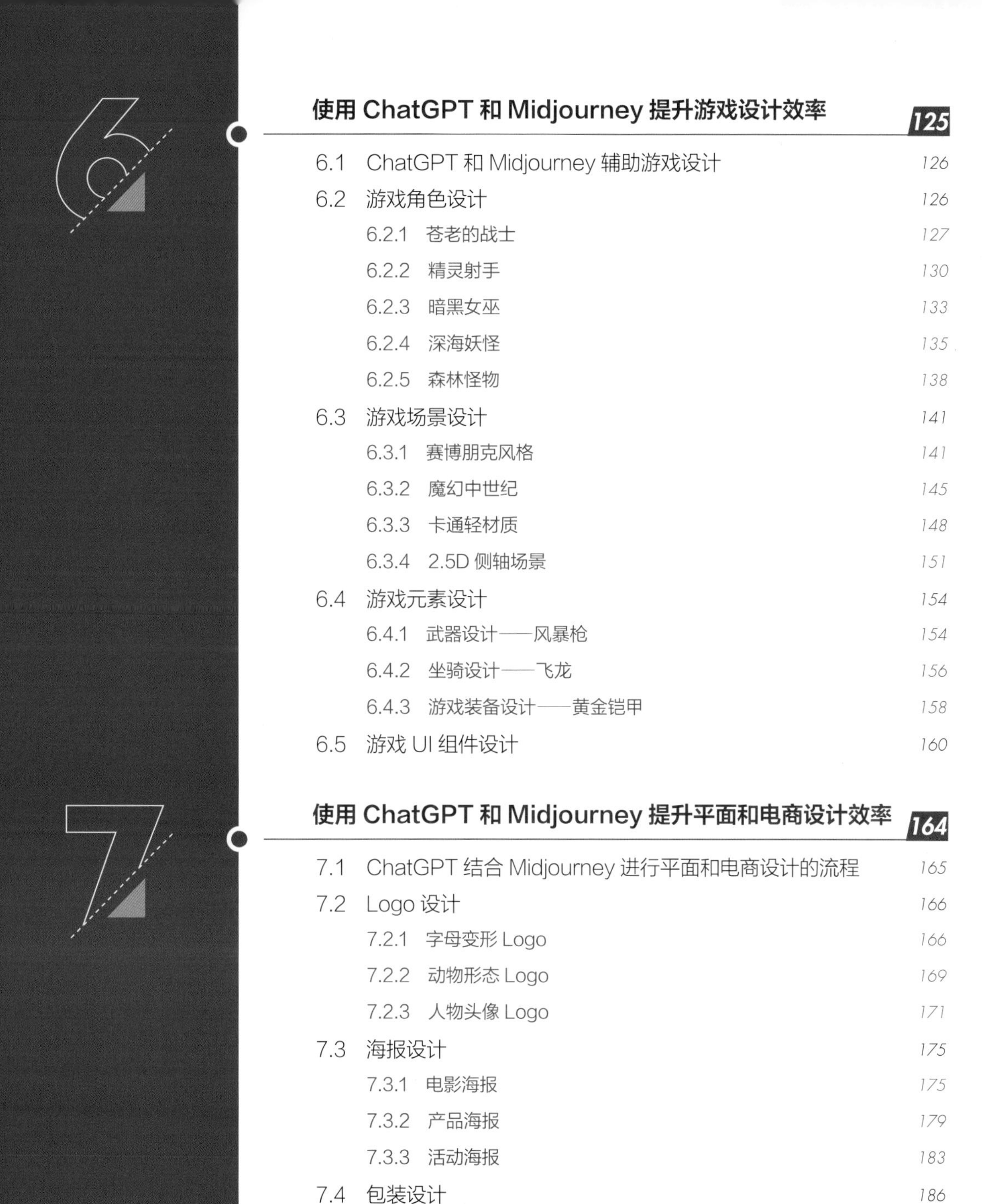

使用 ChatGPT 和 Midjourney 提升游戏设计效率 125

使用 ChatGPT 和 Midjourney 提升平面和电商设计效率 164

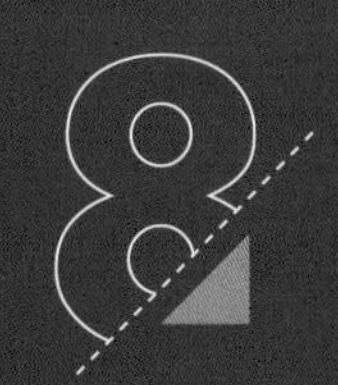

使用 ChatGPT 和 Midjourney 提升文创设计效率 191

1

欢迎来到ChatGPT的世界

1.1 ChatGPT 的概述

ChatGPT是由OpenAI开发的基于GPT-3.5架构的大型语言模型。GPT是Generative Pre-trained Transformer的缩写，是一种基于Transformer架构的预训练语言模型。

ChatGPT是一个基于人工智能技术的智能对话系统，可以模拟人类的对话方式进行交互，帮助人们解决各种问题。它可以用于个人娱乐、学术研究、商业应用等领域，在智能客服、智能助手、教育辅导等方面都有很大的潜力。通过ChatGPT，用户可以与机器人进行对话，从中获取所需的信息、建议或者解决问题的方案。同时，ChatGPT也可以通过学习人类的对话方式来提高自身的回答质量和交互能力，从而更好地服务于用户，为人类社会提供更多的智能化服务。

当然，由于ChatGPT是一个自然语言处理系统，其回答的准确性和可靠性也受到数据质量、语言理解能力等多种因素的影响。在使用ChatGPT时，用户需要注意所提问题的准确性和清晰度，以及对话过程中的语言交互方式和对答的质量，以确保获得更好的体验和结果。

此外，研究人员和开发者们正在积极探索和研究新的技术和算法，如深度学习、强化学习、多语言处理和多模态处理等。这些技术的发展将有助于ChatGPT在未来更好地服务于人类社会，推动智能化和数字化的发展。

总之，ChatGPT是一种非常有潜力的工具，可以为人们提供更加智能和高效的服务和体验。随着技术和应用的不断发展，ChatGPT有望成为人工智能技术在语言交互领域的重要代表和推动者。

1.2 AIGC 对设计行业的影响

随着人工智能技术的不断进步和发展，AIGC（Artificial Intelligence Generated Content，人工智能生成内容）对设计行业的影响越来越大。AI大语言模型结合AI绘画软件正在快速地改变设计行业的面貌。这种新的技术正在为设计师们提供全新而无限的创作空间，同时也极大地提高了设计师们的工作效率。

过去，设计师需要花费大量的时间和精力去研究与运用复杂的设计工具和软件。但随着AI技术的发展，现在设计师们可以利用AI大语言模型和AI绘画软件来生成各种类型的设计，而无须深入掌握复杂的设计工具和软件。这些AI设计工具可以自动识别和理解设计师的意图，并根据设计师的要求生成高质量的设计作品。

在未来的设计中，人将与机器共同创作，发挥各自的优势，带来更加丰富和多样化的设计体验和产品。

随着科技变革日趋明显，未来设计行业的发展变化也将进一步扩大。在跨界、互联的环境下，AI技术将给设计带来更加奇妙的机遇和无限的可能性。从未来消费市场与行业趋势来看，人工智能的应用将会从更人性、更数字化、更节约等角度去考虑。所以，你需要做的就是及时调整自己的心态，并利用好这些强大的AI设计工具，成为一个创造历史的示范者。

此外，AI设计将进一步与各行各业深度融合，推动传统产业不断发展。例如，未来AI设计将为医疗、教育、建筑、城市规划、环保等领域带来更多的创新。而这也需要更多具有机器智能设计才能和能够进行人文思考的设计师去发现和实现。人工智能技术在设计行业中的应用将会有越来越广泛的可能性和实现路径。我们需要看到其中的挑战和机遇，并不断学习和探索，让AI设计成为推动创新和发展的动力。

不过，我们也应该看到AI大语言模型结合AI绘画软件可能对设计行业带来的挑战。一方面，由于人工智能技术的高度自动化，这些AI设计工具可能会导致设计师的工作岗位受到冲击；另一方面，可能会出现大量相似甚至重复的设计作品，进一步降低设计的创意性和个性化。

因此，我们需要找到未来AI设计和人类设计更好的互补方式。例如，在设计中加入更多的人文关怀，让设计的产品更符合人们的需求和期望；同时，注重设计教育、个人素质、团队沟通等多方面的要求，让设计师更好地发挥自己的主观能动性，整合机器智能创新和人文思考，让所有设想得以完美呈现。

同时，我们也要看到AI设计所带来的一些潜在风险。在某些情况下，机器可能会缺乏人类的判断力和伦理道德观念，从而导致设计结果存在一定的不可预知性和风险。

因此，在AI设计中，我们需要坚持人与机器的合作与平衡，发挥人类的智慧和创造力，引领科技赋能设计，而不是简单地依赖机器和技术。

最终，AI设计将成为我们创造更美好未来的一个关键工具和手段。只有持续创新和求变，才能在这个日新月异、竞争激烈的时代中保持领先地位和优势，迎接更加美好的未来。

1.3 ChatGPT的文字提示

以下是一些使用ChatGPT的技巧，可以帮助大家获得更好的结果。

提供清晰的输入：确保输入的问题或指示明确而清晰。具体和明确的问题可以让ChatGPT更容易理解，并给出准确的回答。

设置上下文：使用ChatGPT时，尽量提供相关的上下文信息，可以使用示例句子或对话片段，这有助于模型更好地理解问题或请求。

控制回复长度：ChatGPT倾向于生成详细的回复，但如果想要更简洁的回复，则可以通过指定所需的回复长度来限制制作模型的输出。

进行多轮对话：如果需要与ChatGPT进行多轮对话，则可以将之前的对话历史包含在输入中。这样可以使模型更好地理解对话的上下文并提供连贯的回复。

调整温度参数：温度参数控制模型可以控制生成回复的随机性。较高的温度值会使回复更多样化和随机，而较低的温度值会使回复更加准确和具有保护性。可以尝试不同的温度值，以获得所需的回复风格。

对生成的回复进行筛选：ChatGPT生成的回复可能并不完全正确或合适，在使用回复内容前，先检查和筛选，以确保其满足需求和符合期望。

实验和模拟：ChatGPT并不完美，它可以通过不断实验和模拟来训练模型的行为和能力，从而获得更好的结果。

ChatGPT是一个语言模型，它根据已知的文本数据生成回复。在使用ChatGPT时，请注意模型的回复可能并非真实准确的，因此不建议完全依靠它来做重要的决定或获取专业意见。

以下是让ChatGPT列举的20个关于设计的提示语。

序号	关于设计的提示语
1	请为我提供一些创意新鲜的平面设计灵感
2	你有什么建议来提升用户界面的可用性能吗
3	如何在产品设计中实现简洁和直观的用户体验
4	有什么方法可以使网页设计更吸引人并提高转化率
5	如何设计一个引人注意的目标和易识别的品牌标识
6	有什么创新的方式可以将持续设计原则融入产品开发中
7	请提供一些突出网站排名的最佳实践
8	如何利用色彩心理学影响用户的情绪和行为
9	有什么技巧可以在移动应用设计中提高用户的参与度
10	如何设计一个易于导航和无障碍的网站
11	请分享一些创造独特品牌体验的策略和方法
12	有什么设计原则可以帮助我创建一个具有高级感的用户界面
13	如何在包装设计中宣传产品的特点和价值
14	有什么方法可以优化网页加载速度和性能
15	请提供一些设计动画和过渡效果的最佳实践
16	如何在设计中平衡创新和用户习惯的需求
17	有什么方法可以设计一个有情感链接的用户界面
18	请分享一些设计思路和工具，用于解决复杂问题
19	如何设计一个具有良好可读性和可访问性的印刷品
20	有什么方法可以设计一个引人入胜并且易于使用的游戏界面

除此之外，还可以在提示语里添加以下内容。

我想让你扮演一个××角色

你的任务是×××

请详细描述×××

请以×××（如风格、质感、色彩……）依次描述并以表格的形式呈现

请详细描述×××，并以中英双语的形式展现

如果ChatGPT回复的答案不好或者不完整，则可以追问：继续，或者单击答案右下角的图标，进而得到ChatGPT优化后的回复。

2

欢迎来到Midjourney的世界

2.1 初识Midjourney

2.1.1 Midjourney与Discord

Midjourney是架设在Discord软件上的AI算图工具，用户通过输入框以指令和问答的形式向Midjourney Bot输入指令，Midjourney Bot通过AI算法为用户生成图片并提供服务。因此，在注册Midjourney前需要先注册Discord账户。

Discord

Midjourney

01 打开Discord官网，单击右上角的Login按钮。

02 在新的页面中，单击“登录”按钮下方的“注册”。

03 在弹出的创建账号页面中，根据提示填写相关的信息即可。然后单击“继续”按钮。

04 在弹出的窗口中，需要用户进行相关验证，以确定用户是人类，而非机器人。此处按提示进行相应操作即可。

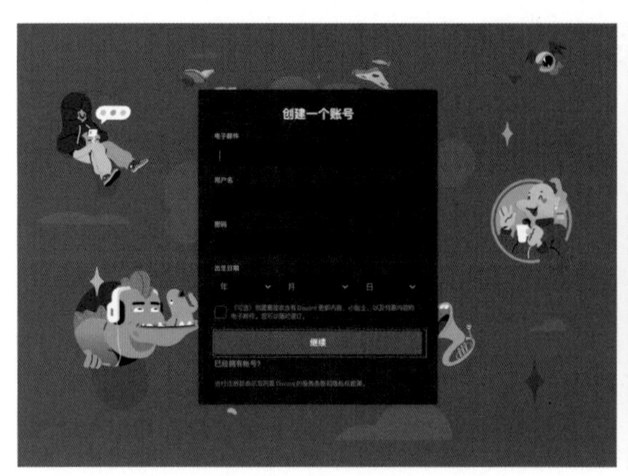

05 验证完成后，在弹出的创建服务器窗口中选择创建自己的Discord服务器，或加入已有的Discord服务器。

06 创建成功后就可以进入Discord网页版了。进入Discord服务器，页面上方提示用户进行邮箱验证，登录注册时填写的邮箱，可以看到一份Discord官方发来的邮件，单击“验证电子邮件地址”按钮，即可完成验证。接下来单击“继续使用Discord”按钮，就可以开始使用Discord了。

下面来注册Midjourney。打开Midjourney官网，进入下图中的页面。一堆程序乱码形成一个星系旋涡，诠释了Midjourney是一个人工智能借由庞大数据生成数以亿计图像的AI绘画软件。单击“Join the Beta”按钮，可以直接进入Discord的Midjourney官方频道。

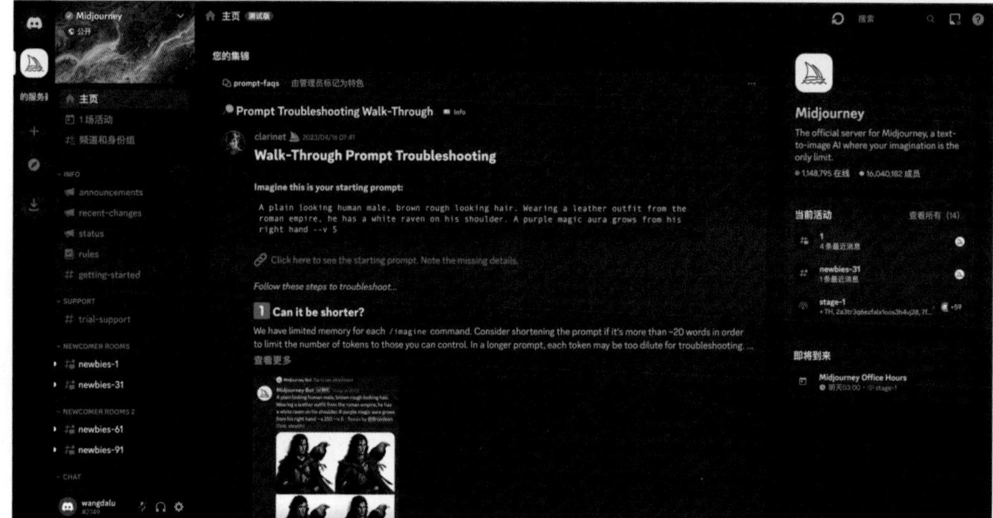

如果网页版的Discord不稳定，那么可以下载Discord官方软件（也可以下载App）。单击上图最左边的按钮，在弹出的页面中下载适合自己系统的Discord即可。

下载MacOS客户端后，如果发现客户端为英文界面，可以通过以下操作切换为中文界面：Discord→Preferences→Language→中文。

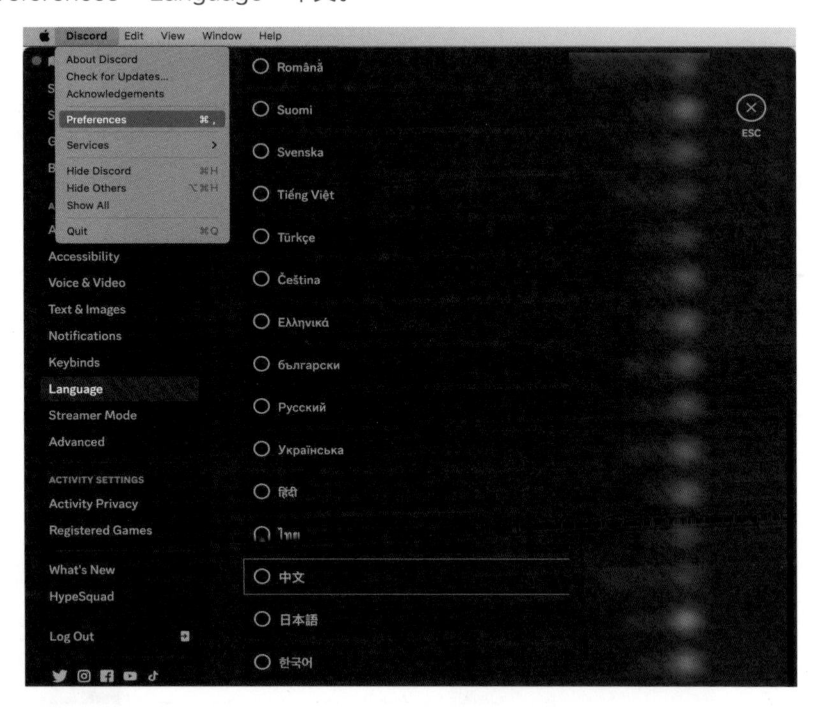

2.1.2 添加 Midjourney Bot 到私人服务器

进入Midjourney频道，可以看到Discord的布局。

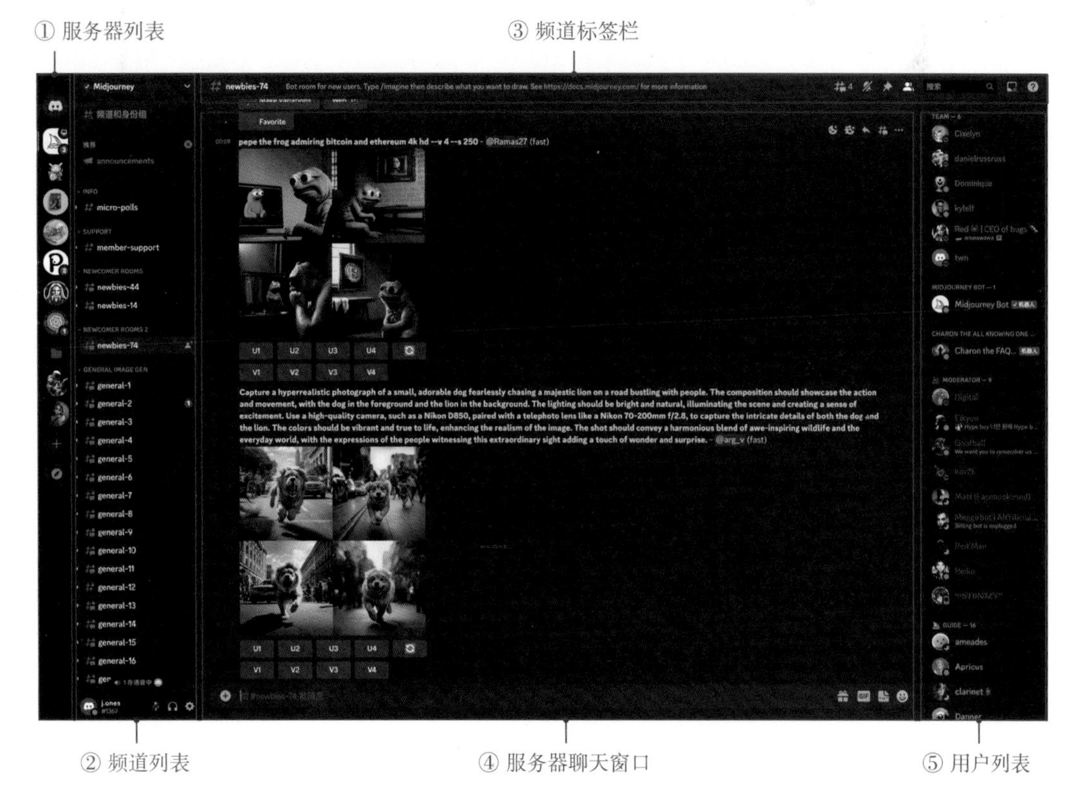

① **服务器列表：** 可以在这里查看已加入的所有服务器，单击其中一个服务器后，可以进入该服务器。

② **频道列表：** 在每个服务器中，都有多个频道，以便用户更轻松地组织和查找聊天。此外，可以在频道列表中选择要进入的频道。

③ **频道标签栏：** 可以查看当前服务器中所有该频道的子区及成员名单和搜索栏。

④ **服务器聊天窗口：** 当选择了一个服务器后，会看到聊天窗口。在这里可以与该服务器中的其他用户聊天，发送文字、表情、符号等。与此同时，我们与Midjourney机器人的对话框也在这里。

⑤ **用户列表：** 这里会显示当前所有的在线用户，可以单击某个用户的名字与其互动。Midjourney机器人也在这个列表里。

第一次进入Midjourney服务器时，会看到全球的用户在该服务器下的NEWCOMER ROOMS-newbies频道里作图，刷新速度非常快。如果担心自己的信息被刷走而找不到，那么进行以下操作会让你有专属于自己的服务器。

在newbies频道里找到Midjourney Bot并单击。在弹窗中选择注册时新建的服务器后单击“继续”按钮。此时弹窗提示勾选Midjourney Bot在服务器的权限，默认全部勾选，单击“授权”按钮。

返回自己的服务器后，可以发现“Midjourney Bot刚刚降落了。”，这说明添加成功。这时你就可以在自己的服务器与Midjourney Bot之间互动了。

2.1.3 Midjourney 操作流程

当一切准备就绪，就可以尝试画第一幅AI作品了。在输入框中输入/i指令，就会弹出相应的选项，选择/imagine prompt。

在prompt框内输入提示语，如Little orange fox is holding an umbrella（一只正在撑伞的橙色小狐狸）。

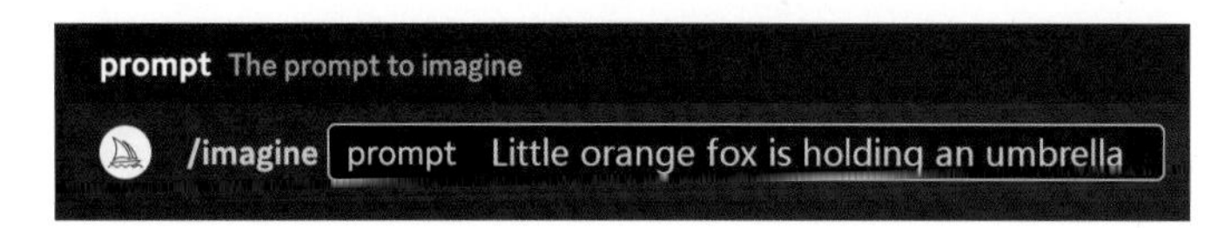

提示

提示语一定要输入prompt的框内，否则指令没有任何效果。

由于输入Midjourney中的提示语不区分字母大小写，因此在本书中没有刻意规范字母的大小写，特此说明。

在不添加其他描述词时，Midjourney会自行判断使用适合的风格出图。

提示

因AI图片生成的随机性及操作系统环境不同，读者实操所得图片可能与本书示例有差异。

生成图片后，会在图片下方出现两行按钮。

U1/U2/U3/U4 U1 U2 U3 U4：单击其中一个按钮，可放大图片，生成按钮数字对应图片的更大版本，并且会添加更多的细节。例如，单击 U1 按钮，生成的效果如下所示。

V1/V2/V3/V4 ：单击其中一个按钮，可使所选图片生成更多的细微变化。以按钮数字对应的图片为基础重新生成4张具有细微差别的图片。例如，单击 按钮，生成的效果如下所示。

重绘 ：单击该按钮后，系统将重新生成4张图片。

第一次生成的图像　　单击"重绘"按钮 后生成的图像

单击U1/U2/U3/U4按钮放大图片后，图片下方会出现3行操作按钮。

Vary（Strong）【变化（强）】 ：根据原图片创建变化较多的变体并重新生成4张图片。

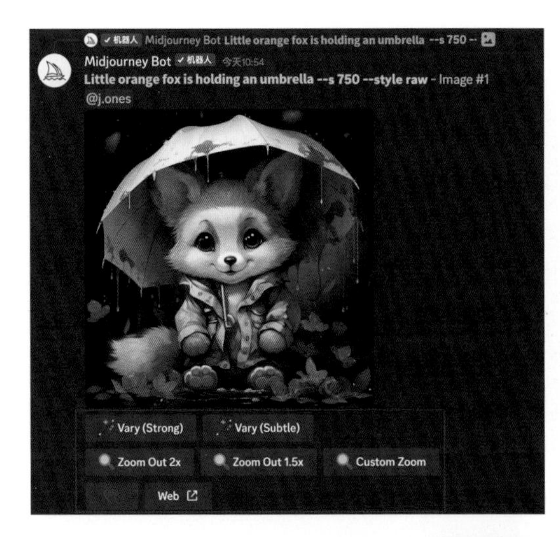

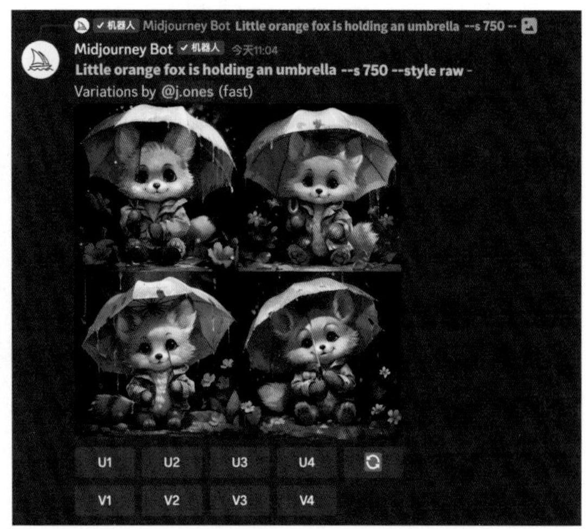

Vary（Subtle）【变化（微弱）】：根据原图片创建变化较微弱的变体并重新生成4张图片。

Zoom Out 2x（缩小到原来的1/2）：把原图片缩小到原来的1/2，同时根据画面效果填充空余背景并重新生成4张图片。

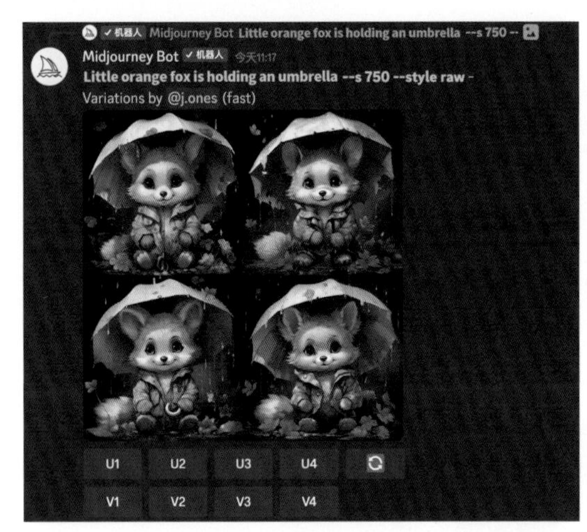

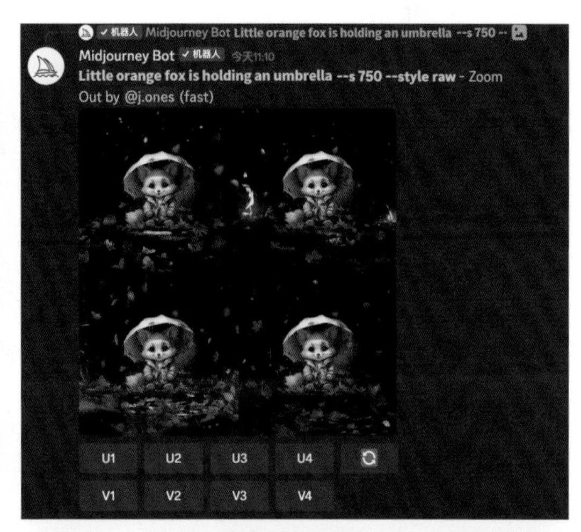

Zoom Out 1.5x（缩小到原来的2/3）：把原图片缩小到原来的2/3，同时根据画面填充空余背景并重新生成4张图片。

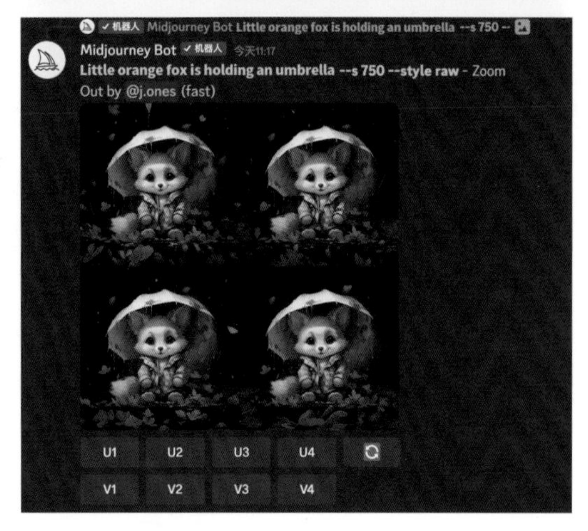

Custom Zoom（自定义缩放）：单击该按钮后，在弹窗内可以更改--ar x:y或--zoom n，其中 --zoom n 中的n是内容缩小比例。

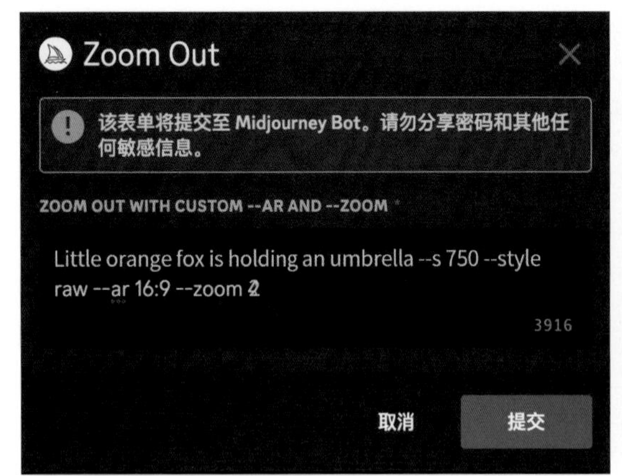

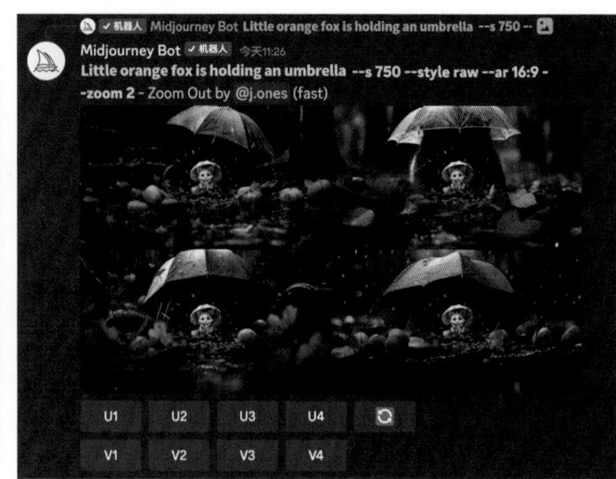

Web（网络） ：单击该按钮后，在Midjourney.com上打开图库中的图片。

单击图片以全尺寸打开，然后右击并选择保存图片。所有图片均可立即在Midjourney.com/app上显示。

Midjourney5.2版本中，单击U1/U2/U3/U4按钮，在原有大图详情下新增了向左扩展画布、向右扩展画布、向上扩展画布、向下扩展画布这4个扩展画布功能。它们与Zoom Out的区别在于可以放大画布，使画面分辨率提高。此外可以反复使用这4个功能与Zoom Out和Remix mode结合生成符合预期的大分辨率全景图。

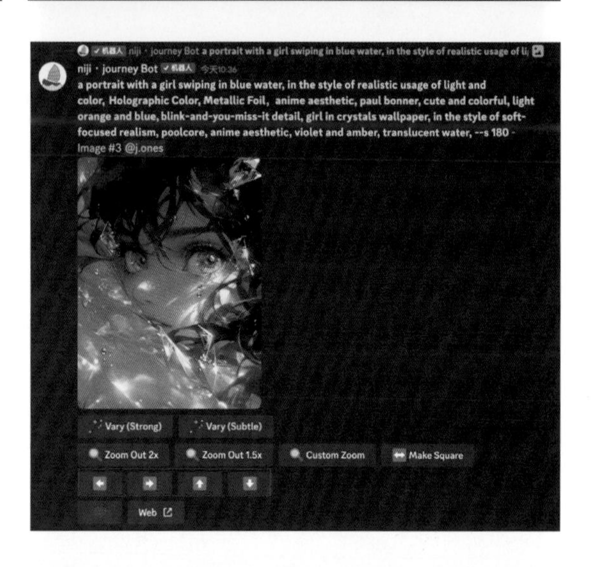

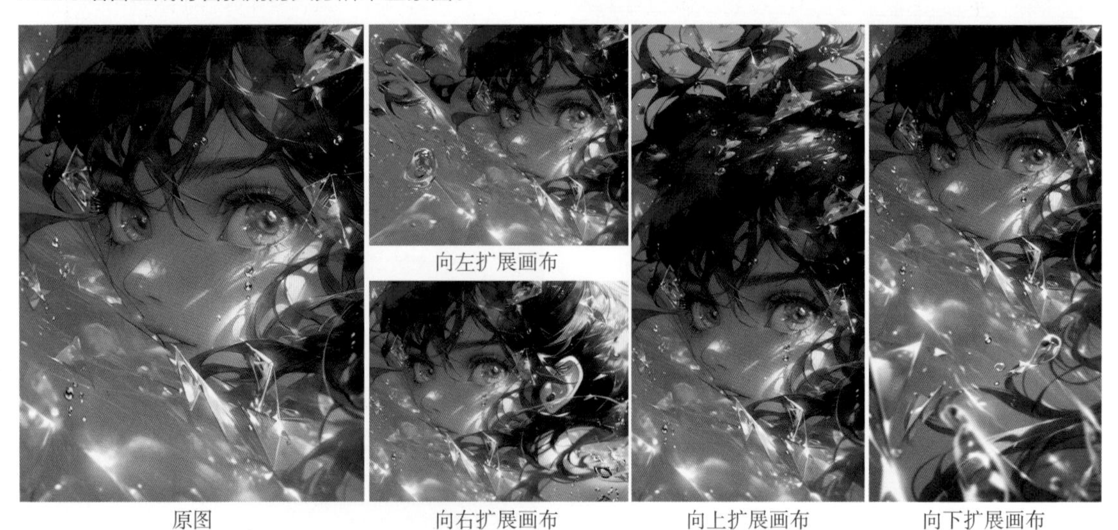
向左扩展画布

原图　　向右扩展画布　　向上扩展画布　　向下扩展画布

Make Square（变成正方形） ：补充画面，让画面变成正方形构图。

例如，原图为竖构图，单击按钮，再次生成，可以生成以此图片为基础扩展出的4张正方形构图的图片。

原图（竖构图）

扩展出的4张正方形构图图片

2.2 Midjourney 的指令

2.2.1 /settings 设置指令

为了提高出图质量，第一次使用Midjourney时，我们可以先对Midjourney的设置进行调整。

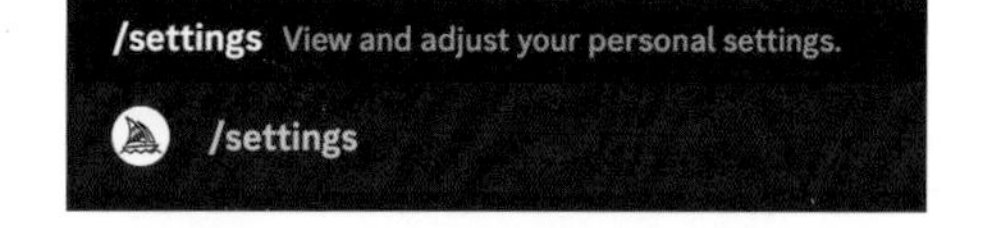

在输入框内输入/settings指令，并按回车键。

Midjourney Bot会单独发送设置信息，所有选项都以按钮的形式展示。其中，绿色的按钮为选中状态，表示当前使用的设置。

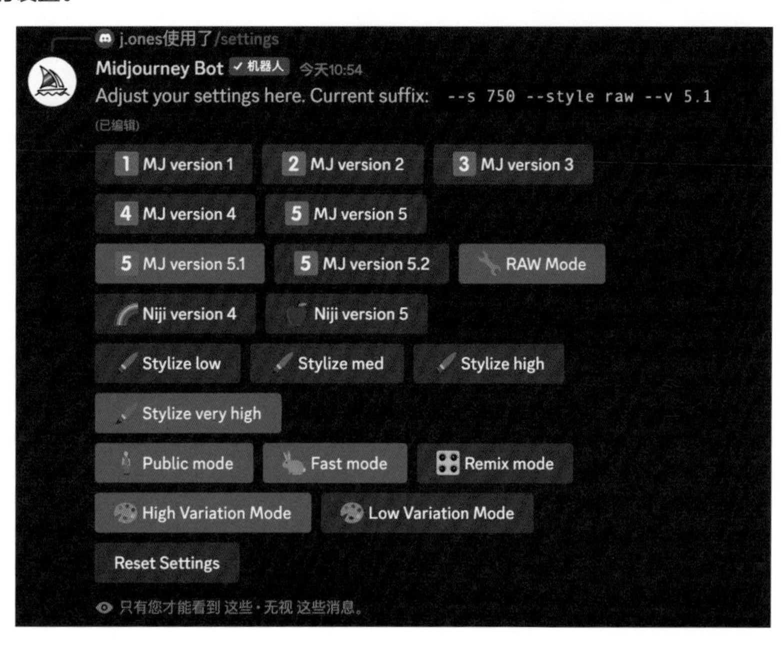

① Midjourney的不同版本

经过不断的迭代更新，Midjourney目前已更新到5.2版本，大家可以直接使用最新的版本。

1 MJ version 1 | 2 MJ version 2 | 3 MJ version 3 | 4 MJ version 4

5 MJ version 5 | 5 MJ version 5.1 | 5 MJ version 5.2

以下是同一组Prompt在不同版本的Midjourney中生成的效果图。可以看到，Midjourney在飞速地进步，相信未来版本的出图质量会越来越高。

/imagine prompt: cute girl, superheroine, astronaut suit, playing guitar, blind box toy design, full body view, clean background, macaron colors, C4D rendering, OC rendering, face shot, high-quality gloss, bubble matte finish

② RAW Mode

RAW Mode

RAW Mode是专门用于生成照片效果的模型。

在生成照片类图片时，RAW Mode可以提升画面效果、质量和细节。

以下是同一组Prompt在不同版本下的对比。

/imagine prompt: a girl in a white jumpsuit swims underwater, colorful colors, surrounded by colorful sea creatures and plants, Disney style, realistic hyper detailed render style, head close-up, exaggerated perspective, Tyndall effect, realistic, water drops, mother of pearl, iridescent, holographic white

③ Niji version 4 和Niji version 5

这是专门用于生成二次元风格的模型。

以下是同一组Prompt在Niji模型和RAW模型下的对比。

/imagine prompt: anime little girl with bright eyes surrounded by fish, head portrait close-up, eye-level shot, Fujifilm, very bright scene, super-wide angle cowboy shot, close-up shot, colorful, film composition and dramatic lighting, insanely detailed and intricate, 8K, 4K, photography, masterpiece, best quality, ultra detail, perfect anatomy

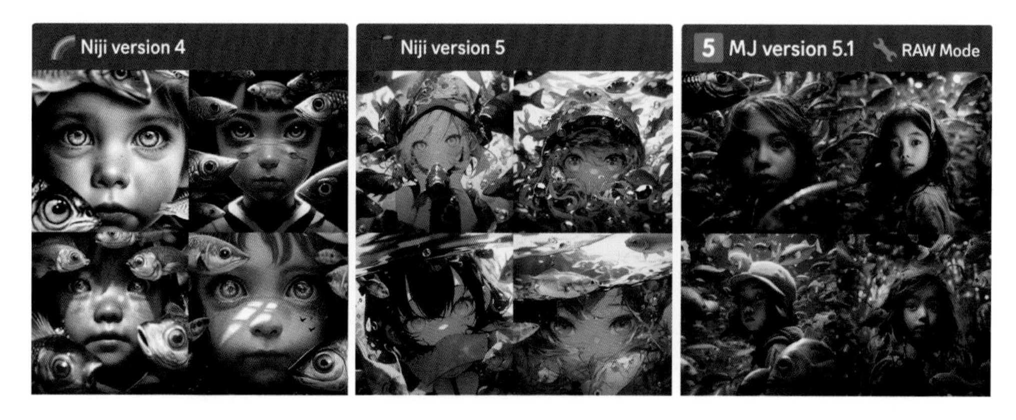

④ **设置Midjourney生成图片的质量参数**

Half quality　Base quality　High quality (2x cost)

◎ Half quality（半质量）= --q 0.5

◎ Base quality（基本质量）= --q 1

◎ High quality (2x cost)（高质量）= --q 2

建议选择默认的Base quality。High quality (2x cost)是V5版本把图片放大功能前置了，如果设置了--q 2，那么生成的4张图都是高清图。此时，单击U1/U2/U3/U4按钮放大图片，其效果与原图没有差别。

⑤ **设置风格化参数**

Midjourney Bot经过训练可以生成具有艺术色彩、构图和形式的图片。参数--stylize或--s数值的大小会影响图像的风格化程度。低风格化数值生成的图片与提示语非常匹配，但艺术性较差；高风格化数值生成的图片非常具有艺术性，但与提示语的联系性较小。

◎ Stylize low（低风格化）= --s 50

◎ Stylize med（中风格化）= --s 100

◎ Stylize high（高风格化）= --s 250

◎ Stylize very high（极高风格化）= --s 750

可以通过风格化参数选择设置项，也可以在提示语后加--s+空格+数值进行图像风格化设置。

⑥ **公共模式和隐身模式**

Public mode　Stealth mode

Public mode（公共模式）和Stealth mode（隐身模式）可以切换，它们分别对应/public和/stealth指令，默认设置为Public mode。目前，隐身模式只支持专业版订阅用户使用。

⑦ **重新混合模式**

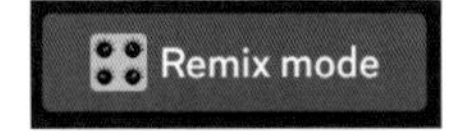

Remix mode（重新混合模式）默认为勾选状态。

使用Remix mode可以更改提示语、参数、模型版本及变体之间的纵横比，并且改变图像的设置、照明、主题、构图等。Remix mode采用起始图片的构图，并将其作为生成新图片的一部分。

打开重新混合模式，选择要重新混合的图像网格或放大图像。选择“Make Variations”（制作变体），在弹出的窗口中修改或输入新的提示语。Midjourney Bot使用新提示语再次生成受原始图片影响的新图片。

第1步

line-art stack of pumpkins

Midjourney Bot BOT
line-art stack of pumpkins
Make Variations

第2步

Remix

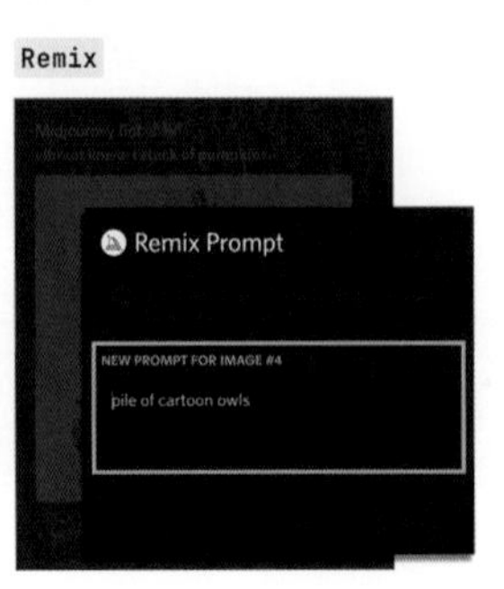

结果

pile of cartoon owls

2.2.2 /imagine 文生图指令

在输入框中输入/imagine指令，然后在prompt框内输入提示语，并发送给Midjourney Bot，即可通过文字描述生成图片。

提示

关键词与短语需用“，”分隔。

2.2.3 /blend 图片混合指令

/blend指令允许快速上传2~5张图片，然后Midjourney分析每张图片的特点，并将它们合并成一张新图片。

在输入框中输入/blend指令，选择弹窗中的/blend image1 image2。

输入框会显示上传图片功能，默认上传两张图片。

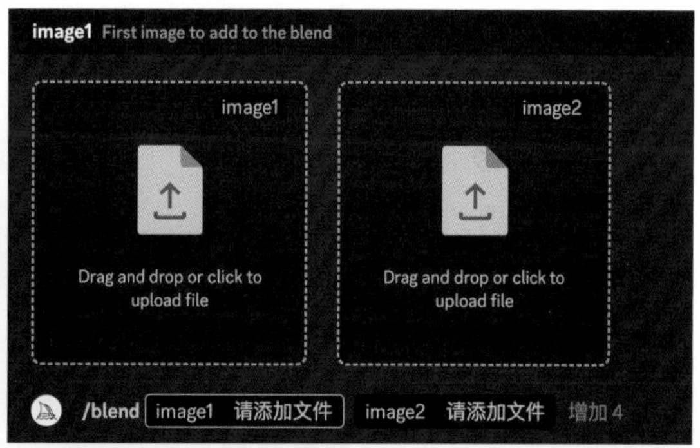

单击“增加4”按钮，可以再添加3张图片。

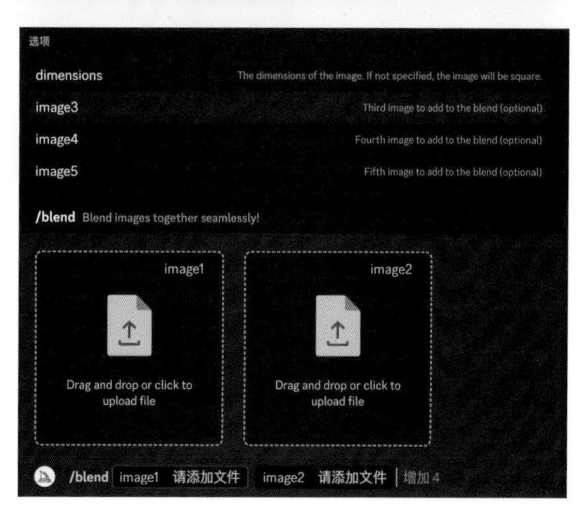

使用/blend指令最多可处理5张图片。

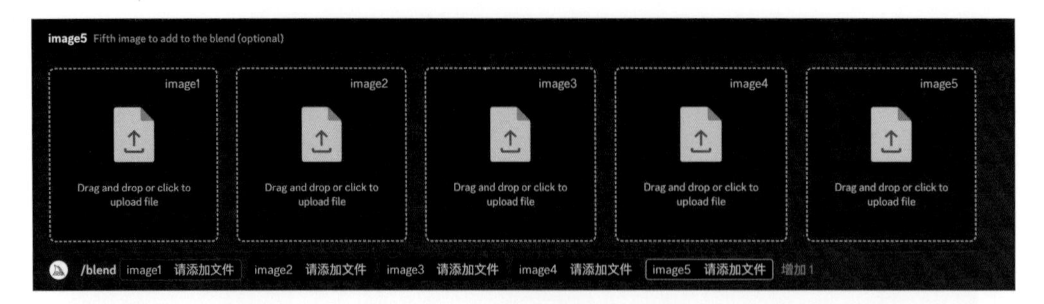

上传本地图片后，界面中会以上方图片、下方图名称的形式展现上传的图片。按回车键，可发送图片给Midjourney Bot。

使用/blend指令和使用/imagine指令添加图片的提示效果一致，但/blend不能再添加文字提示语，其目的是界面经过优化后方便在移动设备上使用。

2.2.4 /describe 图生文指令——图片反推提示语

如果没有任何想法，可以使用/describe指令上传图片并根据该图片生成4种可能的提示语。虽然/describe指令无法完美地生成和原图一致的图片，但是这个功能十分好用。

在输入框中输入/describe指令，输入框会显示上传图片功能。

单击上传图片图标，可上传本地图片。按回车键可发送图片给Midjourney Bot。

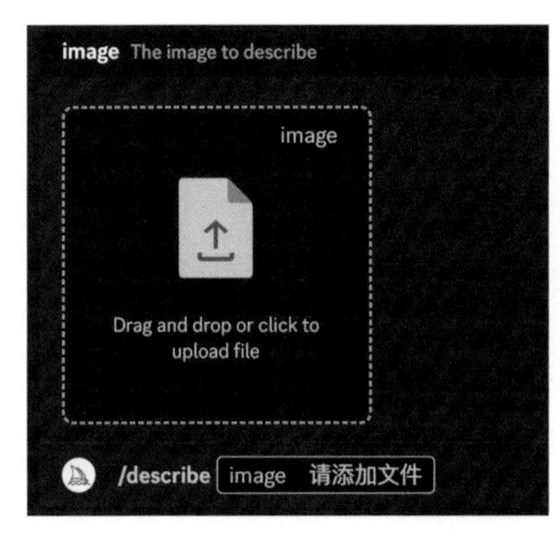

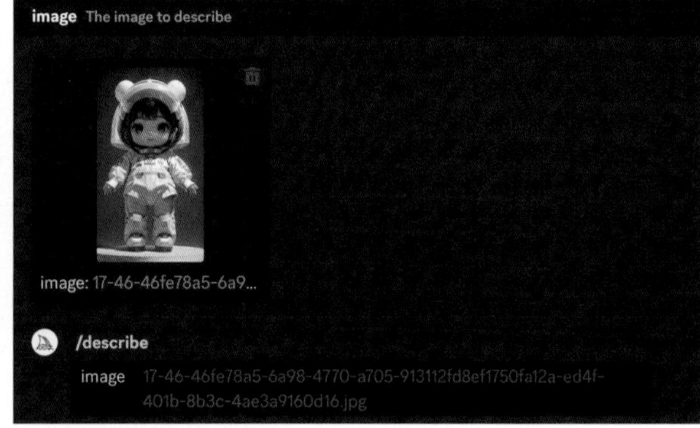

稍等片刻，Midjourney Bot会反馈4组提示语。单击下方“1”“2”“3”“4”按钮，可根据对应数字的提示语生成新的图片。单击🔄按钮可再次生成4组不同的提示语。

单击数字按钮生成图片时，会弹出PROMPT输入框，在此输入框中可以添加并修改提示语。

由于Midjourney Bot根据画面特征生成的4组提示语各不相同，词组中的单词权重也各不相同，因此有时生成的图片和原图内容大相径庭。

2.2.5 /shorten 缩短指令——精简提示语

由于Midjourney的黑箱算法，我们在撰写提示语时，并不清楚哪些词会被Midjourney Bot理解并呈现在图像上。而/shorten指令可以帮助我们分析Prompt是否合格，让我们理解哪些词有效、哪些词无效。

比如下面这段超长的提示语。（以下提示语为了演示精简效果，有重复的词、不准确的用语等问题，特此说明。）

3D Pretty Vital Girl, Exquisite Portrait, Standing in Front of Cute Bus, Mixed Patterns, Text and Emoji Installation, Cute Bun, Rainbow, Star Art Group (Stars), Surreal Pop, Candy Core, Eve Bunchu, Shiny/Glossy, Soft Focus, in the style of rendered in cinema 4d, party kei, salon kei, y2k, Hallyu rendering style Star Art Group (Stars) , Surreal Pop, Candy Core, Eve Bunchu, Shiny/Glossy, Soft Focus, Cinema 4d, party kei, salon kei, y2k, Hallyu --ar 3:4

由此生成的图片是下面这样的。

把上面的提示语粘贴到/shorten指令下。

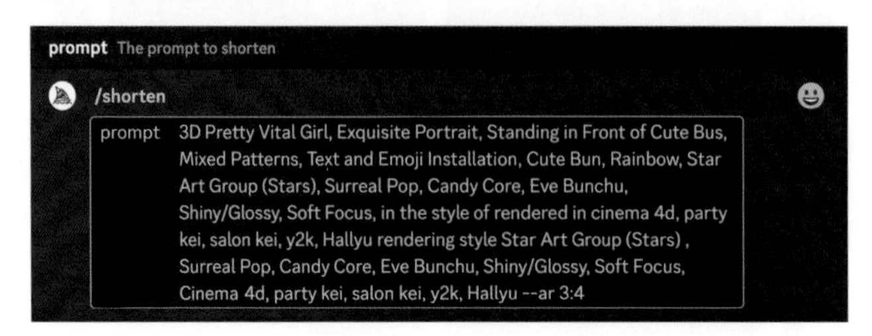

Midjourney Bot会返回5条精简过的提示语，并且在原提示语上做了标注。其中，加粗的文字表示有效且高权重的，被横线划掉的文字表示无效的。

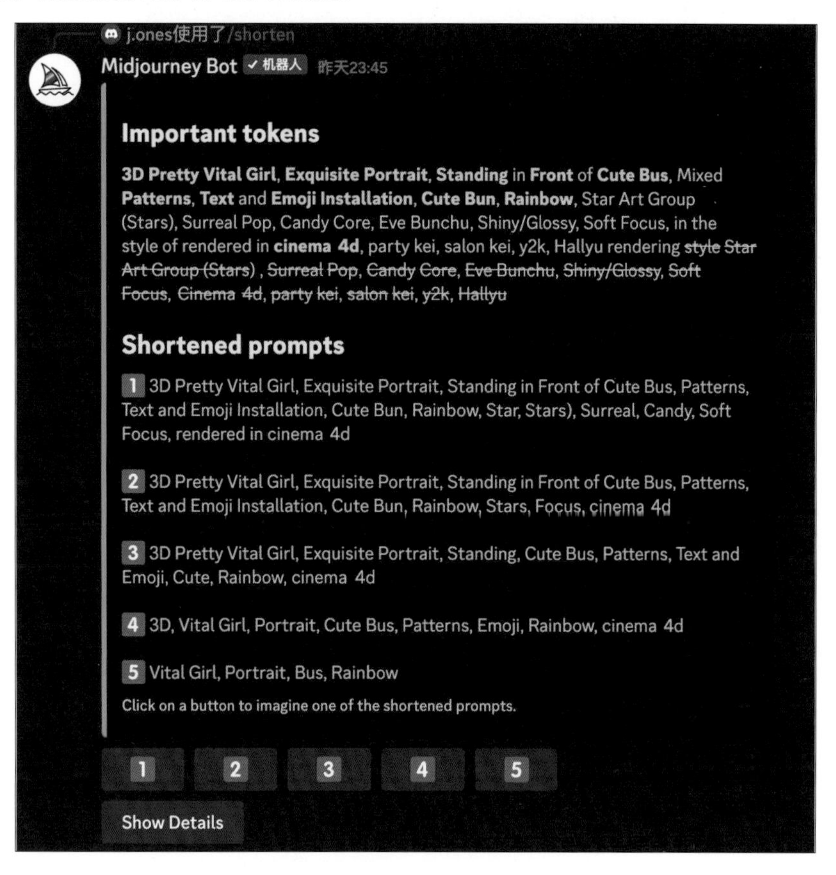

单击数字按钮，可以按数字对应的提示语再次生成新的图片。

下面是单击“1”按钮生成的图片，可以看到其风格与原图的差别不大。

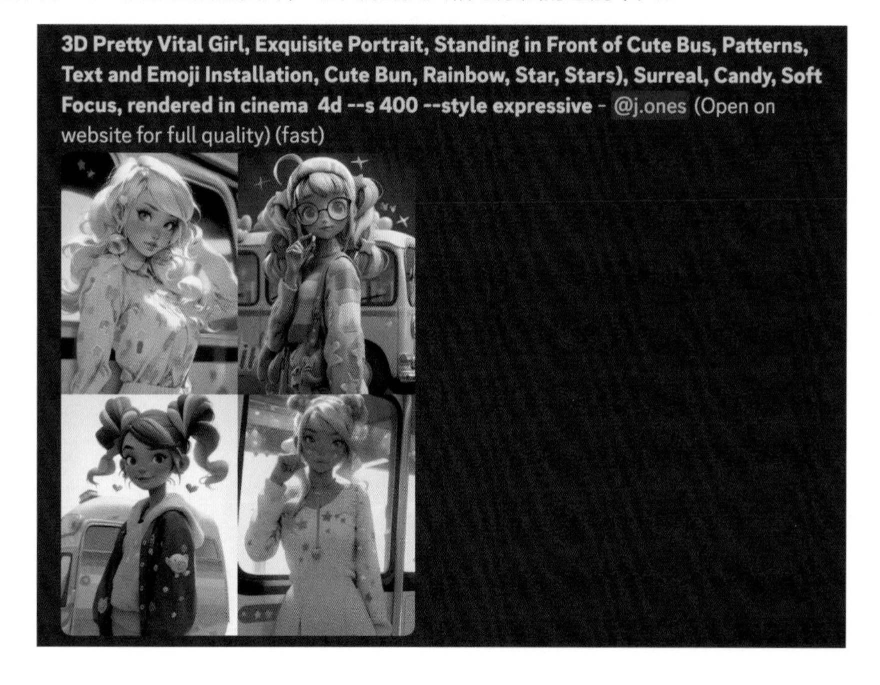

单击Show Details按钮，Midjourney会发送关于这组关键词权重的详情。

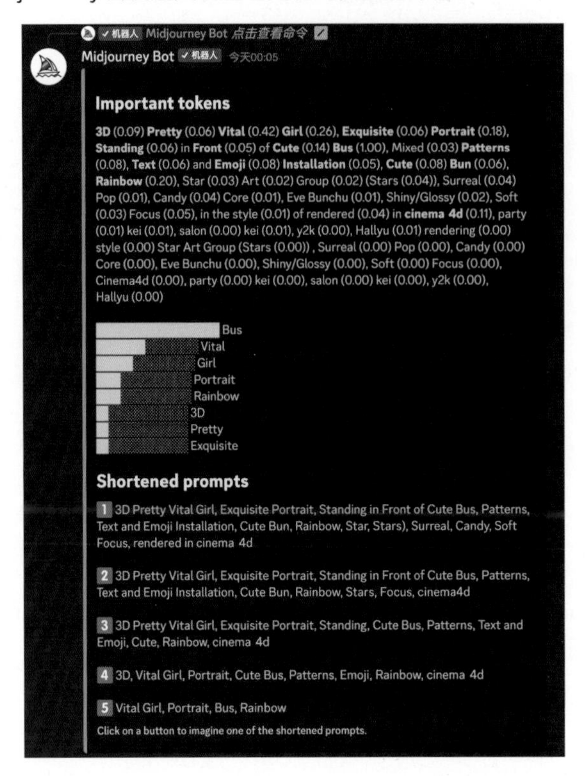

2.2.6 指令总汇

指令	使用频率	说明
/ask	★	简单的自助用户手册检索问答
/blend	★★★★	可将2~5张图混合生成新图
/daily_theme	★	订阅每日主题消息
/imagine	★★★★★	按提示语或提示图片生成新图片（文生图、图生图）
/describe	★★★★	上传图片，解析为提示语（图生文）
/fast	★★	切换为快速渲染模式
/relax	★★	切换为普通渲染模式
/help	★	推荐基础信息和操作提示（建议直接看官方用户手册更高效）
/info	★★★★★	查看有关账户和任何排队或正在运行的作业信息
/stealth	★★	切换为隐身模式
/public	★★	切换为公共模式
/subscribe	★	生成订阅链接
/settings	★★★★★	可以进行版本、质量、风格化等设置
/prefer option set	★★★	可以将多个系统参数打包成一个自定义参数
/prefer option list	★★★	查看目前保存的自定义参数

续表

指令	使用频率	说明
/prefer auto_dm	★	每次生成图片后，通过DM自动推送图片信息给自己
/prefer suffix	★★	自动添加指定的后缀到每一次提示语的后面
/show	★	通过图片ID恢复指定图片
/remix	★★★	重绘图片时，对提示语进行微调编辑
/shorten	★★★★★	检验及剔除无效提示语

2.3 Midjourney 的 Prompt（提示语）

Prompt是Midjourney Bot生成图片的简短文本短语。Midjourney Bot将Prompt中的简短文本短语分解成更小的单元——Token。Token可以与训练的数据进行比较，用于生成图片。

这意味着不管多长的语句、多复杂的句式，Midjourney Bot都会将其拆解，然后通过对多个Token的黑箱算法生成最终的图片。

精心构思的Prompt可以帮助用户生成独特而高质量的图片。

接下来请看一个案例。

/imagine prompt: Pixar style, a 3D cute fox with a green sprout growing on its head, big blue eyes, sits and basks in the sun under a sun umbrella with a glass of watermelon juice next to it, smile happily, on the background of a sandy beach, cacti, palm trees, etc., yellow, pink, green and other colors, studio lighting, blender, medium shot, illustration style

（皮克斯风格，一只可爱的3D狐狸，头上长着绿芽，蓝色的大眼睛，坐在太阳伞下晒太阳，旁边放着一杯西瓜汁，开心地笑着，以沙滩、仙人掌、棕榈树等为背景，使用黄色、粉色、绿色等多种颜色，影棚灯光，搅拌机，中景，插画风格）

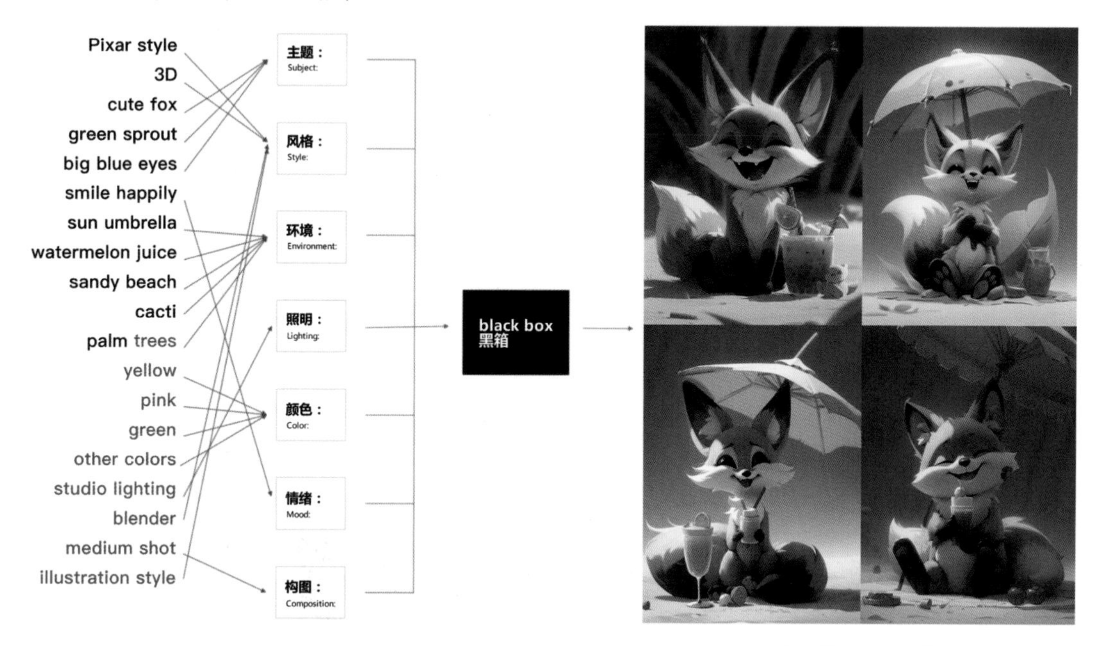

其中，红色的Prompt由于黑箱算法被降低权重，所以失去效果。

由于Midjourney能识别的Token数量有限，因此根据/shorten的分析可知红色部分的权重为0，在画面中没有起到任何效果。

Pixar (0.22) style (0.02), a 3d (0.04) cute (0.03) fox (1.00) with a green (0.02) sprout (0.01) growing (0.01) on its (0.01) head (0.02), big (0.01) blue (0.02) eyes (0.02), sits (0.01) and basks (0.00) in the sun (0.01) under (0.01) a sun (0.02) umbrella (0.16) with a glass (0.01) of watermelon (0.04) juice (0.02) next (0.01) to it, smile (0.01) happily, on (0.02) the background (0.03) of a sandy (0.02) beach (0.03), cacti (0.06), palm (0.01) trees (0.00), etc (0.01)., yellow (0.00), pink (0.00), green (0.00) and other (0.00) colors (0.00), studio (0.00) lighting (0.00), blender (0.00), medium (0.00) shot (0.00), illustration (0.00) style (0.00)

Midjourney不像人类那样理解语法、句子结构或者单词。在许多情况下，具体的同义词更有效。

例如，可以用“巨大”“庞大”等词语来代替“大”。在表述清楚的情况下使用单词的数量越少越好，因为使用的单词的数量越少则意味着每个单词的影响越大。使用逗号、括号和连字符来辅助组织提示语。但需要注意，Midjourney不能很准确地识别每一个单词。另外，Midjourney Bot不区分字母大小写。

提示

Midjourney中的提示语可能只是一个单词（甚至是一个表情符号），就可以生成一张图片。简短的提示语会在很大程度上依赖Midjourney的默认模式，因此一个更具描述性的提示语会产生更独特的效果。然而，Midjourney能识别的Token的数量有限，冗长的提示语并不能被完全识别，因此要集中描述那些你想表达的主要概念。

无论具体还是模糊的提示语，Midjourney都会根据描述自动生成图片。模糊的描述会带来更多的变化，但可能无法获得想要的特定细节。所以，请尽量清楚地描述对你重要的上下文或细节。

可以根据以下句式来构思自己的画面：主题、风格、环境、照明、颜色、情绪、构图、图像设定等。

项目	说明
主题	这个人或物在做什么，描述得越详细越好。例如，人物是什么发型，身上有什么元素、道具等；物体是什么材质、形状等
风格	3D、插画、摄影、国风、漫画、赛博朋克等，可以继续更详细地描述某一个细分的风格。比如微距摄影、美式漫画等，甚至可以添加想要的风格的代表人物或公司，如迪士尼等
环境	室内、室外、月球、水下、翡翠城等；还可以详细地描述环境内的元素，如有陨石坑和宇宙飞船的月球
照明	柔和、阴天、霓虹灯、摄影棚灯等；还可以描述一些专业术语，如伦勃朗光、顺光、逆光、测光等
颜色	鲜艳、柔和、明亮、单色、多彩、黑白等；还可以单独描述一种颜色或一种抽象的色彩比喻，如让人感觉无比梦幻的色彩、马卡龙色等

续表

项目	说明
情绪	冷静、平和、喧闹、充满活力等
构图	肖像、头像、特写、鸟瞰图等。在摄影风格中，也可以添加景深、全景、微距、长焦、广角、单反、卫星图像等，甚至可以具体写明相机的品牌和镜头，如佳能5D 85mm等
图像设定	质量（高细节、高分辨率、2K、4K、8K等）、尺寸、比例等

提示

复数形式的词，如cats、girls、boys，可能会带来很大的随机性，尽量使用具体的数字。例如，“three cats”（三只猫）比“cats”（猫）更好；“flock of birds”（鸟群）比“birds”（鸟）更好。

2.4 Midjourney的后缀参数

后缀参数是添加到提示语中的内容，可以更改图片的生成方式、长宽比等，也可以在Midjourney模型版本之间切换、停止作业、控制不想出现的物体等。

/imagine prompt a vibrant california poppy --aspect 2:3 --stop 95 --no sky

提示

① 后缀参数添加在提示语的末尾，可以给一组提示语添加多个后缀参数。

② 后缀参数与数值之间通过空格区分，如“--ar 4:3”“--chaos 50”。

后缀参数	说明
--aspect，或 --ar	长宽比：用于调整图片的长宽比
--chaos <0-100>	混沌：可以改变结果的多样性，较高的值会产生更多意想不到的结果和组合
--no+< 名词 >	负面提示：用来控制不想出现的物体。例如，--no plants会尝试从图像中移除植物
--repeat <1-40>，或 --r <1-40>	重复：通过单个提示创建多个作业，对于多次快速重新运行作业很有用
--quality，或 --q	质量：表示生成图片所花费的时间
--seed	种子：为每个生成的图片随机生成的编号
--stop	停止：在流程中途完成作业，后面的数字表示百分比
--stylize <number>，或 --s <number>	风格化：代表AI生成美学的风格化程度
--uplight	轻型升频器：优化放大后的图像，使其更平滑、细节更少（v4模型）
--upbeta	详细升频器：优化放大后的图像，使其细节更多、更不光滑（v4模型）

后缀参数	说明
--video	视频：生成图片时录制的视频
--tile	无缝贴图：可以加在提示语末尾，生成无缝贴图
--iw	图像权重：控制生成图与垫图的相似度，设置相对于文本权重的图像提示权重，其默认值为 --iw 0.25

默认值（模型版本 5）

后缀参数	--ar	--chaos	--quality	--seed	--stop	--stylize
默认值	1:1	0	1	随机	100	100
范围	任何尺寸	0–100	0.25–2	随机	10–100	0–1000

--aspect或--ar（长宽比）

此参数可调整图片的长宽比。Midjourney出图的默认长宽比为1:1，niji · journey出图的默认长宽比为3:2。

如果想调整图片比例，可以通过增加后缀--aspect x:y或--ar x:y来调整。

图片的长宽比比较简单，但需要注意以下几点。

① 在英文和数字中间留空格。

② 比号两边的数字必须使用整数，不能是--ar 1.5:2。

③ 长宽比会影响生成图片的形状和构图。

在同一组提示语下，不同的长宽比对生成图片的构图有很大的影响。

/imagine prompt: a space toy doll wearing astronaut outfit, in the style of nightcore, digital painting, white and amber, high definition, babycore, gongbi, rtx on --ar x:y

默认 --ar 1:1

--ar 3:4

--ar 4:3

--ar 16:9

--chaos（混沌）

--chaos可以改变结果的多样性，影响图像的变化程度。较高的值将产生更多意想不到的结果和组合；值越低，结果越可靠、可重复。

该参数的取值区间是0-100，默认值为0。

其正确的写法是--chaos+空格+数字。

以下是同一组提示语生成的不同结果。

/imagine prompt: a girl dressed in yellow striped T-shirt is sitting in a chair with a pink background, in the style of hallyu, the blue rider, oshare kei, campcore, konica big mini, frequent use of yellow, 1970-present --ar 3:4

--chaos 0

--chaos 50

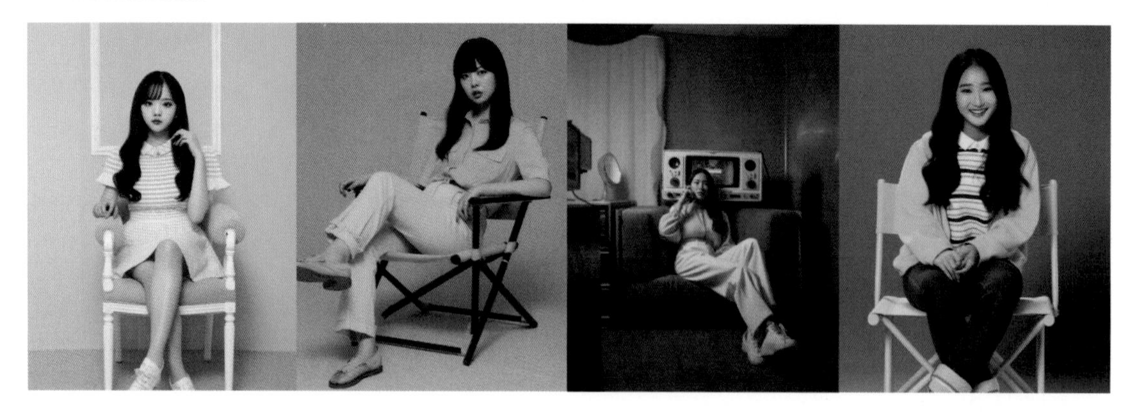

--chaos 100

通过以上3组图我们可以看到，混沌值越高，Midjourney生成的图片就越天马行空，越偏离我们的提示语，但可以通过这个参数寻找更多创意。

--no+名词（负面提示）

该参数用来控制不想出现的物体。

例如，通过一组提示语生成了下面4张图片。

/imagine prompt: small electric car flat vector illustration, in the style of hsiao-ron cheng, indigo and emerald, colorful animations, angular, installation

此时想要第4张图，但不想要里面的人物，我们可以单击V4按钮，在弹窗的提示语末尾添加--no human。

/imagine prompt: small electric car flat vector illustration, in the style of hsiao-ron cheng, indigo and emerald, colorful animations, angular, installation --no human

再次生成的图片中就没有人物了，这个参数一般用来微调图片。

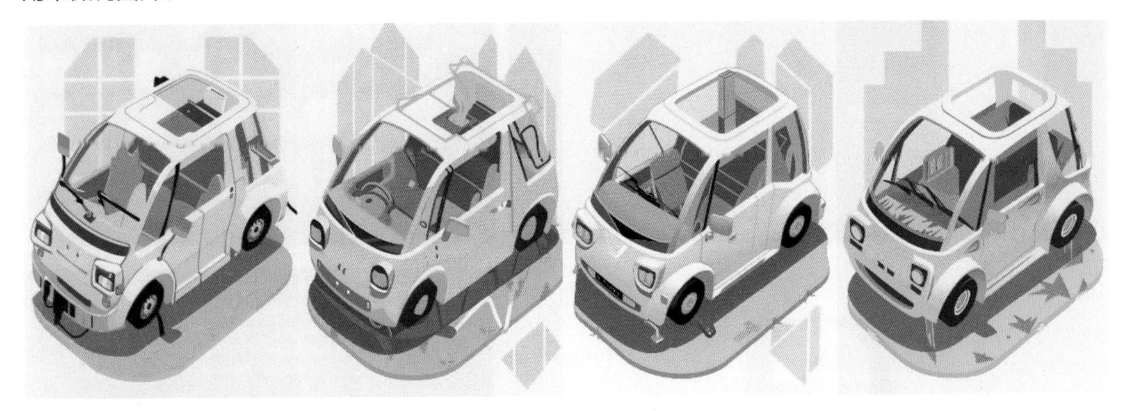

--quality或--q（质量）

该参数表示生成图片所花费的时间，不同的数值所得结果的质量也不同。默认值为1，值越高，消耗订阅的GPU分钟数就越多。默认模型接受以下值：0.25、0.5 (HALF)、1(BASE)和2X (HIGH)。

使用--quality时，可以输入数值，也可以直接单击右图所示的按钮来设定。

质量值并不是设置得越高越好，有时较低的值可以产生更具想象力的效果。通常较低的值更适合生成抽象外观，较高的值会改善许多细节，具体设置的数值取决于要尝试创建的图像。

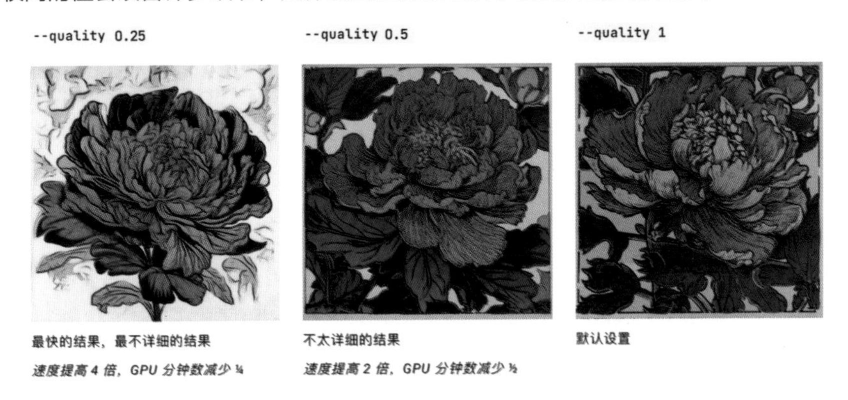

最快的结果，最不详细的结果
速度提高 4 倍，GPU 分钟数减少 ¼

不太详细的结果
速度提高 2 倍，GPU 分钟数减少 ½

默认设置

--seed（种子）

该参数为每个生成的图片随机生成的编号。使用相同的种子编号和提示语将产生相似构图、颜色和细节的初始图像网格（仅影响初始图像网格）。

如何获得种子编号？

01 在生成的图片上右击，单击菜单中的“添加反应”，选择“envelope”信封表情。如果预览中没有这个表情，可以单击“显示更多”，在弹窗里找到。

02 Midjourney Bot左侧会跳出一个红点数字消息。

03 单击并进入，可以看到这条信息包括seed值，如右图所示。复制seed值。

04 回到服务器并粘贴seed值，正确格式为提示语＋空格＋--seed+空格＋数字。如果只修改少量提示语，就会得到一个和原图构图、配色等相似的图片。

原Prompt：

/imagine prompt: a clear glass toy car is sitting on a white surface, in the style of hyper-realistic oil, monochromatic color scheme, whimsical character design, uhd image, kawaii --niji 5 --style expressive

修改后的Prompt：

/imagine prompt: a clear glass toy jeep car is sitting on a white surface, in the style of hyper-realistic oil, monochromatic color scheme, whimsical character design, uhd image, kawaii --seed 1085713494 --niji 5 --style expressive

此时可以看到新生成的图已细化为吉普车，同时材质和构图与原图相似。

当然，如果内容变化太大，则种子的作用会相对比较小。例如，把car（车）改成boy（男孩）时，有种子和没种子的区别如下。

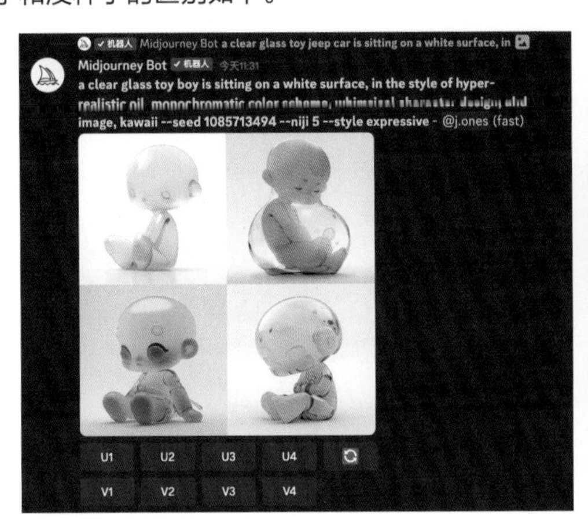

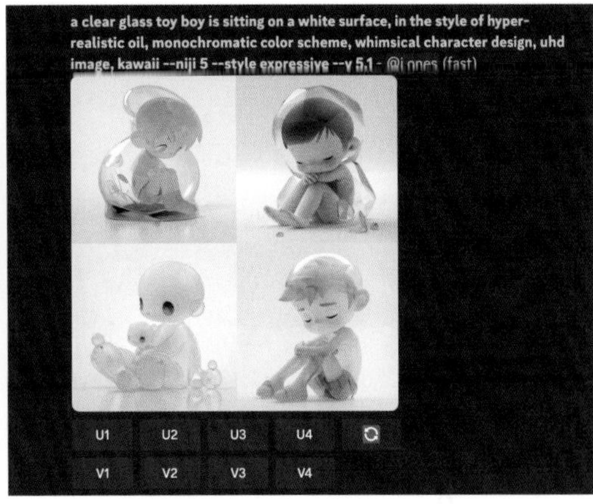

--stop（停止）

该参数用于在流程中途完成作业，后面的数字表示百分比。以较小的百分比停止作业会产生模糊、不详细的结果。--stop值的范围是10-100，默认值为100。即使图片在完成10%时停止，单击放大时，图片依然可以以100%完整显示。下面是不同数值的对比效果。

提示语示例：/imagine prompt: splatter art painting of acorns --stop 90。

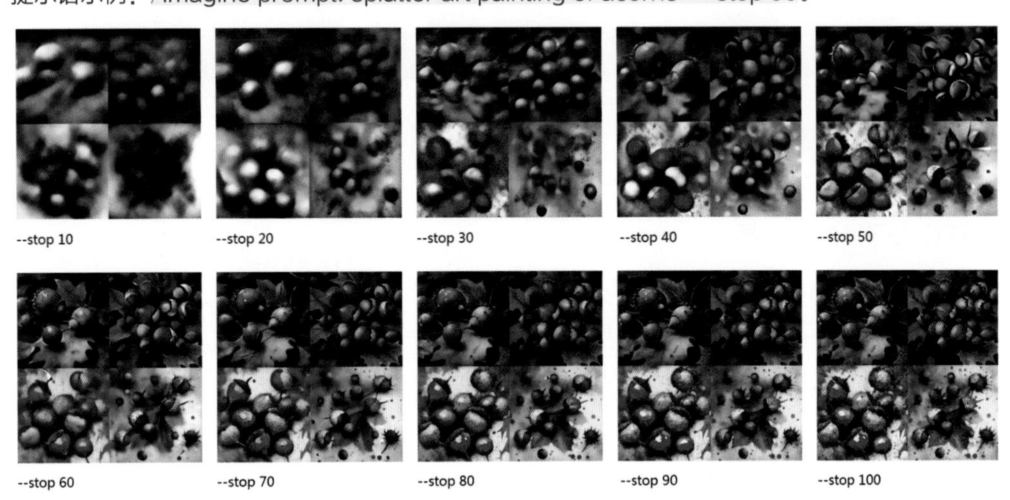

使用--stop参数，不用等图片完全生成就可以预览大致的效果，从而提高刷图效率。

--stylize或--s（风格化）

该参数代表AI生成美学的风格化程度。机器人经过训练，可以生成有艺术色彩、构图和形式的图片。

低风格化值生成的图片与提示语非常匹配，但艺术性较差；高风格化值生成的图片非常具有艺术性，但与提示语的联系性较小。

--stylize的默认值为100，不同的模型有不同的风格化取值范围。

模型	Midjourney5	Midjourney4	Midjourney3	Test/Testp	Niji
风格化默认值	100	100	2500	2500	无
风格化取值范围	0–1000	0–1000	625–60000	1250–5000	无

该参数的正确写法为--stylize＋空格＋数字或--s+空格＋数字。

提示语示例：/imagine prompt: colorful risograph of a fig --s 100。

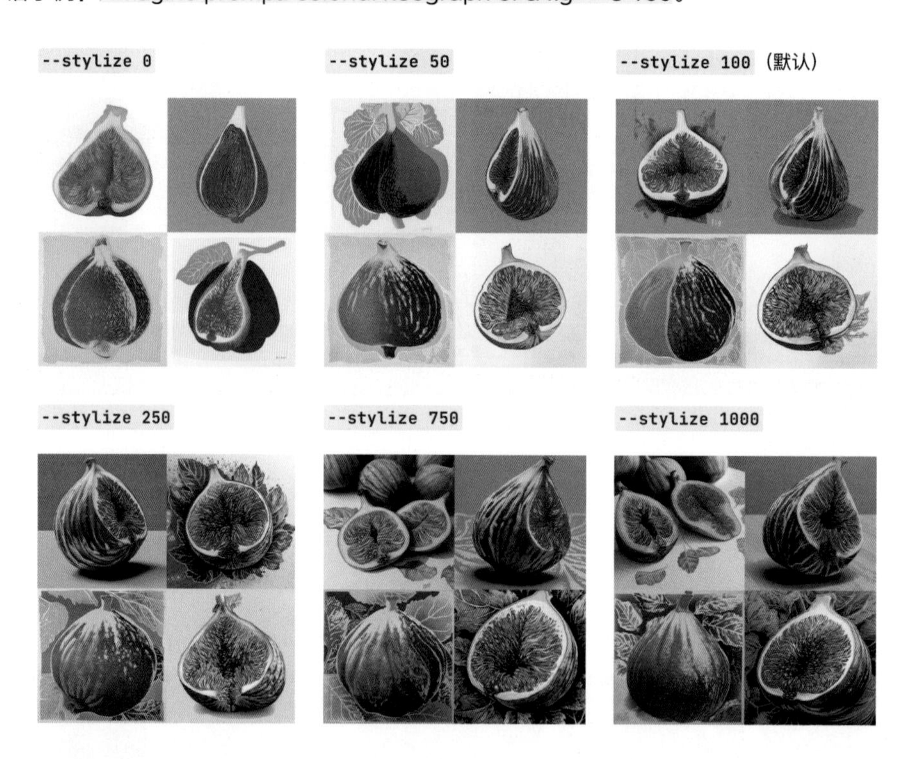

--tile（无缝贴图）

该参数可以加在提示语的末尾，生成无缝贴图。生成的图片可以用作重复纹理，为纺织物、壁纸等创建无缝图案，还可以做3D贴图。

其使用方法很简单，将--tile放在提示语主要内容的后面就可以了。

目前，V1、V2、V3、V5、Niji 5都支持该参数，只有Niji 1和V4不支持。

提示语示例如下。

/imagine prompt: A Chinese auspicious bird, peony flowers, auspicious clouds, auspicious animals, Chinese Tang Dynasty embroidery style, patterns, intricate details, hd, 8k

不加和加 --tile 的区别如下。注意并不是所有提示语都适合加此参数。

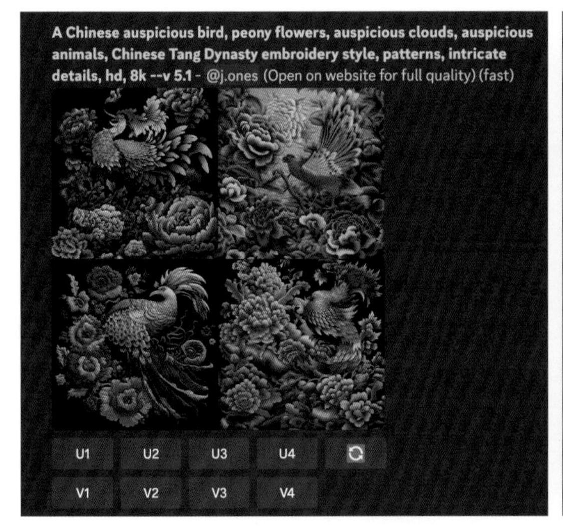

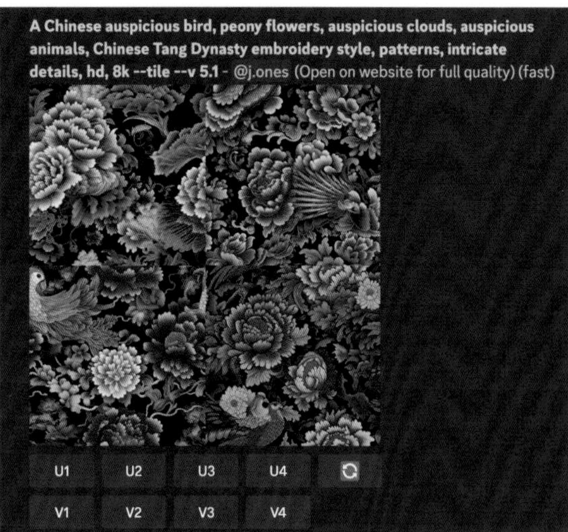

加 --tile 参数生成的第三张图经复制后，我们可以用它来做复古床单、被罩的图案，如右图所示。

--iw（图像权重）

该参数控制生成图与垫图的相似度，设置相对于文本权重的图像提示权重。其值的区间为0.5–2，数值越接近2，垫图对生成图的影响就越大，默认值为0.25，也就是说垫图权重为25%。

例如，下面提示语中的链接是垫图的地址，可以看出设置的图像权重值越低，生成的图片与原图的风格相差越大。

/imagine prompt: https://s.mj.run/tiJiiEnmbAY an anime spacesuit with an astronaut, in the style of luminous portraits, lilia alvarado, toycore, temmie chang, heroic, rim light, rtx --ar 13:23 --iw 2 --style expressive --s 400

垫图

--iw 2

--iw 0.5

--iw 0.25（默认）

2.5 niji · journey 的二次元世界

Midjourney中的Niji模式是由麻省理工 Spellbrush团队与 Midjourney团队共同设计开发的二次元AI绘画工具。这几乎是目前最强大的二次元AI绘画工具，无论是可爱的Q版角色，还是充满动感的动作场景，niji · journey都能超乎想象地展现。

niji · journey

除了集成在Midjourney上，niji · journey其实也有自己的机器人，并且与在Midjourney上的操作一致。

2.5.1 添加 niji · journey Bot 到私人服务器

单击Discord左下方的按钮，进入社区服务器，在社区搜索栏内搜索“niji”。

在搜索结果中选择 niji · journey ，单击进入。

进入服务器后，在右侧用户列表中单击 niji · journey... ✓机器人 。

在弹窗中单击 添加至服务器 按钮。

在之后的弹窗内选择添加的私人服务器，单击“继续”按钮，并在新弹窗中单击“授权”按钮。

回到服务器窗口，如果出现右图中的提示语，则说明已经成功把niji · journey Bot添加到了自己的服务器中。

2.5.2 niji · journey 的风格

添加niji · journey Bot到私人服务器后，我们就可以进行相应的设置了。

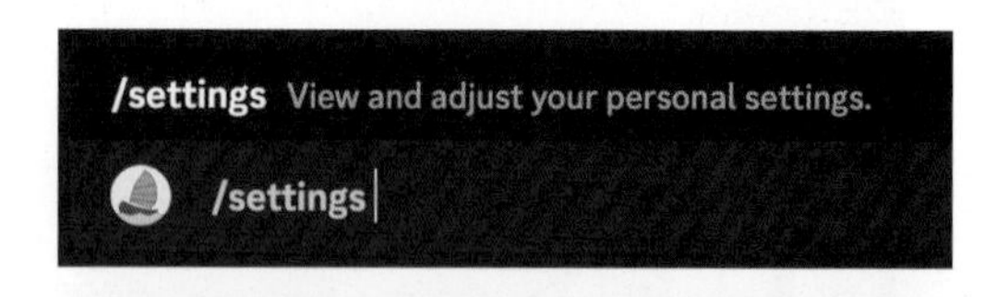

在输入框中输入/settings指令。

在弹出的niji · journey Bot的设置选项中，可以看到Niji version 5有5种风格。

① Default Style Default Style（新版默认风格）

特点：相较于旧版默认风格，新版默认风格对提示语的理解力更强，支持3D风格的动漫图，对细节把控相对更好。

适用场景：IP卡通形象、漫画、插画等二次元风格的图像。

② Expressive Style Expressive Style（表现风格）

特点：偏向于成熟的西方美术风，整体色相、饱和度更高，在光感、质感、色感、立体感上都有不俗的表现。

适用场景：3D建模和美国、韩国漫画风格的图像。

③ Cute Style Cute Style（可爱风格）

特点：偏向于日系、卡哇伊治愈风，细节更加丰富精美，二次元画风更加鲜明。

适用场景：温柔可爱的绘本、贴纸手绘风格的图像等。

④ Scenic Style Scenic Style（场景风格）

特点：在环境和背景的表现上更具优势，能够较好地平衡人物与场景之间的关系，同时也吸取了前几种风格的部分优点。

适用场景：描绘具有电影感的画面。

⑤ Original Style Original Style（旧版默认模式）

特点：常规二次元风格，光影的处理和谐、生动，一些细节的处理也不错。

适用场景：日漫画风的图像，是Expressive Style和Cute Style的折中模式。

2.6 官方推荐 Prompt

即使提示语是一个单词，Midjourney也会以默认的风格生成精美的图片。我们可以通过结合艺术形式、表情、场景、色彩、时代等概念来创建更有趣的个性化结果。

2.6.1 艺术形式

用Midjourney生成各种艺术风格图片的最佳方法之一是指定一种艺术形式，如版画、涂鸦、铅笔素描、水彩等。

提示语示例：/imagine prompt: <any art style> style cat

2.6.2 表情

表情就是使用情感词赋予角色个性。

提示语示例：/imagine prompt: <emotion> cat

2.6.3 场景

不同的场景可以生成不同气质的图片。

提示语示例：/imagine prompt: <location> cat

2.6.4 色彩

不同的色彩赋予画面不同的魅力。

提示语示例：/imagine prompt: <color word> colored cat

2.6.5 时代

不同的时代有不同的视觉风格。

提示语示例：/imagine prompt: <decade> cat illustration

除了以上官方推荐的Prompt，还有更多新的形式和风格等你去发掘。

2.6.6 其他常用 Prompt 推荐

艺术风格	材质	灯光	色调	视角镜头	图像设置
imaginative 富有想象力的	magma 岩浆	diffuse light 漫射光	high saturation 高饱和	hyperfocal 超焦	high detail 高细节
gothic 哥特式	ivory 象牙	studio light 摄影棚灯光	hue 色相（前面加颜色）	clear focus 聚焦	high resolution 高分辨率
traditional chinese painting 中国画	fuzz 绒毛	natural light 自然灯光	high contrast 高对比度	detail shot（ECU） 细节镜头	high definition 高清
sci−fi 科幻风格（可以和烟雾、激光配合使用）	snowflake 雪花	dark room 暗房	colorful 彩色的	boken 背景虚化	V−Ray V Ray渲染
fiction 科幻	dry ice 干冰	color spot background 色斑背景	bright 明亮色	drone view 无人机视角	master photography 大师摄影
fantastic realism 奇幻现实主义	wax 蜡	cinematic lighting 电影质感的灯光	vivid colors 鲜艳的颜色	portrait 肖像、大头照	FHD 全高清
cyber punk 赛博朋克	plastic 塑料	lens flare 镜头光晕	nostalgic 怀旧的	symmetrical 对称的	unreal engine 虚幻引擎
pixel art 像素艺术	bone 骨头	soft light 柔光	vibrant 醒目的	low angle shot 低角度拍摄	3D rendering 3D渲染
luminsm 光色主义（强调光和气氛的现实渲染）	silk 丝绸	perfect lighting 极好的灯光	fairy color 童话色彩	fish eye shot 鱼眼镜头	hyper quality 超高品质
pop mart style 泡泡玛特风格（潮玩参考）	silver 银	volumetric light 体积光	neon color 霓虹色	first−person view 第一人称视角	8K smooth 8K流畅
bauhaus style 包豪斯风格（简洁风格，适合工业和建筑）	copper 铜	reflect light 反光	pastel color 柔和、淡雅的色彩	micro photograph 微距摄影	octane render OC渲染器
disney style 迪士尼风格	wood 木材	sunlight 阳光	bohemian color 波希米亚色	third−person view 第三人称视角	quixel megascans render 真实感渲染
pixar style 皮克斯风格	crystal 水晶	crepuscular rays 云隙光	candy color 糖果色	fullbody view 全身视角	indoor rendering 室内渲染

续表

艺术风格	材质	灯光	色调	视角镜头	图像设置
illustration style 插画风格	mecha 机甲	back lighting 逆光	pop art color 波普艺术色	top view 俯视图	architectural visualisation 建筑可视化
text and emoji 文字和表情符号	mixed patterns 混合图案	Tyndall effect 丁达尔效应	gorgeous 绚丽多彩	depth of field 景深	precision mechanical 精密机械

3

ChatGPT和Midjourney的使用技巧

3.1 ChatGPT 和 Midjourney 结合应用

3.1.1 使用 ChatGPT 充当翻译

01 撰写一个画面的描述。

> 我 把以下内容翻译成英语：一个帅气的中国男士和一只白色哈士奇犬在海边的躺椅上休息，他们戴着墨镜，喝着饮料，温暖的阳光洒满海滩，他们很快乐、很轻松惬意，这是一张摄影大师用佳能6D拍摄的照片。镜头用的是85mm，全景照片。

02 把描述内容复制并粘贴到ChatGPT中，让ChatGPT翻译成英文。

> A handsome Chinese man and a white Husky dog are resting on a beach chair by the seaside. They are wearing sunglasses and drinking beverages, basking in the warm sunlight that is shining over the beach. They look very happy, relaxed and at ease. This is a photograph taken by a master photographer using Canon 6D. The lens used is 85mm, and it is a panoramic photograph.

03 复制ChatGPT翻译的内容，使用Midjourney文生图功能生成图片，如右图所示。

04 选择合适的图片放大，并导入Photoshop（以下简称为“PS”）中修改细节。

提示

Midjourney生成的图片与提示语描述所需的图片有出入时，可根据具体需要选用合适的图片；也可多次生成，直至得到满意的图片为止。

05 完成后输出图片。

3.1.2 使用 ChatGPT 直接生成 Prompt

01 这里让ChatGPT直接生成Prompt。向ChatGPT详细描述需求，并告诉它Midjourney的Prompt规则。

> 我 我想让你充当Midjourney人工智能程序的提示生成器。你的工作是提供详细和有创意的描述，以激发人工智能创造独特和有趣的图像。请记住，人工智能能够理解广泛的语言，并能解释抽象的概念，所以请自由发挥想象力和描述力，尽可能地发挥。你的描述越详细，越有想象力，产生的图像就越有趣。你可以用括号中的格式（画面描述，插画风格，色彩，光源，视角，参考艺术家）描述一个外星城市的场景，请用英文呈现，不要多余的解释。只需要单词或短语，中间用逗号分隔。

> Luminous, towering spires and winding, interconnected walkways dominate this bustling metropolis. Buildings exhibit an intriguing organic quality, resembling giant mushrooms, coral reefs, and other abstract shapes. Vivid colors, including neon hues and Turkish tones mix together to light up the city with glowing fixtures. Multiple light sources create dynamic shadows and highlights, some areas appearing to emanate light from within while others are engulfed in profound darkness. The perspective flies overhead in a hovering craft capturing panoramic views of the cityscape. Drawing inspiration from concept artists Syd Mead and Ralph McQuarrie, fantasy and sci-fi are blended together to create captivating results.（I included the translation in case you prefer it in Chinese: 耀眼、

高耸的尖塔和蜿蜒交错的人行道主宰着这座繁华都市。建筑物呈现出引人入胜的有机质感，如巨大的蘑菇、珊瑚礁和其他抽象形状。鲜艳的颜色，包括霓虹色调和土耳其色调混合在一起，用发光的灯具点亮城市。多种光源产生动态阴影和高光效果，一些区域看起来像是从内部散发着光芒，而其他区域则被深邃的黑暗吞噬。视角为越过头顶停留在空中悬停的飞行器上，捕捉到城市全景。创作灵感来源于概念艺术家Syd Mead和Ralph McQuarrie，融合了幻想和科幻元素，制作出令人着迷的效果。）

提示

ChatGPT回复的内容有时会与描述的需求有出入，可根据具体需要采用。

02 复制ChatGPT翻译的英文内容，使用Midjourney文生图功能生成图片。

03 选择合适的图片放大，并导入PS中修改细节。

Luminous, towering spires and winding, interconnected walkways dominate this bustling metropolis. Buildings exhibit an intriguing organic quality, resembling giant mushrooms, coral reefs, and other abstract shapes. Vivid colors, including neon hues and Turkish tones mix together to light up the city with glowing fixtures. Multiple light sources create dynamic shadows and highlights, some areas appearing to emanate light from within while others are engulfed in profound darkness. The perspective flies overhead in a hovering craft capturing panoramic views of the cityscape. Drawing inspiration from concept artists Syd Mead and Ralph McQuarrie, fantasy and sci-fi are blended together to create captivating results --ar 4:3 --s 400 --style scenic - @j.ones (fast)

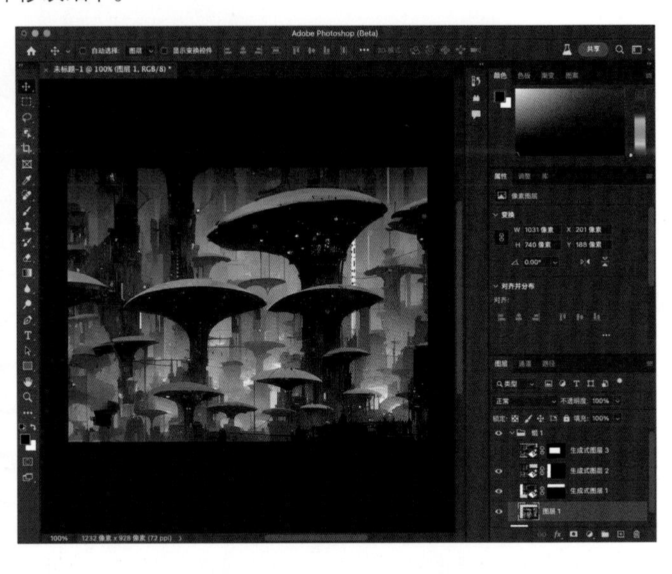

04 完成后输出图片。

3.1.3 图生图 + 垫图

01 让ChatGPT定义设计风格。

我 我要设计一款小学生的书包，请帮我描述3个设计方案的思路及创意。

好的，以下是3个设计方案的思路及创意。

1.草地足迹书包：这个设计创意来自小学生在户外玩耍和奔跑的场景。书包背面采用了草地的绿色，正面设计了一双脚的足迹图案。孩子们把书包背起来，就像在草地上自由奔跑一样。此外，书包的材质选择轻便、防水的尼龙布，结构有分层和分袋，是比较适合小学生放学后背回家的书包。

2.阿拉丁神灯书包：这个设计的创意来源于经典的童话故事。书包的正面与背面采用了金黄色，并在正面设计了一个阿拉丁神灯的图案。对于使用者而言，这款书包可以看作是一个秘密宝藏，孩子们会感到特别自豪和神奇。同时，书包采用了可拆卸肩带的设计，既方便了小学生的生活，又确保了整个书包的安全性。

3.云朵搭配天使翅膀书包：此款书包的设计灵感来自天空与云朵的颜色和形态。整个书包采用蓝色为主色调，并在正面和背面设计了云朵和天使翅膀的图案，看上去非常温馨浪漫。书包的材质选择绒面皮革，手感柔软舒适，而且能够防水和抗压。此外，还可加入多个口袋和拉链，满足小学生不同容量的需求。

总之，这3个设计方案都注重趣味性与实用性的结合，既能吸引小学生的注意力，又能满足其日常使用需求。希望对您有所启发。

02 根据ChatGPT给出的方案3去全网搜寻相关的素材。将素材导入Midjourney的/blend指令下混合图像。

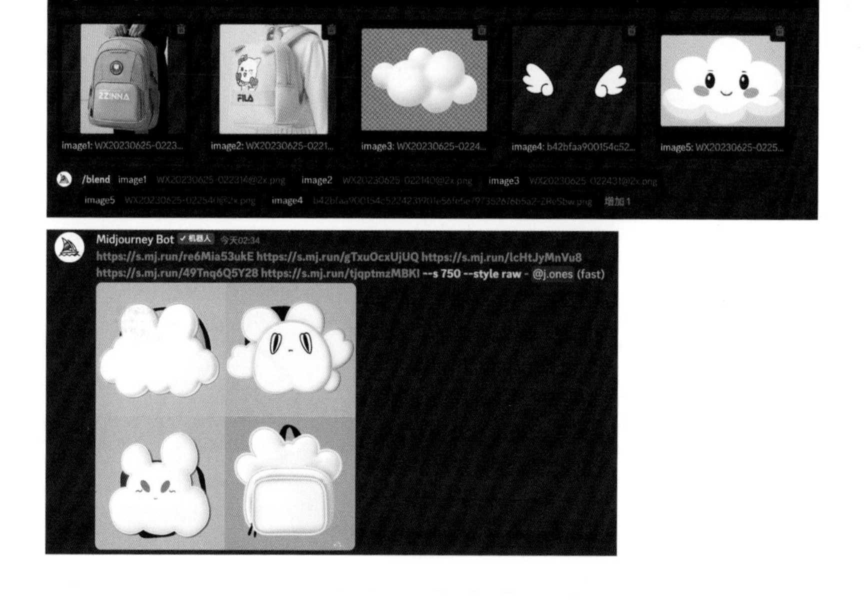

03 单击U4按钮放大图片，并复制图片链接。

04 使用文生图功能，在刚复制的图片链接垫图后，加提示语再次生成图片。注意，这里的提示语是ChatGPT翻译的第3个方案的英文描述内容。

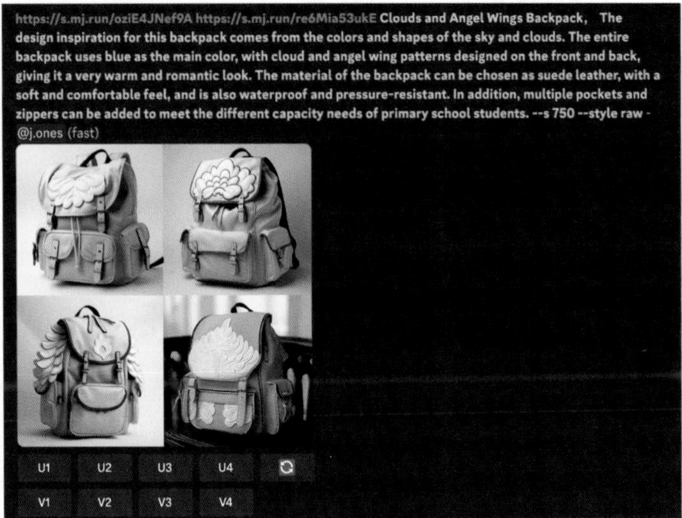

05 选择满意的方案，放大并调整图片，完成制作。接下来就是用专业的设备把书包落地量产了。

3.1.4 图生文 + 垫图

01 让ChatGPT描述插画画面元素。

我 我要画一张关于圆月的插画，请描述一下画面。

好的，以下是一个关于圆月的插画的画面描述：在这张画面中，可以看到一位美丽的女孩和一轮明亮的圆月。女孩端庄而娴静，身着一袭华美的长裙，披着一头长发，静静地注视着天边的圆月。她的脸庞和肢体轮廓清晰，肌肤洁白无瑕，仿佛精灵世界里的公主。而月亮则是画面中最耀眼夺目的一个元素，光芒四射，渲染出一片梦幻般的氛围。在妙曼月光的笼罩下，场景显得神秘而充满诗意。女孩目光深邃，看似在深思，或者只是津津有味地欣赏这美丽的时刻。整个画面色调温和，让人感觉轻松宁静，仿佛置身于一个恬静神秘的空间之中。

02 根据画面描述提示语在全网搜图，找到合适的图片并上传至Midjourney的/describe指令中。

03 使用/describe指令进行图生文。

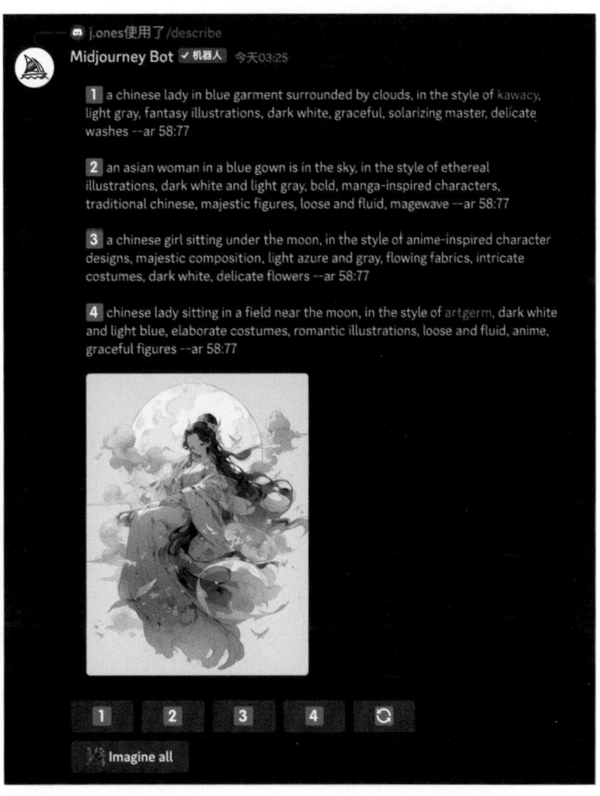

04 复制图片链接后，单击 1 按钮，在弹窗内粘贴刚复制的图片链接到文本的最前面。单击“提交”按钮，执行垫图加文生图指令。

05 选择合适的图片放大，导入PS中调整并输出。

3.2 Midjourney 的使用技巧

3.2.1 生成三视图

当生成IP或角色时，需要生成这个IP的三视图，即对一个角色、形象或产品从正面、侧面、背面这3个角度做3张设计图（平面视图），其作用在于可以有效地支持设计落地。如果这个IP形象需要制成实体物品（如玩具），三视图可以作为建模指导，告诉建模师每个部分的大小比例等，以减少误差。

01 要想让Midjourney产出稳定的IP形象三视图，则需要在提示语中添加Three views, the front view, the side view, the rear view, multiple angles（三视图，正视图，侧视图，后视图，多个角度）。除此之外，还要添加横幅画面的参数，如--ar 16:9，给AI留出足够的画面空间来放置三视图。

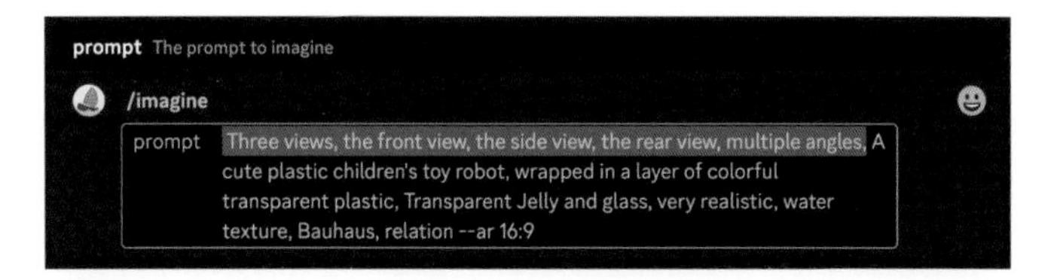

02 Midjourney生成的图片并不可控，这里只有第一张图是符合要求的三视图。

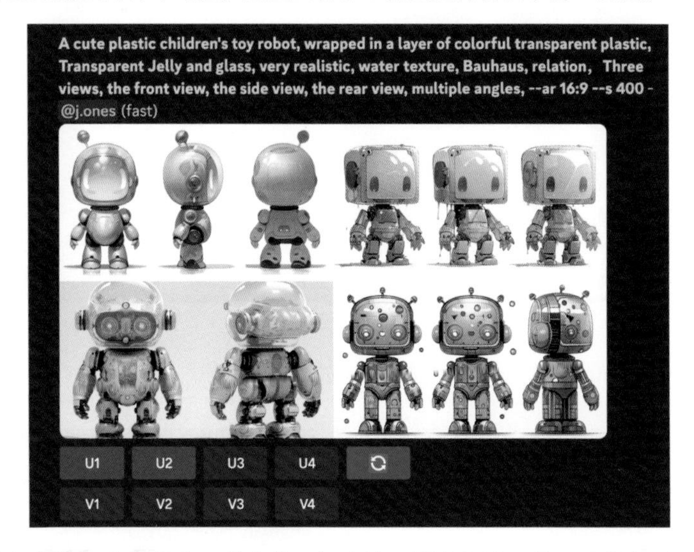

03 单击U1按钮将第一张图放大，并在输入框中输入/imagine。将图片拖曳到prompt输入框中，把图片的链接复制到其中，快捷使用垫图功能。

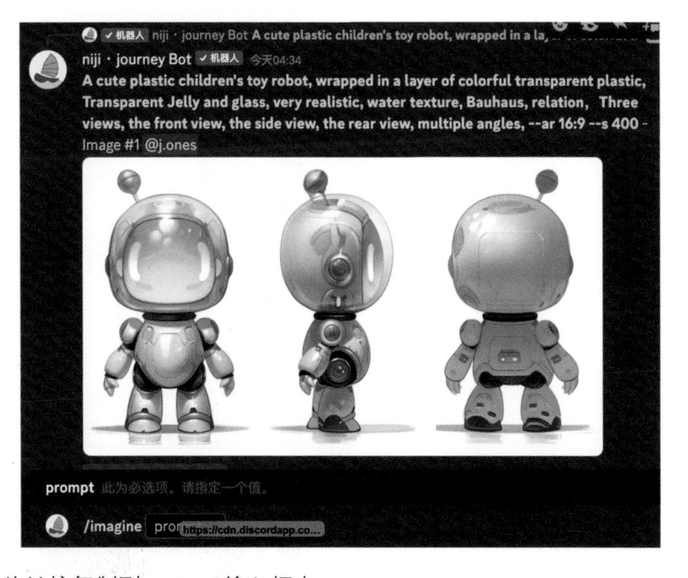

04 将之前的图片链接复制到prompt输入框中。

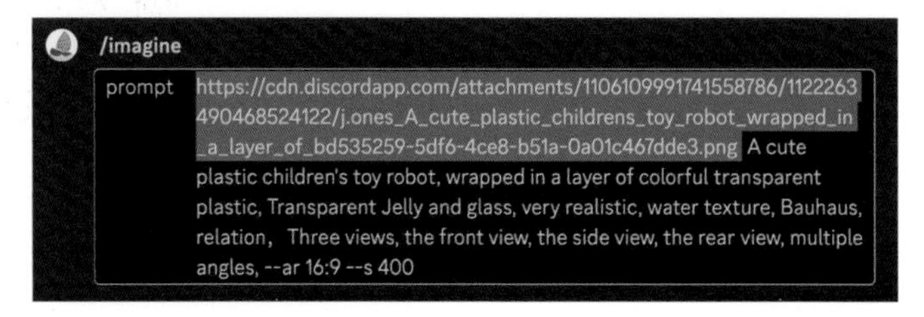

05 此时生成的图片都是三视图。

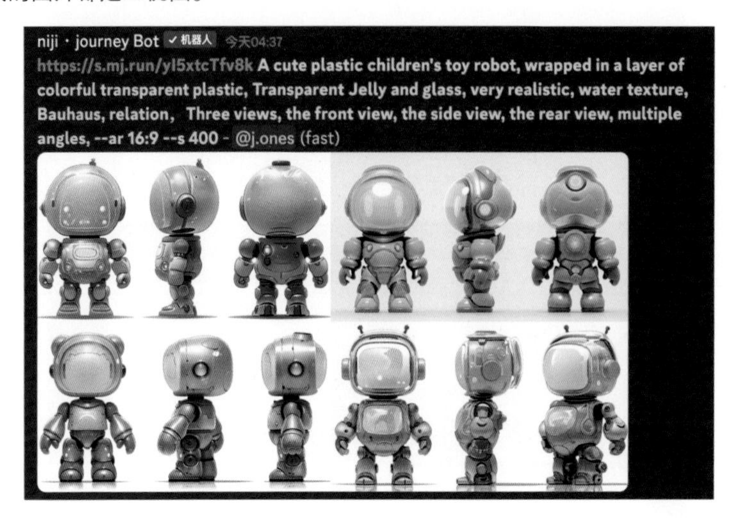

3.2.2 使用 Midjourney 自定义参数存储人物模型

使用Midjourney的过程中可能会反复使用一组提示语或参数，这时我们可以把这些提示语存储起来，变成一个自定义参数，方便随时调用。

01 下面这组提示语生成的人物效果很不错，我们可以把该提示语存储起来。

full body, super cute gril, bear fluorescent transl holo graphic pajamas, blind box, pop mart design, holographic, diamond luster, metallic texture, fluorescent, exaggerated expressions and movements, raincoat, girl holds a transparent water bottle in her hand, bright light, clay material, precision mechanical parts, close-up intensity, 3d, ultra-detailed, C4D, octane render, with bear, Blender, 8K, HD

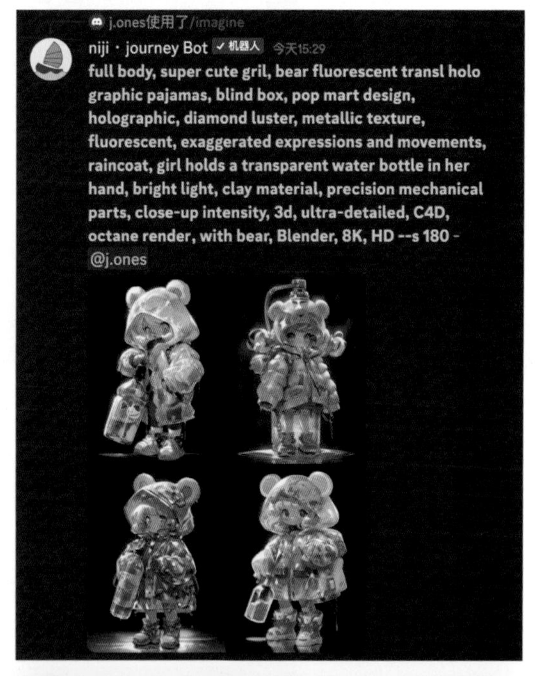

02 在输入框中输入/prefer option set，会出现“option”，在option输入框内输入自定义参数的名称为xiaoai。

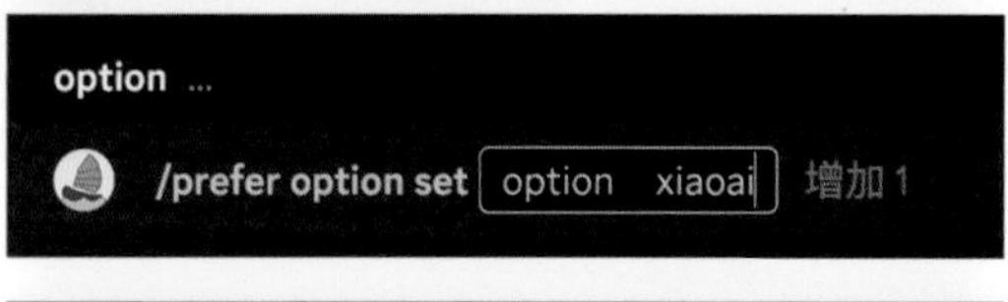

03 单击“增加1”按钮会出现“value”选项，单击该选项。

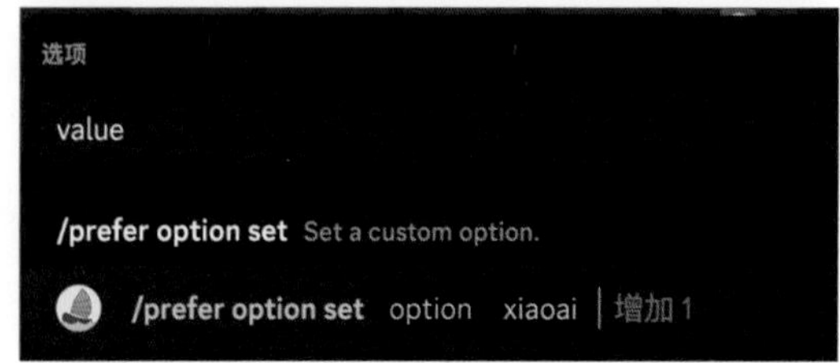

04 出现value输入框。

05 在value输入框内输入前面存储的提示语。(这里可以添加图片的种子，使图片风格更一致。)

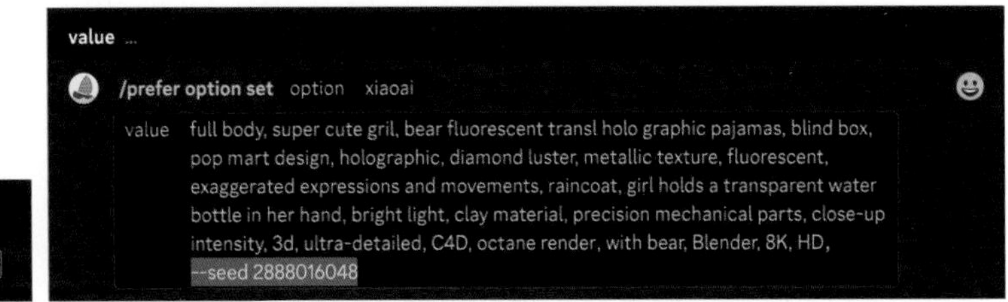

06 按回车键确认后，niji · journey Bot会反馈左下图所示信息，这说明设置成功了。

07 在/imagine指令下输入prompt：a girl sitting on a chair --xiaoai。

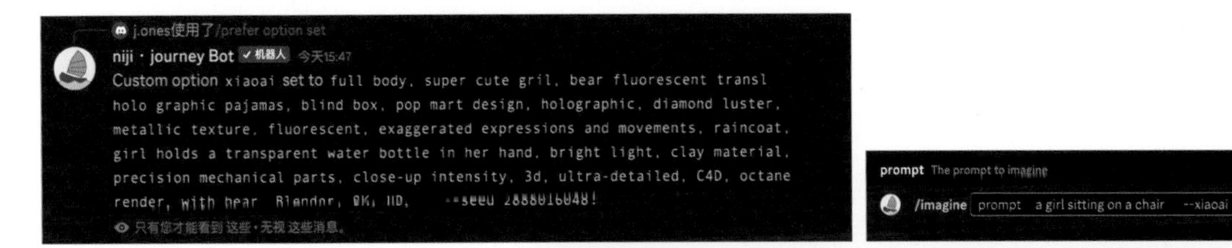

08 按回车键发送后，机器人会把设置在参数里的提示语完全展示出来，而且生成图片的风格与种子图片的风格一致。

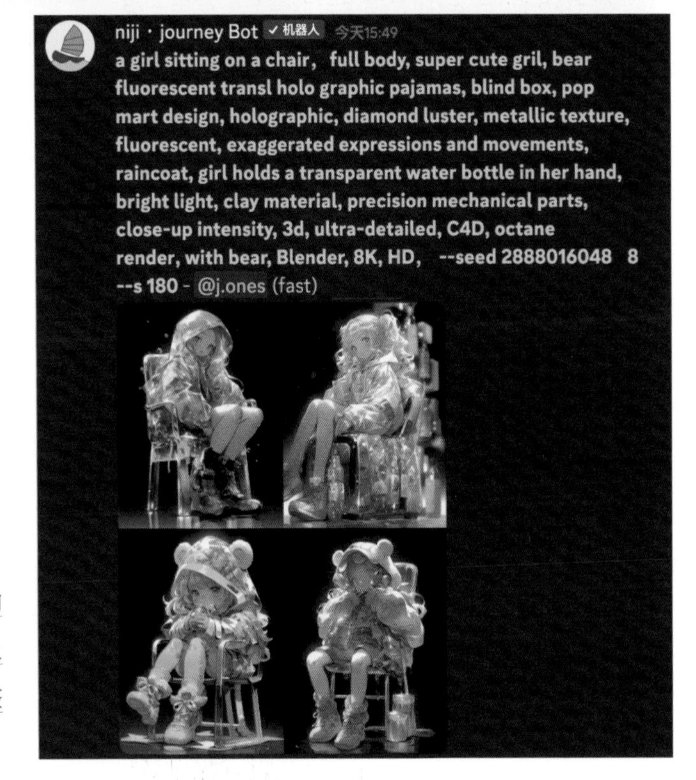

提示

设置人物参数时，建议只设置人物形象描述及风格描述，不要设置动作及背景描述，这有利于在相同风格下调整提示语，生成不同动态及背景的图片。

4

使用ChatGPT和Midjourney 提升插画设计效率

4.1 插画设计中 ChatGPT 和 Midjourney 的应用技巧

在插画创作时，我们可以让ChatGPT描述一些画面场景，然后把描述的场景加以修改并直接“喂”给Midjourney。

例如，向ChatGPT输入以下提示语。

我 我想让你充当Midjourney人工智能程序的提示生成器。你的工作是提供详细和有创意的描述，以激发人工智能创造独特和有趣的图像。请记住，人工智能能够理解广泛的语言，并能解释抽象的概念，所以请自由发挥想象力和描述力，尽可能地发挥。例如，你可以用括号中的格式（1.画面描述，2.插画风格，3.画面情绪，4.画面光照，5.色彩，6.构图角度，7.参考艺术家）描述一个未来城市的场景或一个充满奇怪生物的超现实景观。你的描述越详细，越有想象力，产生的图像就越有趣。把你描述的场景以中英双语的形式呈现。

ChatGPT给我们反馈了详细的画面描述信息。

好的，以下是画面描述，包括中英文提示语。

中文描述：

1. 一个未来城市的场景。这座城市充满了高科技和先进的建筑，配备了各种智能化设备，包括全自动驾驶交通工具、智能空调、节能灯等。城市中心区域是一个巨大的圆形广场，上面展示了各种未来科技的应用。周围的高楼大厦由玻璃、金属、混凝土等材料建筑而成，整个城市的色彩以灰色和银色为主。街道两旁是宽敞的人行道和树木，都是由智能系统进行维护和管理。

2. 插画风格：简洁明了，线条流畅。建筑物的线条简单而富有现代感，给人以科技感和未来感。角色和细节部分都打磨得很好，让整个场景更加生动。

3. 画面情绪：有一种冷静和沉稳的感觉。整个城市给人以安心和信心，看起来非常完美和无懈可击。

4. 画面光照：视觉效果非常优美。整个城市采用灰色和银色主题色，使整个画面显得干净、清晰，充满未来感。

5. 色彩：整个城市的色彩以灰色和银色为主，非常简洁明了。同时，在一些细节上大胆使用鲜艳的配色，突出其现代感和富有活力的品质。

6. 构图角度：我们采用俯瞰式构图，让观众可以清晰地看到这座城市的风貌和规模。

7. 参考艺术家：参考影片《银翼杀手2049》，其建筑设计充满未来感，同时也非常简约和精致。同时，还参考了CG艺术家Alex Roman的作品，构图随意而不失平衡，具有很棒的全景表现能力。

英文描述：

1. A city scene in the future. This city is full of high-tech and advanced buildings, equipped with various smart devices, including fully automated transportation, smart air conditioners, energy-saving lights, and so on. The central area of the city is a huge circular square, displaying various applications of future technology. The surrounding high-rise buildings are constructed from materials such as glass, metal and concrete, with grey and silver dominating the overall color scheme of the city. The sidewalks and trees on both sides of the streets are wide and well-maintained by intelligent systems.

2. Illustration style: Simple and sleek line work. Buildings are minimal and futuristic with a technical aesthetic. Characters and details are crisp and polished to give the scene an energetic and dramatic feeling.

3. Mood: Calm and collected. The city exudes a sense of trust and confidence with perfection being the common theme throughout.

4. Lighting: Visually stunning with a focus on clean and sharp grey and silver tones. The overall

feeling is crystal clear and futuristic.

5. Color: The overall color scheme is a mix of grey and silver with bold and bright pops of color to draw attention to details and give the artwork vitality.

6. Composition: We chose a top-down perspective for the cityscape to illustrate the scale and beauty of the architecture and technology.

7. References Artist : Inspiration was drawn from the film "Blade Runner 2049" and CG artist Alex Roman's work. Both feature futuristic, minimal yet elaborate aesthetics with great panoramic representation.

复制英文部分，直接输入Midjourney中，可以看到画面呈现的效果还是不错的。根据自己想要的风格进行适当调整。

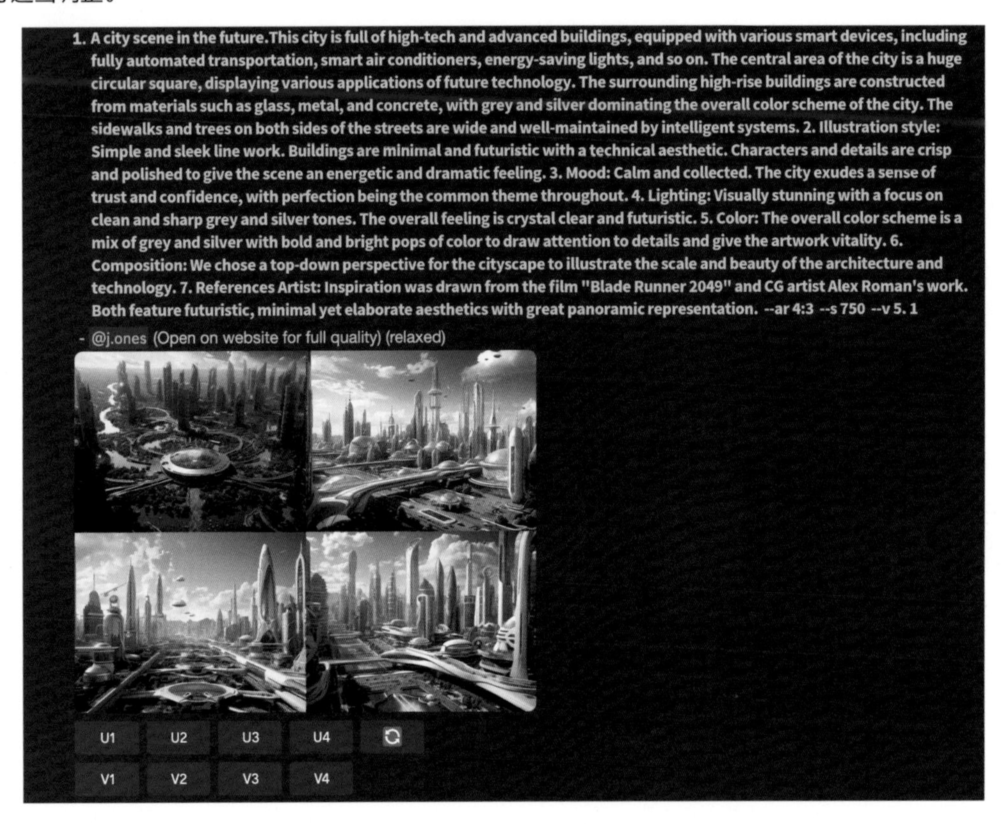

此外，可以将自己想要的画面描述给ChatGPT，让它帮我们完善画面细节，让提示语更准确；还可以先写好中文提示语，让ChatGPT充当翻译。举例如下。

我 把以下内容翻译成Midjourney可以识别的英文提示语：女孩在水下游泳，笑着，带着一只长毛白猫，五颜六色，Kawacy 风格，杰作，超详细渲染风格，油画技法，头部特写，夸张的透视，丁达尔效应，逼真，水滴，珍珠白，虹彩，全息白。

好的，以下是Midjourney可识别的英文提示语。

Girl swimming underwater, smiling, with a long-haired white cat, colorful, Kawacy-style, masterpiece, detailed rendering style, oil painting technique, close-up of the head, exaggerated perspective, Tyndall effect, realistic, water droplets, pearl white, iridescent, holographic white.

把ChatGPT翻译好的提示语发给Midjourney，可以得到精致的画面。

4.2 不同风格的插画设计

扁平插画风格：画面简单扁平、色彩明亮、边缘线条简洁，适用于App、网页、海报、广告等数字媒体及印刷品等。

提示语：Flat illustration style

线描卡通风格：线条粗细变化大、颜色鲜艳、质感简单，适用于广告、教育类材料、儿童读物等。

提示语：Line drawing cartoon style

扁平插画风格

线描卡通风格

厚涂手绘风格：线条有明显的笔触和纹理，色彩浓郁、光影感强烈、场景细节多，适用于广告、海报、绘本、杂志封面、网站设计、包装设计等。

提示语：Thick paint hand-drawn style

赛博朋克风格：常融合机械、人体、未来科技元素，颜色高饱和度，光影冷酷，适用于科幻场景、游戏、动漫、电影等。

提示语：Cyberpunk style

厚涂手绘风格

赛博朋克风格

2.5D 风格：立体感强烈，使用透视法呈现三维空间，视觉效果丰富，适用于游戏场景设计、动画、封面设计、宣传片制作等。

提示语：2.5D style

日漫风格：画面明朗透亮，形态简约，半透明，表情包含诸多情感，背景清淡，游走于写实与夸张之间，适用于表现日本文化的动画、漫画等。

提示语：Japanese anime style

2.5D风格

日漫风格

儿童绘本风格：主题清晰明确，色彩鲜艳，文字与画面相结合，适合儿童书籍，以及幼儿园、小学教学场景等。

提示语：Children's picture book style

三维拟真风格：图像逼真，光影效果和高清晰度能让人有身临其境的感觉，适用于游戏、影视等高端场景设计。

提示语：3D realistic style

儿童绘本风格

三维拟真风格

美式扁平风格：画面简单扁平，配色简洁、大方，线条简约，适用于广告、平面设计、品牌设计、网站设计等。

提示语：American flat style

美式厚涂风格：颜色层数多，有明显的笔触、纹理和厚度感，场景细节丰富，适用于广告、包装设计、杂志等。

提示语：American thick paint style

美式扁平风格

美式厚涂风格

中国风： 线条流畅，色彩鲜明，常见元素为传统建筑、山水、书法、篆刻等，适用于与中国文化相关的海报、书籍、网站设计等。

提示语：Chinese style

中国风

4.3 不同主题的插画设计

4.3.1 节日主题——春节舞狮

设计需求

设计一张春节主题的App闪屏图。

设计要求

1.画面中必须出现明显的舞狮元素。

2.为二次元扁平插画或中国风扁平插画，画面内容不作限制。

3.设计尺寸：1920px×1080px。

设计分析

1.中国风插画和二次元插画的主要区别是：中国风插画的典型特征为带描边，造型写实，色彩饱和度稍低；二次元画风的典型特征为线条粗细不均匀、弯曲自如，造型写实但圆润可爱，色彩饱和度很高，明度也很高。

2. 画面中要出现人物和明确的主体，以更好地传达情绪。

3. 要求出现明显的舞狮画面，可大致构建一个画面场景。例如，主体为舞狮，周围带一些春节元素——爆竹、烟花等；或者背景是舞狮，画面前方再设置一个明确的主体人物，用于表现画面中心。

以下是ChatGPT给出的设计方案，我们可以酌情参考。

我 请以一个专业App设计师的身份设计一张关于中国春节的插画。

作为一名专业的App设计师，我会考虑以下因素来设计关于中国春节的插画。

1. 色彩搭配：中国春节是一个欢庆的节日，红色和金色是传统的颜色中最能表现喜气的，需要在设计中重点突出。

2. 表现特征元素：中国春节有很多必不可少的元素，如灯笼、福字、烟花、春联、年画等。这些元素应该以合适的比例体现在设计中，组成一个视觉化的风格。

3. 风格要求：决定采用何种风格（手绘或扁平化），手绘令人感到温暖和贴近，可以很好地表达祝福的意愿。扁平化的设计更加简洁大方、美观，可以突出信息的主体内容。

4. 传达信息：设计以开放和欢乐感为主题，通过庆祝春节来传递和谐、祝福等信息，可以有效营造团圆和快乐的氛围。

基于以上这些因素，我设想的春节主题插图在整体色彩上采用红色和金色，并以春节经典元素灯笼、福字等营造出传统的春节氛围。同时，采用可爱的线条和元素，以表现自然、温暖和热闹的氛围，使设计既具有传统美感，又符合年轻用户的视觉习惯。总的来说，这张插图应该有让用户产生共鸣和让用户之间相互祝福的效果，并增强用户对于App应用的归属感和传统文化的认同感。

画面思路大概清晰后，可以开始整理关键词思路。

主体：一个小孩在巨大的舞狮下面作揖

表情/服饰：快乐地笑/中国传统服饰

风格：中国风扁平插画/二次元扁平插画/中国电影

比例：9:16

风格要求为二次元扁平插画或者中国风扁平插画。如果不是很确定典型的中国风扁平插画和二次元扁平插画风格要使用什么样的提示语，那么可以先找一些参考图，在Midjourney中使用图生文功能。

在/describe指令中上传参考图，按回车键确认，即可生成提示语。

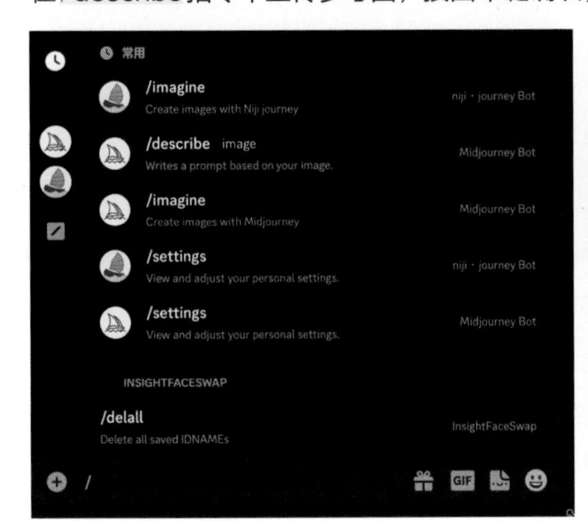

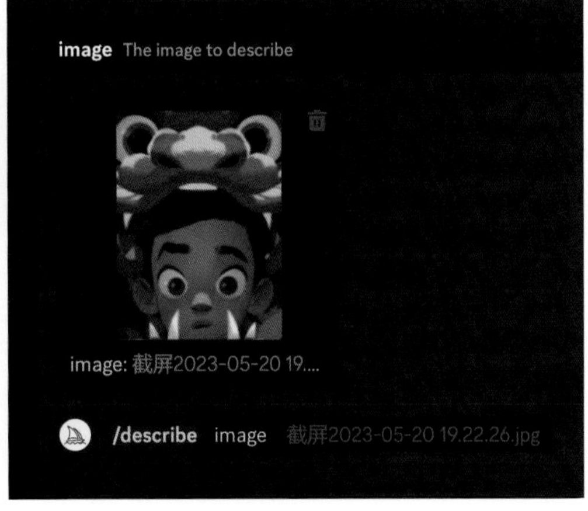

我们可以看到由参考图生成了4组提示语。

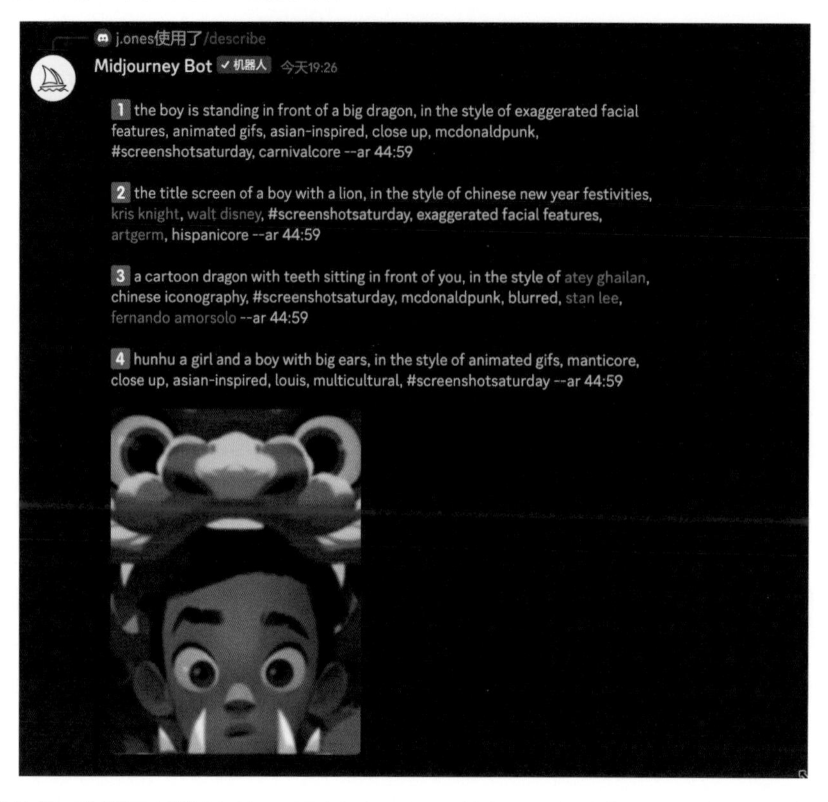

根据生成的提示语撰写新的提示语，再次组织画面。其中画面大致表现了一只巨大的舞狮下方站着一个主体人物，运用了中国春节元素，主要颜色为红色和黄色。将新整理的提示语使用Niji模式生成图片。

生成图片的效果还可以，只是红色太多，层次不够分明，感觉不够喜庆；人物太小，没有展示正面。所以，在提示语中加入front view、close up、exaggerated technique，再生成几次。

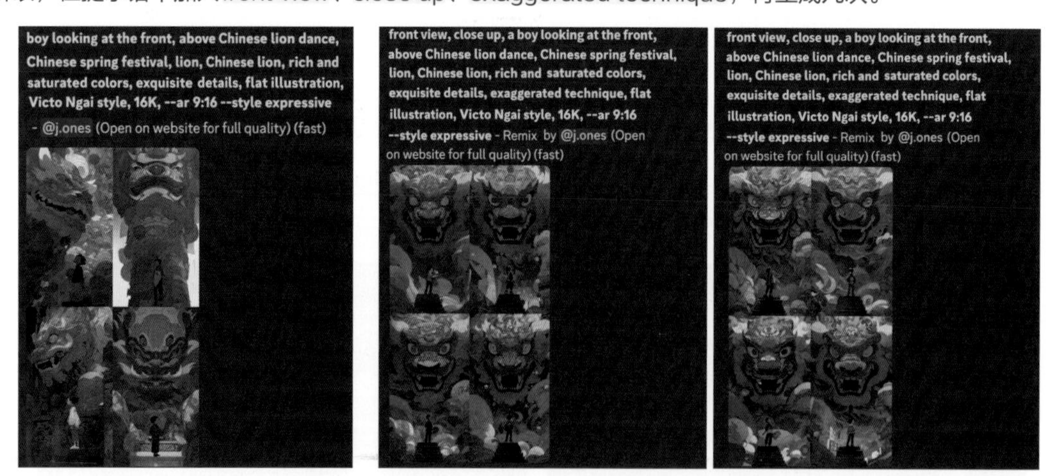

多次尝试后，得到多张画风很漂亮的图片。总体而言，区别大致在于颜色的丰富度、舞狮眼睛的颜色和扁平化程度，这里选中上方最右侧图中生成的第二张图，作为后期拼图背景。虽然主体人物大小问题还是没能解决，但是尝试过程中产生了其他图，这里选择下面两张图。很明显，第一张的动作、服饰、神情更符合要求，但考虑到细碎的发丝抠图效果不佳，而且大面积的红色不容易调整，所以选择第二张图中的人物作为主体。

下面是使用PS初步拼图的效果，以及主体调色后的效果。

接下来是统一主体和全局光照后的效果，以及添加文本排版的最终效果。整张图片的颜色很漂亮，整体感觉复古、繁复、华丽。通常来说，最后会对全图进行提亮处理，并增加饱和度。但是这张图增大饱和度后会失去复古的感觉，所以没有进行全局调色。

4.3.2 季节主题——冬季雪屋

设计需求

设计一张冬季主题的App闪屏图。

设计要求

1. 主题鲜明，风格不限。

2. 画面内要有可爱的小熊、雪屋等元素。

3. 设计尺寸1920px×1080px。

把设计要求通过以下描述发到ChatGPT中，让它帮我们构思画面的内容和细节。

我 我想让你充当Midjourney人工智能程序的提示生成器。你的工作是提供详细和有创意的描述，以激发人工智能创造独特和有趣的图像。请记住，人工智能能够理解广泛的语言，并能解释抽象的概念，所以请自由发挥想象力和描述力，尽可能地发挥。你的描述越详细，越有想象力，产生的图像就越有趣。你可以用括号中的格式（1.画面描述，2.插画风格，3.画面情绪，4.画面光照，5.色彩，6.构图角度，7.参考艺术家）描述一个卡通风格的画面：冬天森林中被雪覆盖的小木屋，房子周围有可爱的小熊及其他小动物。把你描述的场景以中英双语的形式呈现。

好的，以下是画面描述，包括中英文提示语。

中文描述：

1. 画面描述：在冬日的森林中，一座可爱的小木屋被大雪覆盖。周围有一群可爱的小熊，还有其他各种小动物，这些小动物都围着小屋玩耍。

2. 插画风格：卡通风格，造型可爱，颜色鲜艳而活泼。

3. 画面情绪：温暖、亲密、欢乐。整个场景充满了童趣和感性的元素，令人想起纯真的童年时光。

4. 画面光照：画面中有一些暖黄色的光线穿透树林，给整张画带来了一种温馨舒适的感觉。

5. 色彩：以深色调为主，包括深蓝色、深紫色和木制品质感的深棕色。小熊和其他动物的颜色则更加鲜艳，突出它们的可爱和童趣。

6. 构图角度：从一个稍微高于地面的角度拍摄，让小屋、小熊和其他动物的形象更加突出。

7. 参考艺术家：日本动画电影《起风了》片段中森林的场景和形象为本画面提供了灵感。

英文描述：

1. Scene Description: In a winter forest, a charming little cabin is covered with thick snow. A group of cute bears, and other small animals are gathered around the cabin, playing and having fun.

2. Illustration Style: Cartoon style with adorable shapes and vibrant colors.

3. Mood: Warm, intimate and joyful. The scene is full of childlike and emotional elements, reminiscent of the innocence of childhood.

4. Lighting: Warm yellow lights shine through the trees, creating a cozy and comfortable atmosphere for the entire picture.

5. Colors: Dark tones dominate the scene, including deep blue, deep purple, and a wooden texture dark brown. The colors of the bears and other animals are more vivid, highlighting their cuteness and childishness.

6. Composition Angle: Captured from a slightly elevated angle, the cabin, bears, and other animals are more prominent.

7. Reference Artist: The forest scene and characters in the Japanese animation film "The Wind Rises" inspired this artwork.

把ChatGPT生成的描述进行整理，并修改不合适的元素。

1.画面描述：在冬日的森林中，一座可爱的小木屋被大雪覆盖。周围有一群可爱的小熊，还有其他各种小动物，这些小动物都围着小屋玩耍。

Scene Description: In a winter forest, a charming little cabin is covered with thick snow. A group of cute bears, and other small animals are gathered around the cabin, playing and having fun.

2.插画风格：卡通风格，造型可爱，颜色鲜艳而活泼。

Illustration Style: Cartoon style with adorable shapes and vibrant colors.

3. 画面情绪：温暖、亲密、欢乐，充满了童趣和感性的元素，令人想起纯真的童年时光。

Mood: Warm, intimate and joyful. The scene is full of childlike and emotional elements, reminiscent of the innocence of childhood.

4. 画面光照：丁达尔效应，暖黄色的光线穿透树林，给人一种温馨舒适的感觉。

Lighting: Tyndall effect, Warm yellow lights shine through the trees, creating a cozy and comfortable atmosphere for the entire picture.

5. 色彩：以浅色调为主，包括蓝色、紫色和木质感的棕色，小熊和其他动物的颜色则更加鲜艳，突出它们的可爱和童趣。

Colors: light tones dominate the scene, including blue, purple, and a wooden texture brown. The colors of the bears and other animals are more vivid, highlighting their cuteness and childishness.

6. 构图角度：俯视，高于地面的角度。

Composition Angle: A bird's-eye view, above the ground, elevated angle.

7. 参考艺术家：日本动画电影《起风了》片段中森林的场景和形象。

Reference Artist: The forest scene and characters in the Japanese animation film "The Wind Rises" inspired this artwork.

由此可以得到以下提示语，然后用Niji模式生成图片。

In a winter forest, a charming little cabin is covered with thick snow. A group of cute bears, and other small animals are gathered around the cabin, playing and having fun. Cartoon style with adorable shapes and vibrant colors. Warm, intimate and joyful. The scene is full of childlike and emotional elements, reminiscent of the innocence of childhood. Tyndall effect, Warm yellow lights shine through the trees, creating a cozy and comfortable atmosphere for the entire picture, light tones dominate the scene, including blue, purple, and a wooden texture brown. The colors of the bears and other animals are more vivid, highlighting their cuteness and childishness. A bird's-eye view, above the ground, elevated angle. The forest scene and characters in the Japanese animation film "The Wind Rises" inspired this artwork

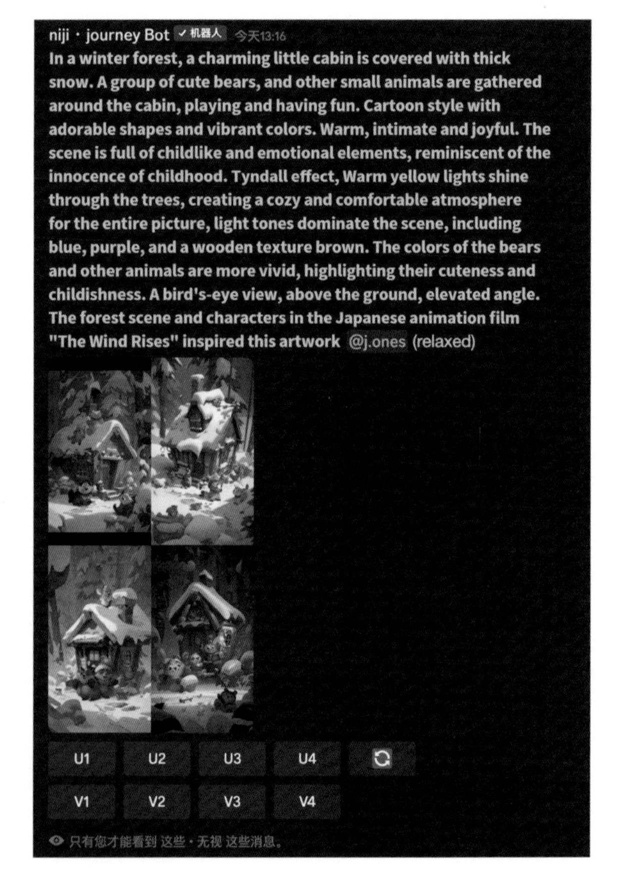

描述很细致，所以生成的插画也十分精致。可以多生成几次，直至获得满意的图片为止。

这里对上面第3张图进行处理，加上文案，就可以快速做出一张App闪屏图了。

4.3.3 场景主题——夏日印象

设计需求

一张夏日主题的App闪屏图。

设计要求

1. 颜色明艳，氛围感强，风格不限。

2. 带有明确的主体。

3. 设计尺寸1920px×1080px。

设计分析

带有明确主体的插画传播力更强，更容易让用户带入情绪。而氛围感强则需要画面光照更明显。我们可以设想一些明显带有夏天固有印象的画面，比如摇着扇子吃西瓜、喝冰镇饮品、去海边游泳戏水或者在遮阳伞下乘凉等，夏天就应该体现出凉爽的感觉。

也可以问ChatGPT，然后与我们的设计构思综合一下。在思路不清晰或抓不准需求重点的情况下，ChatGPT总可以给我们提供有用的信息。

我 请以一个专业App设计师的身份设计一张关于夏天的插画。

作为一名专业App设计师，我会考虑以下因素来设计关于夏天的插画。

1. 整体色彩与夏天的气氛相符：在设计中选择明亮清爽的色彩组合，可以更好地表现夏天的感觉，比如草绿、天蓝、黄橙等。

2. 表现夏天特征的元素：夏天有很多独特的元素，如热浪、阳光、水果、沙滩等。这些元素应该包含在设计中，并通过它们构成一个视觉化的风格。

3. 风格定义：决定插画采用何种风格（手绘风格或扁平风格）。手绘风格结合了流畅的线条，能够很好地表达生动、有趣和温馨的画面。扁平风格可以让图形和元素集中展示的同时更突出。

4. 信息传达：夏天的插画应该给用户一个轻松、欢快的感觉，让他们能够联想到放松、休闲。这样的感觉有助于App应用与我们向用户传达的价值观统一。

基于上述因素，我会设计一个夏天主题的插画，其中夸张的彩色元素体现动感，同时使用趣味性强的线条和形状来重点突出画面效果，增强插画的美感和视觉吸引力。我还会在插画中设计一些表现夏天信息的物品，如沙滩、太阳镜、果汁或冰激凌等。

最终的插画设计将使App应用看起来愉悦、鲜活而又不失清晰明了。

我们决定使用在遮阳伞下乘凉的场景，大概画面是：主体人物在露营乘凉，有大的遮阳伞、遮阳帽，还有海边和热带地区的标配——椰子树、蓝天、白云等。我们甚至可以快速画出一个草图。

现在画面思路已经非常明确了，可以开始整理关键词思路。

主体：一个或者两个小孩在遮阳伞下乘凉

表情/动作/服饰：快乐地笑/戴着遮阳帽

场景：草地/小花/巨大的椰子树/蓝天

光照：柔和的光照

风格：迪士尼风格

比例：9:16

接下来就开始生成图片。在输入框中输入/，选择Niji模式下的/imagine。因为是UI设计中的页面，所以画风比较可爱的更适合，而Niji模式很适合生成这种风格的图片。

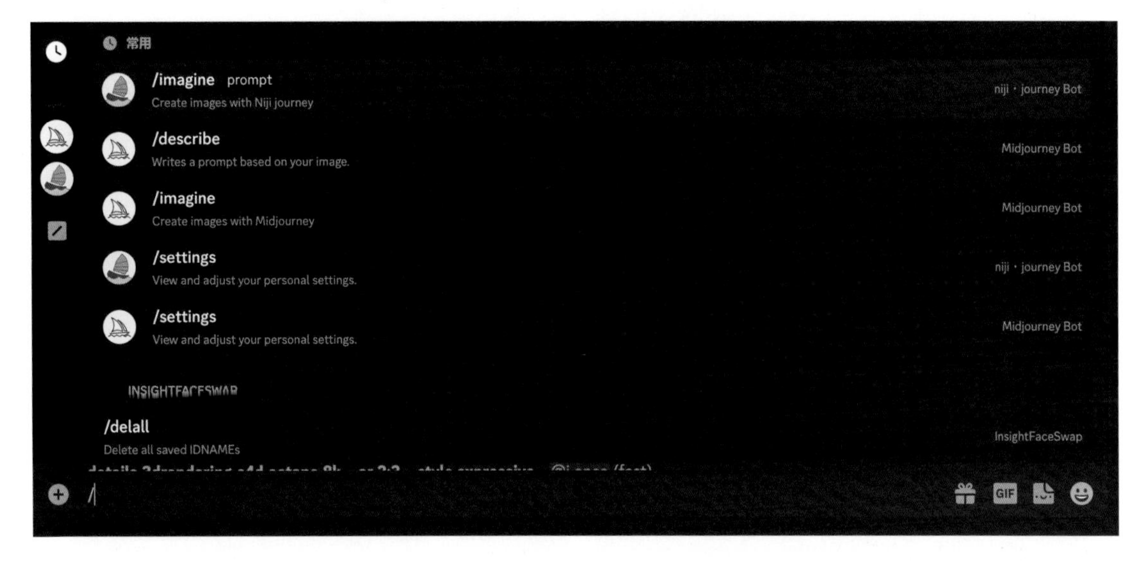

根据设计要求和ChatGPT的提示语，整理得到提示语：A boy and a girl were on the lawn, both of them wearing sun hats, boxes, chairs, the lawn, the tent, the blue sky, the white clouds, the small flowers, the coconut trees, delightful, High detail, high saturation, super quality, rich details, 3D rendering, C4D, octane render, 8K --ar 9:16（一个男孩和一个女孩在草坪上，他们都戴着遮阳帽，箱子，椅子，草坪，帐篷，蓝天，白云，小花，椰子树，令人愉快的，高细节，高饱和度，超高质量，丰富的细节，3D渲染，C4D，OC渲染器，8K清晰度，9:16长宽比），由此可生成以下图片。

以上生成的图中没有很合适的。这里主要有两个问题：一是主体太小，不明确；二是颜色太冷，没有氛围感。我们可以加入新的提示语Soft lighting，用柔和的灯光可以解决第2个问题；加入medium shot，用中景试着解决第1个问题。

左下图生成的第2张图的风格比较适合，画面很柔和，主体人物靠近镜头，构图也和最初设想的一致。但是有一个小问题，即右边的人物没有五官，所以单击V2按钮，基于这张图再生成几次，尝试解决这个问题。由此得到右下图。

下面是尝试过程中得到的部分图片。

在生成的图片中选出两张贴合主题的图片。

第1张图中，椰子树叶的轮廓更简约，光影效果更浪漫，更有幻想的效果，而且画面下方叶子的形状更漂亮、自然，画面还是虚焦的，这会让画面主体更聚焦；第2张图中，遮阳伞的形状更简约。最后将这两张图进行融合。下面是使用PS初步融图的效果，以及修复伞面上污迹后的效果。

对整个画面进行调色和文案排版，完成制作。

以下是笔者的学生根据以上方法尝试用niji · journey的 Scenic Style 模式生成的节气主题的闪屏图。

4.4 儿童绘本插画创作

在儿童绘本领域，我们可以通过ChatGPT快速产出故事与脚本，再结合Midjourney这样的AI绘图软件进行自动化流程制作，快速创建大量的原型和草图，从而省去人工手动绘制的时间成本。这可以让绘本创作者更快地完成项目，并在短时间内推出新作品。由于Midjourney可以将历史作品进行分析和理解，因此能够产生新的、有创意的绘图设计，以及提供新的创意方向。

Midjourney可以通过提示语生成风格迥异的设计，从而支持多样化的风格表达和文化元素的融合，以满足不同群体和个人的需求。

使用AI设计，可以更加便捷地生成和编辑图片，并可视化地输出创作内容。同时，这种设计方式创作的作品也更容易在社交媒体平台上分享和传播。

AI绘画在绘本创作中正逐渐成为一种趋势和方向。它具有多方面的优势，包括提高效率、增强创意性、支持多样化和提升便捷性等。但是，需要注意的是，使用AI绘画时，人类艺术家是AI生成流程中的设计师和监管者，真正的创意和表达需要人类的审美与智慧才能完美展现。

4.4.1 儿童绘本的特点

图文并茂，图画是绘本的灵魂：绘本中的图画需要有趣、生动、丰富多彩，以吸引孩子的目光；文字则要简洁、流畅，能配合图画起到增强视觉效果和讲述故事情节的作用。

文字简单易懂：儿童绘本的受众是儿童，文字需要简单明了，用词浅显易懂，便于孩子理解和阅读。

良好的创意和故事性：绘本需要有新颖的想法、优美的语言风格以及生动的故事情节，可以让孩子感到开心、快乐或者感动，从而培养他们的审美能力、丰富他们的情感世界。

教育性强：很多绘本不仅讲故事，而且希望通过故事中所蕴含的道理，向儿童传递正能量，形成正确的价值观。阅读绘本，还可以培养儿童的思维能力和创造力，提升他们的阅读兴趣和阅读能力。

4.4.2 儿童绘本插画设计的类型

儿童绘本插画设计的类型有很多种，下面是一些常见的类型。

矢量插画：主要以色彩、线条等平面元素，基于手绘和电脑制图相结合的方式来创作。

立体插画：通过透视、投影、空间感等绘画技巧，插画作品会更具有立体感，给孩子们带来身临其境的感觉。

矢量插画

立体插画

手绘插画：直接在纸上使用笔、颜料等绘制而成，具有自然、真实、生动感人等特点。

写意抽象插画：主要运用抽象的风格，浪漫、温馨、梦幻等场景元素来表述故事，体现想象力和童话故事的特点。

手绘插画

写意抽象插画

摄影风插画：这种类型的插画接近于真实的场景，给孩子们呈现一个更加真实的故事场景。虽然以往的制作成本略高，但是现在完全可以通过Midjourney低成本生成。

摄影风插画

儿童绘本的插画设计类型非常多样化，每种类型都有其自身的特点。设计时需要考虑受众的年龄、性别、文化背景等因素，让绘本更符合儿童的需求，使儿童体会阅读的快乐。

4.4.3 利用 ChatGPT 和 Midjourney 进行儿童绘本插画设计

儿童绘本设计的流程和思路，可以通过以下几个步骤来实现。

① **确定绘本主题和目标读者群体：**设定绘本受众的年龄段、故事情节、角色等，确定绘本的渲染风格和画面构图等。

② **用ChatGPT生成故事情节：**使用ChatGPT完成绘本故事的编写。可以输入一些提示语，让AI生成绘本故事的情节线索和内容，然后根据修改需求进行后续调整。

③ **使用Midjourney进行角色设计和画面渲染：**利用Midjourney设定绘本角色人物、头像表情、动作和姿势等，同时还可以调整绘本画面的颜色、光线、纹理等细节，以呈现理想的渲染效果。

④ **绘本优化与排版：**使用PS等软件优化绘本细节和排版。

设计一个绘本故事时，要先确定选题。我三岁的女儿很喜欢小动物，每天都说自己是某种动物，所以我以小孩子的视角“假如我是什么动物，我会怎么样”，用写诗的方式构思一个绘本。

先按照“假如我是什么动物，我会怎么样”的句式向ChatGPT提问。

我 我想让你充当一个儿童绘本故事作者，你的任务是为绘本故事出情节和创意。请以：“假如我是一只小蝴蝶，我会像小蝴蝶一样漂亮；假如我是一只小仓鼠，我会像小仓鼠一样可爱……”这样的格式续写后面的5页绘本故事。

绘本故事如下：

1. 假如我是一只小蝴蝶，我会像小蝴蝶一样漂亮。
2. 假如我是一只小仓鼠，我会像小仓鼠一样可爱。
3. 假如我是一只小猫，我会像小猫一样好奇。
4. 假如我是一只小企鹅，我会像小企鹅一样温暖。
5. 假如我是一只小猩猩，我会像小猩猩一样自信。
6. 假如我是一只小老虎，我会像小老虎一样勇敢。

7.假如我是一只小象，我会像小象一样友善。

无论是小蝴蝶、小仓鼠、小猫，还是小企鹅、小猩猩、小老虎、小象，每种生物都拥有自己独特的优点和魅力。只要我们珍惜自己的特点，发挥自己的才能，就可以像它们一样走进人们的心里，成为深受喜爱的人。

ChatGPT给出的方案正是我们想要的。但是“假如我是什么动物，我会怎样”句式中，前半句像是小孩子说的，后半句不太像小孩子的口吻。所以将其修改成下面的句子，同时让ChatGPT将说话的内容翻译成英文。

孩子说：假如我是一只小蝴蝶

爸爸说：你会像小蝴蝶一样漂亮

If I were a little butterfly,

You would be as beautiful as a little butterfly.

孩子说：假如我是一只小仓鼠

爸爸说：你会像小仓鼠一样可爱

If I were a little hamster,

You would be as cute as a little hamster.

孩子说：假如我是一只小猫

爸爸说：你会像小猫一样好奇

If I were a little cat,

You would be as curious as a little cat.

孩子说：假如我是一只小企鹅

爸爸说：你会像小企鹅一样温暖

If I were a little penguin,

You would be as warm as a little penguin.

孩子说：假如我是一只小猩猩

爸爸说：你会像小猩猩一样自信

If I were a little gorilla,

You would be as confident as a little gorilla.

孩子说：假如我是一只小老虎

爸爸说：你会像小老虎一样勇敢

If I were a little tiger,

You would be as brave as a little tiger.

孩子说：假如我是一只小象

爸爸说：你会像小象一样友善

If I were a little elephant,

You would be as friendly as a little elephant.

孩子说：我是Frida！我会像它们一样漂亮、可爱、好奇、温暖、自信、勇敢、友善！

I am Frida!

And I would be as beautiful, cute, curious, warm, confident, brave, and friendly as all of them!

描述画面时，先使用a baby girl as elephant（一个小女孩假装是大象）这样的句式在Niji模式中做一下测试，看是否能生成所需的风格。

画面主题： a baby girl as elephant, wearing a white short-sleeved shirt, white skin, with a smile, wearing sneakers, whole body

环境背景： the background of blue sky and white clouds

光源照明： the warm sunshine is shining on the side face

风格： children's picture book style, natural light, fairy tale lights

画面质量： depth of field, super detail, 8K

尺寸参数： --aspect 4:3 --style expressive --s 400

由此得到以下风格。根据以下风格我们获得种子：--seed 2559686328。

利用Midjourney的批量指令{butterfly, hamster, cat, penguin, gorilla, tiger, elephant}可得到以下提示语：

a baby girl as {butterfly, hamster, cat, penguin, gorilla, tiger, elephant}, wearing a white short-sleeved shirt, white skin, with a smile, wearing sneakers, whole body, the background of blue sky and white clouds, and the warm sunshine is shining on the side face, children's picture book style, ghibli, natural light, fairy tale lights, depth of field, super detail, 8K --aspect 4:3 --seed 2559686328 --style expressive --s 400

此时批量产出图片。(注意，批量指令只能在Fast mode模式下工作。)

在Midjourney生成的以上图片中，人物和风格还是具有一致性的。在这些图中寻找贴合文案的图片，然后在PS中进行排版即可。由于AI绘画的随机性，可能无法一次就生成满意的图片，因此请多次生成，也可以改变--chaos的值，直到生成满意的效果为止。

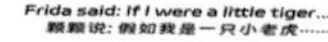
Frida said: If I were a little tiger...
颖颖说：假如我是一只小老虎……

Daddy said: You would be as brave as a little tiger.
爸爸说：你会像小老虎一样勇敢。

这里用的是PS Beta版，排版时如果要抠出图片，只要单击“移除背景”按钮就可以了。

还有一些图片显示不完整，比如右图中人物大象头饰的左侧耳朵有一部分是缺失的。

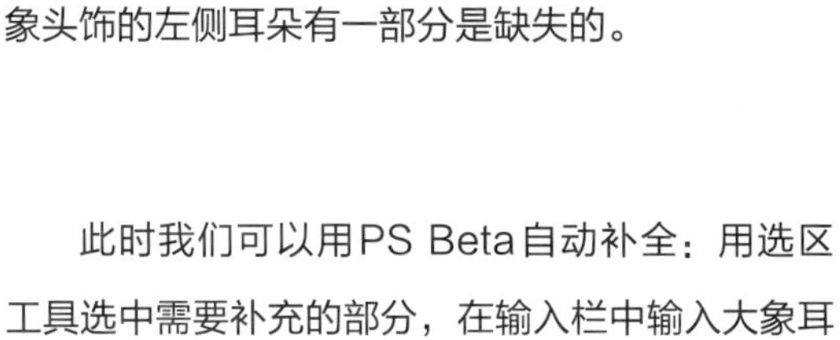

此时我们可以用PS Beta自动补全：用选区工具选中需要补充的部分，在输入栏中输入大象耳朵的英文：elephant ear，这样就可以得到完整的耳朵了。

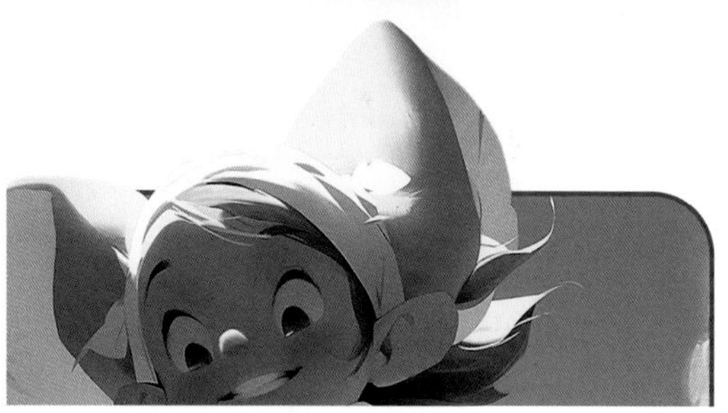

整个绘本创作耗时约8小时，效率提高了好几十倍。

以下是完整的绘本。

封面

封底

Frida said: If I were a little butterfly...

Daddy said: You would be as beautiful as a little butterfly.

Frida said: If I were a little hamster...

Daddy said: You would be as cute as a little hamster.

Frida said: If I were a little cat...

Daddy said: You would be as curious as a little cat.

Frida said: If I were a little penguin...

Daddy said: You would be as warm as a little penguin.

Frida said: If I were a little gorilla...

Daddy said: You would be as confident as a little gorilla.

右图是笔者通过电商平台定制的绘本，孩子们很喜欢。

需要注意的是，尽管ChatGPT和Midjourney可以协助完成绘本部分内容的生成和渲染，但在实际运用前，仍然需要对细节进行一定的人工调整和修改，以使绘本作品更加贴近儿童的需求，从而达到更好的传播效果。

4.5 漫画创作

不久前，日本出版了首部由AI生成的漫画书《赛博朋克：桃太郎John》(*Cyberpunk: Peach John*)，其作者Rootport没有任何漫画创作经验，仅仅构思了故事的大致框架和人物之间的对话内容，就完成了多达100余页的整本全彩漫画。其中所有画面均由人工智能图像生成工具Midjourney完成，耗时6周，这个效率无疑对传统的漫画行业产生了不小的冲击。不过该作者提到，用AI生成图像就像开盲盒，随机性非常大，这导致主角经常“换脸”。为了克服这一缺点，他不得不通过设定更加明显的人物特征，比如“红色的头发”“红色的衣服”等来帮助观众更好地识别故事中的人物。未来，也许只要有一个好的故事，人人都可以成为漫画家。

AI 制作漫画有以下几个特点。

自动化创作：AI 在漫画制作中主要有描绘人物画面、增加背景细节等自动化创作功能，能够大大减少手工劳动、缩短漫画制作的周期。

提高创意性：AI 可以代替部分传统的漫画制作流程。通过 AI 分析市场和用户需求，能够更好地了解受众群体，从而提高漫画的创意性。

优化成本和效率：与传统漫画制作相比，AI 系统可以更快捷、更准确地进行漫画制作，并在创作过程中不断优化结果，从而降低成本，提高制作效率。

弥补人力不足：在漫画制作的高峰期或繁忙时，AI 制作功能可以弥补漫画创作者人力不足，从而让作品保持稳定的输出量。

提高用户体验：AI 为制作漫画提供了多种创作方式，可以轻松地将复杂的漫画内容转化为简洁且有画面感的故事，进而提高读者的沉浸感和阅读体验。

总之，AI 制作漫画在提升制作效率和效果、优化成本与完善用户体验等方面应用广泛，具有很大的优势。

4.5.1 漫画设计的风格

AI 漫画设计的风格比较多样化，以下是一些主要的风格。

手绘风格：以卡通手绘的风格为基础，用 AI 工具辅助涂色、描线和填充色彩等，可以使插图更加生动，具有艺术感。它不像传统卡通风格那样倾向于用板块状的颜色进行画面填充，而是注重用涂抹的颜色呈现细节的变化。

欧美漫画风格：使用 AI 工具可以生成欧美漫画风格的造型和线条，通过渲染等方法还可以营造出很多复杂的效果。欧美漫画风格的 AI 漫画一般具有复杂多样的线条和体现层次感的阴影效果，同时展现出一些逼真的光影效果。常见的场景构图和背景处理也展示了非常高的品质。

手绘风格

欧美漫画风格

日式漫画风格： 使用AI工具可以制作日式漫画风格的人物造型、背景元素等，通过对比形成清晰而凸显人物表情和情绪的戏剧性场景。同时可以通过轮廓、特效等细节来凸显日式漫画风格的精髓。

神话风格： 使用AI工具创作神话风格的漫画时，在构图、色彩和线条的处理上会更注重表现民间古老传说的气息，一般画面都非常壮丽和充满视觉冲击力。神话风格的AI漫画通常围绕一些花哨而梦幻的场景来设计画面。为了让画面呈现出传说中神仙奇迹般的气氛，角色通常具有极大的神秘感和精致的装束。

日式漫画风格

神话风格

独立风格： 除了以上主流风格，一些独立创作者还通过AI工具的使用和探索，定义了自己独特的风格。这些作品风格多样，但是比较注重原创性和个性化。创作者可以大胆尝试运用不同的元素，并将其组成独特而吸引人的视觉效果。这种风格的画面特点主要取决于具体创作者的风格及作品风格，其中常见的独立风格包括现代风、新潮风、卡通风、简约风等。

独立风格

4.5.2 利用 ChatGPT 和 Midjourney 进行漫画设计

1. 制作剧情

如果按照传统的漫画制作流程，那么我们首先需要一个剧本，根据剧本去制作分镜，然后才是绘制漫画的画面。所以，第一步我们需要一个剧本，可以借助ChatGPT来完成剧本的创作。先确定漫画主题，比如以“宇航员女孩”“外星小怪物”“外星”“科技”作为主题创作一个有爱的漫画故事。构思好主题以后，我们就可以与ChatGPT对话了。

我 由你来扮演一位漫画编剧，创作一篇两页左右的漫画，剧情要以宇航员女孩、外星小怪物，还有外星和科技为主，内容要突出积极友爱。

接下来，用ChatGPT帮助我们撰写剧本。

好的，以下是我的小漫画。

第一页：
画面上是一个美丽的星球，周围有几颗小行星，还有一道美丽的彩虹。在星球上，有一个略显呆萌的小女孩和她的外星宠物。
小女孩：“今天的星球看起来真漂亮啊！”

第二页：
小女孩忽然发现了一个东西。
小女孩：“哎呀！那是什么？”
外星宠物翻了个跟头，然后拉着小女孩的手一起走向那个东西。
小女孩：“啊！原来是一只小动物，看上去好可怜。”

最后一幅画面是小女孩和外星宠物回到家，一起喂小动物吃东西，小动物开心地晃着尾巴。
小女孩：“从现在开始，你就是我们的新朋友了。”
外星宠物：“嗯，我们三个要成为永远的朋友。”

这是一个治愈的故事，小女孩和外星宠物发现了小动物并且成了新朋友。他们之间的友情不分种族和身份，充满了爱和温暖。

2. 绘制分镜

剧情的框架有了，现在需要一个分镜。我们可以对ChatGPT这样说：

我 现在由你扮演一位漫画分镜师，将漫画剧情的分镜描绘出来。

第一页：
画面中是一个美丽的星球，背景是小行星和一道彩虹，画面杂乱但是充满了活力。画面切换，一个略显呆萌的小女孩出现在草地上。
小女孩（手扶膝盖，仰望天空）：“啊……今天的星球看起来真漂亮啊！”

第二页：
小女孩忽然发现了什么，她转头重新定睛看向远处。
小女孩：“哎呀！那是什么？”
画面切换回去，一个只有头部与前肢露出地面的小动物被画面突出地置于右下角，展现出小动物的可怜与无助。

小女孩倏然跑到小动物身边，画面重心放在小动物身上。

第三页:

小女孩牵着小动物走向远方，这时小女孩转头看着放心不下的小动物。

小女孩（低着头，声音温柔）:“它看起来好可怜啊，我们得帮它。”

画面再次切换，三个好朋友并排坐在屋子里，中间的小女孩手里拿着医疗箱。

小女孩（拿着绷带、药膏）:“现在我们要帮它包扎伤口。”

画面再次切换，小女孩和外星宠物围坐在地上喂食小动物，一团欢腾的气息充满整个画面。

小女孩（满怀爱意地捧着小动物）:“现在你已经好多了，你是我们的新朋友，我们不会让你再受伤。”

外星宠物（微笑着，握着小动物的前肢）:“嗯嗯，我们成为好朋友了。”

整个画面完美呈现出故事的情节，用画面和语言表达出了充满关爱和温暖的主题。

可以看到，ChatGPT将整个画面较为具体的内容描绘了出来。虽然后半段内容有点添油加醋的嫌疑，但我们可以根据这个框架加入自己的一些想法来改进画面。先手动制作一张分镜草图（自行手绘）。

3.画面生成

现在已经有了一个漫画的基本框架，只要在里面填充内容即可。使用Midjourney来完成这个步骤。

制作漫画时，需要一些比较统一的人物角色作为主角。在漫画的画面中，主角难免会有不同的动作、姿势和表情，但是Midjourney生成的图片有极大的随机性。尽管两次提示语完全相同，仍然可能出现天差地别的效果，更别说让角色表现不同的表情和动作了。为了克服这个问题，可以尝试让Midjourney在生成的一张图片里包含同一个角色的多种表情与动作，从而保证角色的统一性。

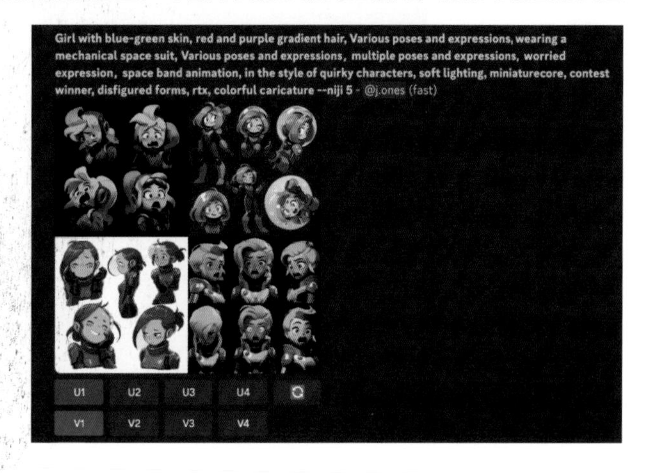

先描述一下主角的样子，然后加上提示语Various poses and expressions（多种动作与表情），这样就可以生成相同角色的不同动作了。

这里使用Niji 5模型，它更适合生成一些可爱的卡通风格的图片。根据描述，Midjourney生成了不错的人物动作。现在让Midjourney根据这个人物形象继续生成更多的动作。此时出现了一个问题，即当第二次生成角色的时候，图片出现了极大的随机性，第二次生成的角色和第一次生成的角色相似度有差异。要想解决这个问题，我们需要尽可能地控制生成角色的随机程度，此时可以使用图片的“种子”。

单击图片右上角的“添加反应”按钮，然后单击按钮，发送小信封表情，即可收到来自Midjourney的私信。

单击界面左侧的按钮，可以看到机器人给我们发送了一些刚刚生成的系列图片，并附带了一段seed编码，这就是我们需要的“种子”。

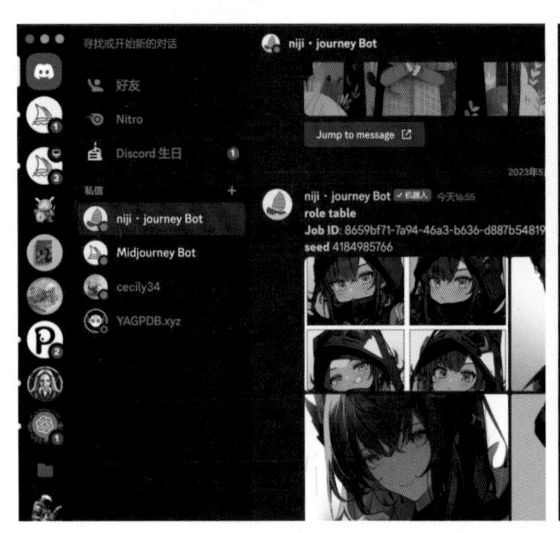

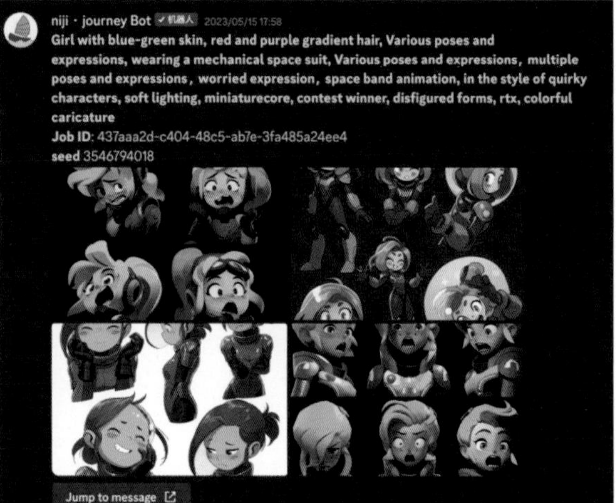

在提示语中加上role table, full body，以显示角色全身。在提示语后加上--seed和刚才收到的seed编码，就可以让新生成的图片与之前那张图的相似度更高。

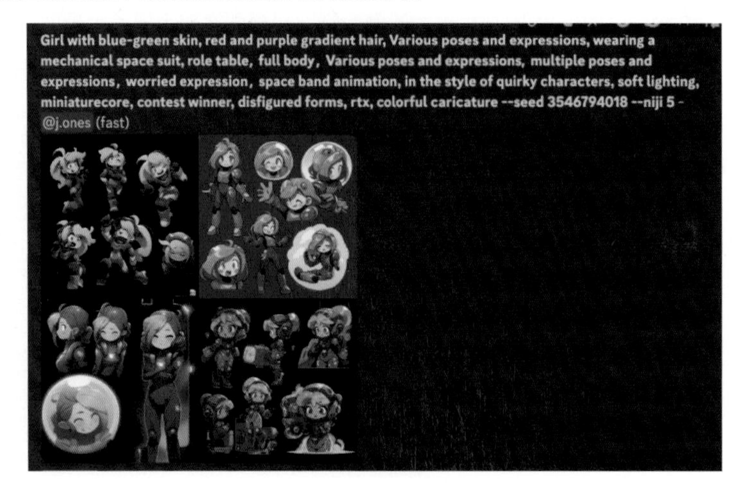

在提示语没有大改的情况下，添加种子后缀参数是一个很有用的做法。但是，在提示语中加上sit on the floor动作描述语时，生成的图片与原图有很大的差别。

niji · journey Bot ✓机器人 今天17:06
Girl with blue-green skin, red and purple gradient hair, sit on the floor, Various poses and expressions, wearing a mechanical space suit, role table, full body, Various poses and expressions, multiple poses and expressions, worried expression, space band animation, in the style of quirky characters, soft lighting, miniaturecore, contest winner, disfigured forms, rtx, colorful caricature --seed 3546794018 --style expressive - @j.ones (fast)
U1 U2 U3 U4
V1 V2 V3 V4

经过不断的尝试后，由于难以让同一个角色生成多种差异极大的动作与表情，因此需要我们自行结合人物与背景。但这无疑是困难、复杂的，并且得不到非常好的效果。因此一次性描述清楚人物的动作与场景，可以让整个画面显得更加自然。在人物的提示语不变的情况下，添加了一些形容动作、画面背景、整体氛围、视野角度、构图方式等提示语，经过不断生成得到了右图所示的画面。

现在的问题是，怎样生成另一张主角的特征不变，但是动作不一的画面。比如主角抱起受伤的小怪物这张图，一开始使用--seed指令加上更改提示语来生成，虽然主角的特征大致符合要求，但是生成的风格和想要的风格完全偏离。

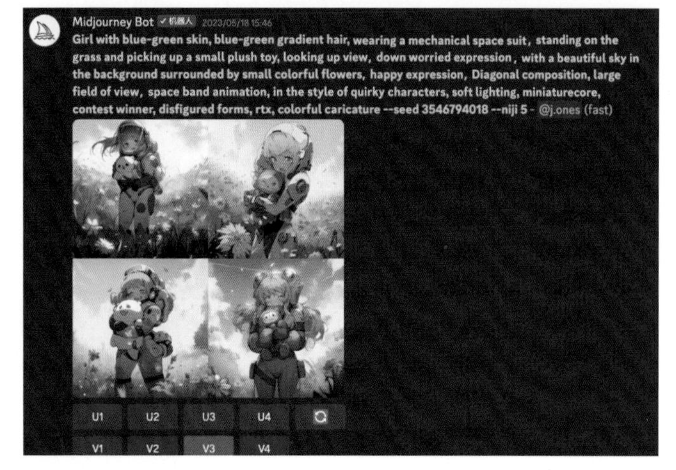

于是这里让新生成的图片和想要的画风图片（也就是之前生成的那张场景图片）进行混合，使产生的画风更偏向于理想状态。在输入框中输入/blend指令，然后添加两张想要混合的图片。

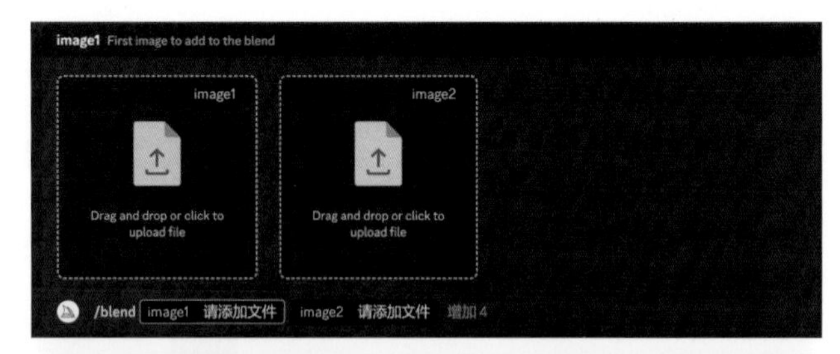

为了让图片更像之前的画风，我们也可以添加更多的图片。现在添加3张图片，左、右两张更接近想要的风格，中间的是动作符合要求但画风不符的图片。

于是得到了右图中的结果。图片结合了我们想要的动作和画风，整体风格变得更加统一，故事情节也变得更加连贯了。

制作一张飞船内的图片，其制作方法和上一张图片的一样。保持角色的基本提示语不变，然后将场景提示语改为飞船内，给角色添加担心的表情等提示语，得到右图的效果。

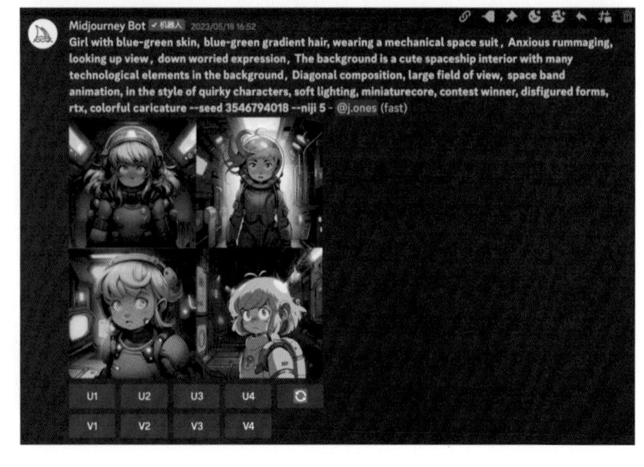

尽管加上了--seed参数，但对整体风格一致性的控制依然没有明显的效果，甚至连动作也不符合要求了。于是继续使用/blend指令将图片混合起来，合成一张理想效果的图片。

将之前生成的元素用PS简单地合成起来，然后放入Midjourney中，使用/blend指令进行合成。

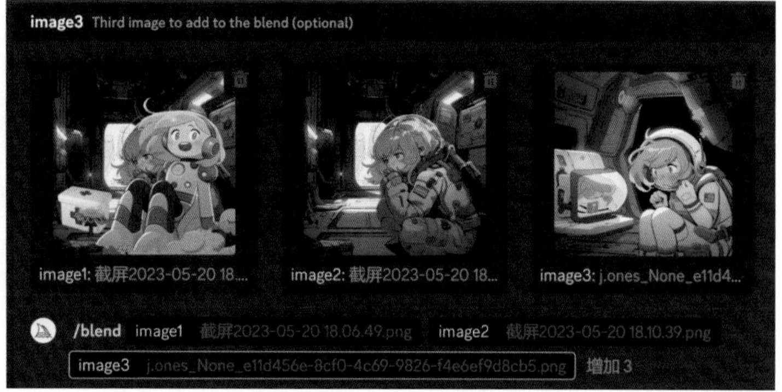

此时合成后的画面更加接近我们一开始想要的风格，如左下图所示。

在Midjourney中，我们难以生成两个特征明显的角色。比如让Midjourney生成一个穿着黄色衣服、拿着绿色伞的男孩和穿着绿色衣服、拿着红色伞的小女孩，由于黑箱算法，在生成的过程中，Midjourney通常会混淆两个角色的提示语或者遗失提示语，如右下图所示。

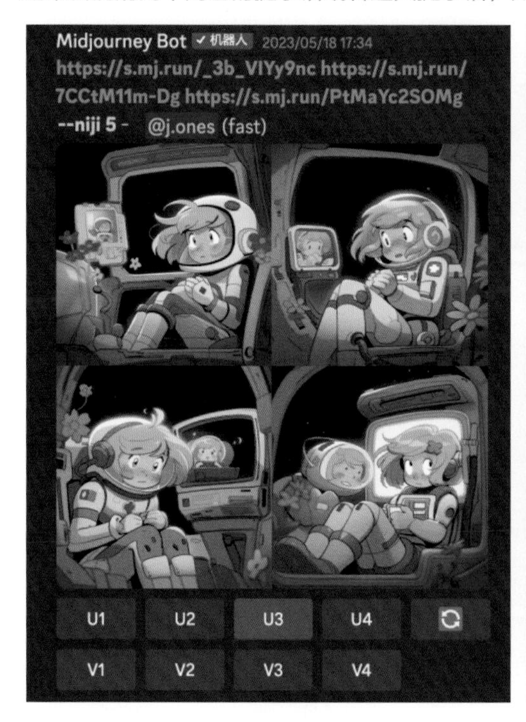

因此，我们可以试着单独生成第二个角色，再将其添加到场景中。同理，我们选择一个比较简单的角色，即一只蓝色的小怪物，这样就不用担心输入动作相关的提示语时丢失原本的风格了。因为这个角色的外观非常简单，所以像之前生成人物角色那样，在描述完外观之后，加上Various poses and expressions提示语，就可以生成下面的小怪物图片。

将这些小角色和之前生成的场景进行简单的合成。在PS中，可以根据之前的分镜画一个漫画框，然后把之前的图片填充进去。

通过蒙版功能，可以实现人物头部超框的效果。

人物的表情有时难以控制，可以将之前生成的人物表情与现在的画面结合，得到更加符合故事背景的表情。

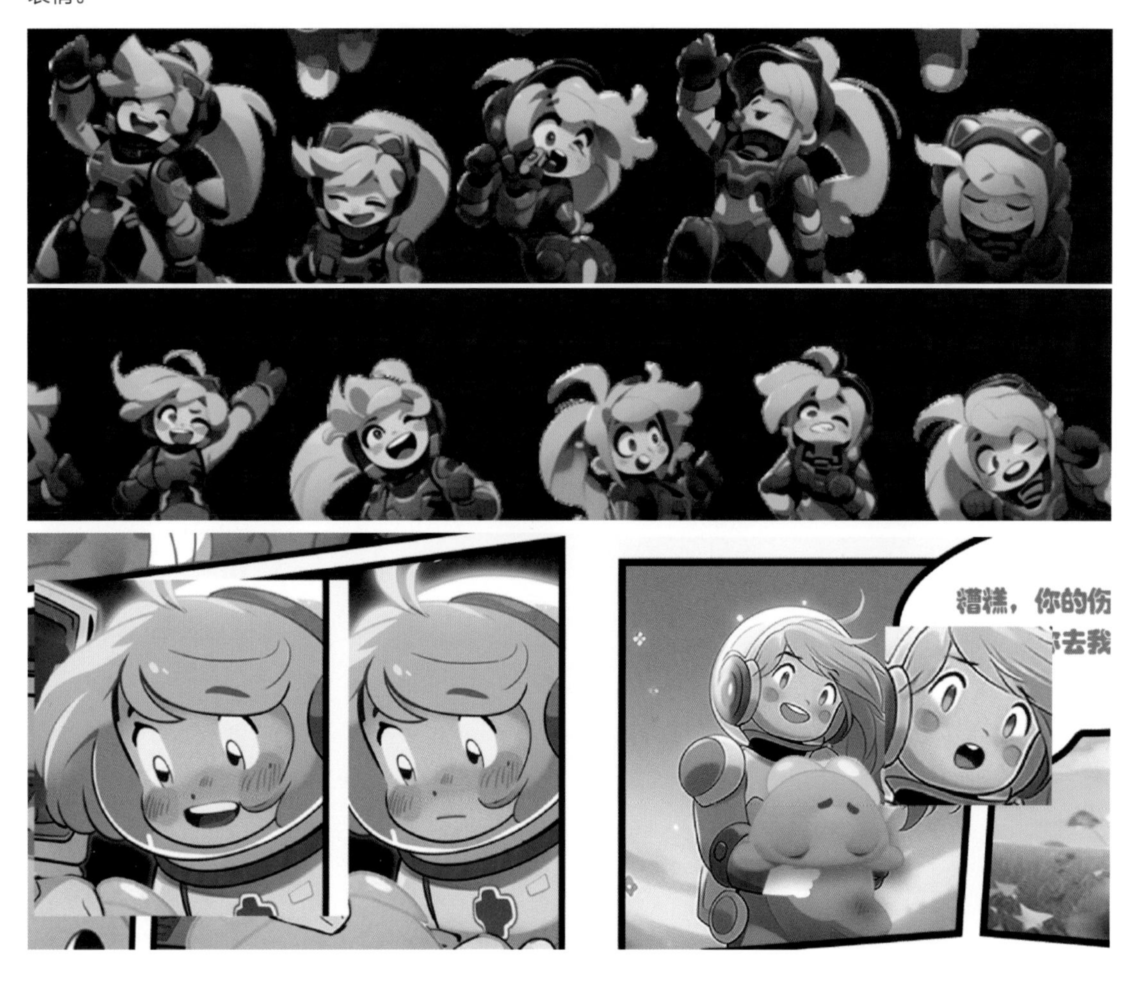

在文本框中添加文字，我们的漫画就完成了，成品如下。

尽管从实验到得出结果确实花了不少工夫，但这依然比传统漫画制作的效率高出很多倍。

5

使用ChatGPT和Midjourney提升UI和UX设计效率

5.1 ChatGPT 和 Midjourney 在 UI 和 UX 设计中的运用

作为专业的UI（用户界面）和UX（用户体验）设计师，我们需要不断探索新的工具和技术，以提高工作效率。ChatGPT可以帮助我们更好地理解用户行为，从而优化UI和UX设计；Midjourney可以快速生成素材，有效提高UI和UX设计的工作效率。

产品经理可以通过ChatGPT做市场分析、需求分析等，UI和UX设计师也可以通过ChatGPT快速调研用户的行为特征，了解他们的需求和偏好。将这些调研结果与现有产品的用户需求和场景相匹配，建立用户画像和用户旅程图。结合竞品分析，找到竞品的优缺点，优化和改进自己的UI和UX设计方案。

在UI设计中，可以通过ChatGPT明确需求和目标。例如，是否需要根据产品定位调整设计元素，或者使用特定的颜色方案等。明确了需求和目标后，才能更好地利用Midjourney来完成设计。

Midjourney可以通过简单的指令生成具有多种样式的素材，比如风格参考、图标设计、IP设计、弹窗设计、闪屏图设计等。设计师需要拓展自己的思维方式，充分发挥工具的作用，挖掘更多的创意。

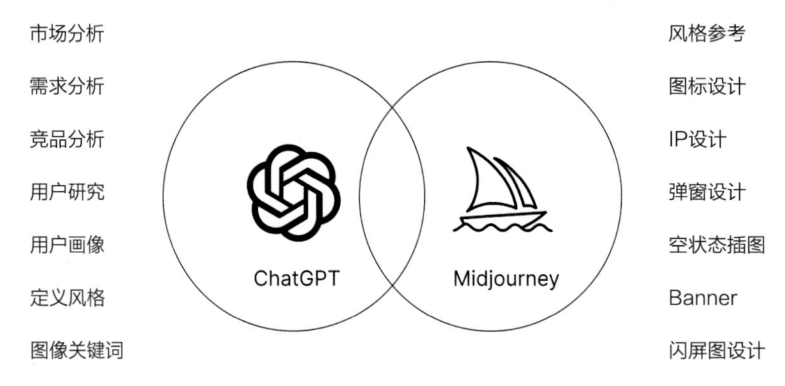

AI能够大大缩短设计的时间，但并不是所有的设计元素都适合用AI生成，一些复杂的图形、能提升用户体验的页面布局及交互逻辑还是需要设计师来设计。

5.2 利用 ChatGPT 做 UI 设计前期分析调研

很多设计师在小公司工作，并没有大公司那样专业的人员配置，UI设计师可能会担当多种职位的工作，比如市场分析，此时可以通过分析结果来佐证设计策略。

以下是一个案例。

要设计一款“00后”社交App，在项目开始前，我们可以简单通过ChatGPT进行市场分析。

在ChatGPT中输入以下提示语。

> 我 你是一个专业的App设计师，你要设计一款“00后”社交App产品，你的任务是负责这个App的产品市场分析，请模拟此产品的市场分析。

注意，一定要给ChatGPT拟定一个角色并且告诉它具体的任务。

> 目前整个社交App的市场已经非常成熟，各类平台应有尽有。“00后”用户更加注重与朋友的互动，分享生活，及时获取有价值的内容。“00后”社交App通常具备以下特征。

1. 强调立体化社交场景：给用户一个可以“畅所欲言”的私密空间，在此轻松看到自己的好友，分享普通生活中的美好瞬间，并且能够快速地添加新的朋友。

2. 重视内容质量：视频、照片、文章等不同形式的多媒体内容在App中都必须得到充分的呈现，确保让用户在第一时间看到最优质、最有价值的内容。

3. 希望拥有更加灵活多变的社交方式：App不仅能提供文字聊天、语音聊天、视频聊天等多样社交场景，还要融合更多社交游戏等趣味元素，为用户带来更加丰富的社交体验。

基于以上分析，我会设计并开发出以下针对“00后”用户的社交App。

1. 针对“00后”年龄层的人群特点，整个App的UI采用年轻化、简洁化、易操作的风格，以及多元的内容类型，来满足这类人群的需求。

2. 该App聚焦于社交结构，与兴趣相关、具有个性化特色等方面内容，悄然删除用户发布的淫秽、暴力、赌博等违规信息，摆脱了传统社区应用容错率低、漏网之鱼高等问题。同时，每天持续研究用户数据，打造更加符合“00后”年龄层的App。

3. 提供一种快速查找和添加新朋友的方式，并且保证朋友搜索的精准度和快捷性。对于用户分享的优质内容进行认真审核，确保用户可以在最短时间内找到最优质的信息。

4. 对用户社交行为进行了规范化管理，一旦用户出现任何涉黄、涉暴、赌博等违法违规行为就会被严肃处理。在此基础上，增设类似“朋友圈”等社交创新元素，大大增强了用户的交互性和黏性，并且会进行用户的动态行为反馈，为未来的产品更新和升级提供依据。

5. 要时刻关注“00后”用户的最新需求，提供更好的服务，帮助用户保持良好的社交体验。

如果ChatGPT回答的内容不够准确或者没有参考价值，我们可以重新编写提示语或者回复“继续”。

我 继续

1. 市场竞争环境
针对“00后”用户的社交App市场已经非常成熟，并且各大社交平台都有不同程度的覆盖。因此，成功的社交App需要有独有的定位和特色，以及高效的用户增长策略。

2. 商业模式
在商业模式上，可以考虑以下两种方式。
- 广告收入：通过提供多样化的广告展示位置，向广告主提供目标客户群体，获取广告收入。
- 会员制收入：提供高质量的服务和内容，吸引用户购买会员，为用户提供更好的社交体验。

3. 用户增长策略
- 与线上社交平台合作，借助其用户流量实现增长。
- 利用社交特色，通过口碑传播和社交广告等方式建立良好的用户口碑。

4. 管理策略
- 严格禁止用户发布违规内容，确保社交氛围的健康稳定。
- 加强用户投诉反馈，及时处理用户的反馈信息，提升用户的满意度。
- 持续推出优质内容，保持用户黏性。

总之，我们要充分了解“00后”用户的喜好和需求，提供符合他们需要的多元化内容和创新的社交体验，与用户增强互动，打造高黏性的社交App产品，从而提升用户的忠诚度，赢得更多用户的关注。

我 继续

除了市场竞争环境和商业模式，我们还需要关注以下几个方面。

1. 技术体系
- 在技术上，要尽可能确保产品的稳定性和安全性。
- 加强产品性能优化和用户体验，提高界面友好性，降低卡顿、崩溃等问题的出现概率。

2. 社交特色
- 要充分发掘“00后”用户的社交需求和习惯，提供符合他们生活方式的多元化功能和创新体验。
- 增强社交互动体验，使用户更愿意花费时间在社交应用上。

3. 用户画像和行为精细化营销
- 用户画像包括年龄、性别、城市等方面，通过对用户画像的深入分析，以更好地了解用户的需求和习惯。
- 通过大数据分析，了解用户的使用习惯、用户价值以及行为路径等信息，为产品营销和推广提供更有针对性的方案。

4. 国内外法律法规
- 要充分考虑相关法律法规，严格遵守国家互联网安全法、用户个人信息保护法等相关法律法规，保护用户的权益和隐私。
- 针对应用所面临的风险，采取措施进行风险防范。

通过以上方面的不断优化与应用，我们可以更好地满足“00后”用户的社交需求，提供优质的社交体验，增强用户黏性和转化率，从而更好地促进社交App的持续健康发展。

根据ChatGPT的回答，我们大致可以得到一些有用的信息，从而更好地明确产品定位、梳理产品设计逻辑等。

5.2.1 利用 ChatGPT 进行用户分析

接下来可以更深入地向ChatGPT提问关于用户分析的内容。

我 我想让你充当用户体验设计师。你的工作是根据数据分析描述详细的用户画像。请记住，你的描述越详细，数据越准确，设计的产品就越符合用户需求。你可以用括号中的格式（1.用户年龄，2.用户职业，3.用户性别，4.地域分布，5.用户爱好，6.用户常用App，7.用户需求）描述一个“00后”社交产品的用户画像，并以表格的形式呈现。

好的，我很乐意帮助你描述一个“00后”社交产品的用户画像。下面是我根据数据分析所得到的详细描述，包括用户年龄、用户职业、用户性别、地域分布、用户爱好、用户常用App和用户需求。

用户画像	描述
用户年龄	“00后”，即2000—2009年出生的人群
用户职业	学生，部分已经开始进入职场
用户性别	男女比例接近1:1
地域分布	主要分布在我国一、二线城市，少数在海外留学或生活

续表

用户画像	描述
用户爱好	– 视频、音乐、游戏、动漫、电影、剧集等娱乐内容； – 健身、旅游、摄影、美食等养生生活方式； – 设计、艺术、科技、金融等领域相关的知识和资讯； – 社交、恋爱、心理等人际关系和情感方面的需求
用户常用App	– 微信、QQ、抖音、快手、B站、全民K歌等热门社交平台； – 支付宝、京东、淘宝、美团、大众点评等电商和生活服务应用； – 百度、谷歌、知乎、Stack Overflow等搜索引擎和学术社区
用户需求	– 开放的社交模式，支持多种类型的社交场景和玩法； – 丰富的内容形式，包括文字、图片、音频、视频等各种形式； – 个性化推荐算法，让用户更容易发现自己感兴趣的内容和人； – 安全可靠的保障机制，保护用户的隐私和信息安全

希望这个用户画像可以为产品设计提供一些参考。如果还需要其他帮助，请随时告诉我。

ChatGPT以表格的形式描述了“00后”的用户画像，通过此表格可以细化自己的产品的用户画像，并且根据用户画像来确定此款App的风格、配色、排版等设计策略。

我们还可以继续使用此句式让ChatGPT产出用户旅程图。

我 我想让你充当用户体验设计师。你的工作是根据数据分析描述详细的用户旅程图。请记住，你的描述越详细，数据越准确，设计的产品就越符合用户需求。请你用括号中的格式（1.用户需求点，2.用户旅程，3.情绪曲线，4.接触点，5.痛点，6.机会点）描述一个“00后”社交产品的用户旅程图，并以表格的形式呈现。

好的，以下是一个“00后”社交产品的用户旅程图，其中包括：1.用户需求点，2.用户旅程，3.情绪曲线，4.接触点，5.痛点，6.机会点等信息。

用户需求点	描述
社交需求	寻找同龄人进行互动，分享生活经历
偏好创新	喜欢新的、有趣的功能，追求与众不同的体验
安全保护	希望个人信息得到保护和隐私不被泄露，在使用社交产品时能够感到安全和放心
用户旅程	**描述**
用户注册登录	用户下载并安装应用，填写注册信息并完成手机号验证，完成账号注册
浏览所关注好友	用户查看所有关注好友的状态、动态以及互动记录，并根据兴趣进行筛选浏览
聊天互动	包括与好友进行一对一或群聊互动，发送文字、表情、图片和音频等多种形式的聊天方式
发布文字、图片和音频等内容	用户发布内容并与好友分享，包括文字、照片、音频，表现自己的情感和生活状态
查看推荐	系统根据用户偏好合理推荐内容
情绪曲线	**描述**
乐观期	用户登录应用后，看到好友们的动态时心情会好，感受到充满活力的氛围
沮丧期	当用户看到一些负面内容或互动受阻时，出现相应的情绪反应，从而陷入短暂的负面情绪中
满意期	用户与朋友聊天愉悦，或者发布的内容得到了好友的认可时，会产生满足感和幸福感

续表

接触点	描述
App商店	用户在App商店中搜索社交产品，浏览相关评价，下载并安装应用
应用	用户打开应用并注册、登录，然后浏览及使用产品
社交媒体广告	将广告投放在各大社交平台，吸引用户点击关注社交产品，打造品牌知名度，增加流量
痛点	**描述**
防骚扰	用户的个人信息容易被泄露，很多人会受到陌生人的骚扰或收到滥发的信息，影响使用体验
隐私保护	用户在使用社交产品时，自己的隐私要获得保障，确保不会被恶意利用和泄露
热门话题无法看到	有些热门话题可能会因为算法排名等因素在主页上展示不够全面，导致用户错失关注
机会点	**描述**
AI推荐算法优化升级	利用人工智能技术对用户偏好、互动历史等进行分析，并给出推荐内容
多样化内容形式创新	推出一些文学、运动类的有特色的社群页面，增加用户留存，促进用户分享
社群投票发布和交流	请求各成员投票以解决问题，讨论议案，表达观点；增强社群凝聚力，并开拓更多的市场

通过以上描述，我们可以清楚地了解社交产品的用户需求点、用户旅程、情绪曲线、接触点、痛点和机会点。这些信息为用户体验设计提供了有效的数据依据，有利于设计出更符合用户需求的产品和服务。

根据以上表格绘制我们自己的产品的用户旅程图。但是信息还不够精确，我们可以换一个问题。

我 设计App时，用户旅程图的重要性是什么？

对于设计App来说，用户旅程图非常重要。用户旅程图是描述用户从开始使用产品或服务到结束的完整过程的一张图。该图记录了用户的所有行为、情感和需求。

通过用户旅程图，您可以更好地了解用户的想法和需求，同时也能够识别潜在的痛点、问题和机会。用户旅程图中可以包含以下几个关键元素。

1.触发点：用户选择使用您的App的原因和场景。

2.行动：用户在使用App期间所采取的行动，以及他们的反应和体验。

3.问题：用户在使用App时遇到的困难和挫折。

4.解决方案：用户如何克服这些问题并获得满意的结果。

5.结束点：用户完成任务后的反应，如购买、评分、分享或重复使用。

用户旅程图的绘制过程可以帮助您深入了解用户需求，并确保您所提供的设计和用户体验都是以用户为中心的。同时，通过不断优化用户旅程图，您可以开发出更加符合用户需求的App，从而提高用户黏性和满意度。

根据ChatGPT给出的答案继续追问，把原句式中括号里的词改为“1.触发点，2.行动，3.问题，4.解决方案，5.结束点”。此时有了上下文的关联，ChatGPT会给出更准确的答案。

我 我想让你充当用户体验设计师。你的工作是根据数据分析来描述详细的用户旅程图。请记住，你的描述越详细，数据越准确，设计的产品就越符合用户需求。请你用括号中的格式（1.触发点，2.行动，3.问题，4.解决方案，5.结束点）描述一个“00后”社交产品的用户旅程图，并以表格的形式呈现。

好的，以下是我为“00后”社交产品的用户旅程图所编写的详细描述和表格。

触发点：用户发现该社交产品并下载App。

行动：用户安装App并创建账户。他们会浏览App，寻找感兴趣的内容和朋友。

问题：用户可能会在填写个人资料时遇到困难。如果他们不是首批使用者，则可能会发现没有可用的联系人。

解决方案：我们可以引导用户完成个人资料的填写，并支持他们查找朋友。对于新用户，可以推荐一些好友，同时促进他们进行社区互动和分享。

结束点：当用户开始自行找到自己的朋友、参加活动或利用该应用程序进行沟通时，他们的满意度会提高。用户可能会留下评价或与他人进行分享，或者重复使用该App。

下面是“00后”社交产品用户旅程图的表格。

用户旅程阶段	触发点	行动	问题	解决方案	结束点
安装App	下载应用程序	用户安装App并打开它	用户可能需要一些指示来完成此操作	提供应用程序的简单但重要的功能概述	用户成功安装应用程序，并登录
创建账户	用户在App中创建一个新账户	用户填写信息，但是在某些方面可能会遇到困难	用户需要进行一些简单的操作才能完成他们个人资料的填写	提供简明易懂的指导来帮助用户填写个人资料	用户已经填写完整的个人资料，并成功创建了账户
查找朋友	用户寻找感兴趣的内容和朋友	当前用户没有联系人	用户不知道如何与人联系	推荐一些好友，并促进几个社区互动和分享	用户发现社区中有趣的内容并开始建立新的关系
参加活动	用户搜索社区活动并决定参加	找不到感兴趣的活动或没有其他社区成员参加	活动没有充分举办或详细信息不足	引入热门话题和活动推荐功能，以吸引更多的用户参加活动	参加活动后，用户对该应用程序在社区活动方面的承诺感到满意
社交沟通	用户与其他人进行交流，可以是单独、小组或公开的	用户之间的互动可能会受到技术、时间或内容等一系列因素的影响	有时用户会遇到语言沟通障碍或产生不安全感	引导并鼓励用户互相尊重、互相支持，同时设置相关服务保障，提供跨语言沟通工具，通过增加使用说明和教程提高用户的信心和熟练度	用户与其他成员积极互动，以及对应用程序提供良好反馈

希望以上描述和表格可以让您更详细地理解“00后”社交产品的用户旅程图，并帮助您设计出用户体验更佳的产品。

提示

有了AI工具的辅助，我们可以快速搭建用户旅程图。用户旅程图可以帮助我们触达产品的细枝末节。建议设计师前期独立完成用户分析，对需求建议、设计思路、流程设计思路等产生结论后，再与团队进行沟通确认。

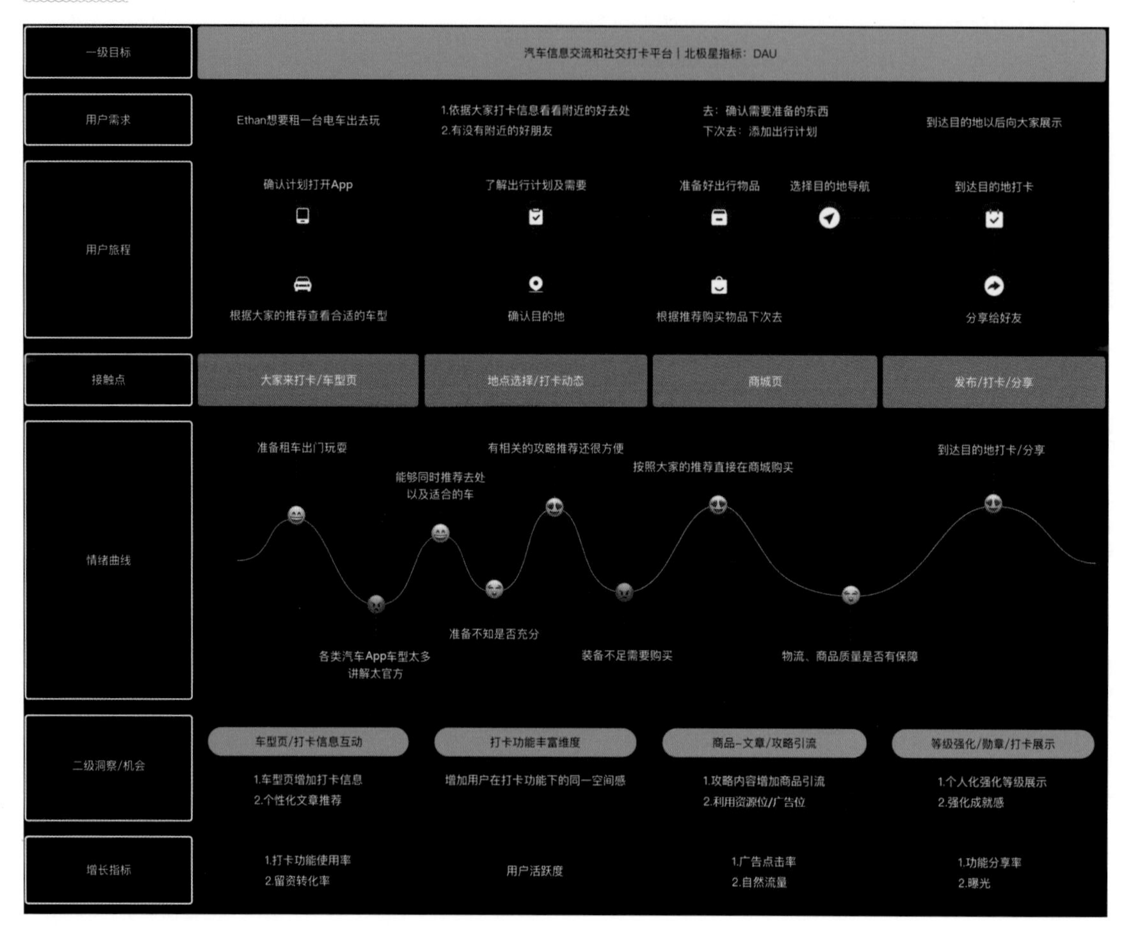

5.2.2 利用 ChatGPT 进行竞品分析

竞品分析在App的设计过程中非常重要，它可以为设计团队提供有价值的信息，从而制定更有针对性的设计策略。竞品分析在App设计中的重要性如下。

确认潜在用户需求：通过分析竞品的特点，可以更好地理解目标用户的需求和偏好，从而制定更好的设计方案，提高产品的用户体验。

发掘市场机会：通过对竞品进行细致的分析，可以发现市场方面存在的不足，从而在该领域寻找机会，有针对性地开发新的功能或改善已有的功能。

提高公司的竞争力：通过与竞争对手进行对比，能更加深入地了解他们的工作流程、产品特点等，并制定出更合适的设计方案，进而提高公司的竞争力。

确认行业最佳实践：分析与自己产品类似的竞品，能够让设计师更加了解同一行业中最佳的产品实践，防止新产品犯同样的错误，同时可以在设计方案中参照竞品的精髓和优点。

提高产品的创新性：通过分析现有竞品，了解其不足，可以让自己的App设计汲取前人的经验和教训，从而打造更优秀的产品，为用户带来创新和惊喜。

竞品分析是App设计过程中不可或缺的一环，能够从多维度提高产品的用户体验和竞争力。

利用ChatGPT进行App竞品分析时，可以快速获取竞品的信息，具体操作流程如下。

① **收集竞品资料：**搜集需要分析的竞品资料，如功能、特点、使用场景等。

② **整理竞品资料：**将资料按照一定的格式归纳整理，包括特点、体验、定位、适用人群等，准确表述竞品的信息。

③ **利用ChatGPT对竞品进行分析：**在ChatGPT中输入整理好的资料，在ChatGPT的帮助下快速获取竞品的优缺点、存在的问题和潜在的机会等数据分析结果。ChatGPT还可以运用NLG（自然语言生成）技术，将分析结果转换成通俗易懂的语言并输出。

④ **分析数据结果：**了解竞品的优缺点及潜在的机会后，针对竞品的特点，确定自身的目标受众及产品定位，从而制定合适的设计策略，并从ChatGPT输出的内容中获得对自己App在交互逻辑、UI设计等方面的启发。

⑤ **与其他竞品比较：**采用同样的方式，对其他竞品进行分析并对比分析结果，找到设计自己App的启示。此外，也需要对其他竞品的发展和现状进行了解和概括。

ChatGPT可以帮助设计师处理庞大的数据，节省人力成本，快速地了解竞品信息和行业趋势，从而更有针对性和高效率地开展工作。

我们还是用类似的句式向ChatGPT提问。

我 你是一个优秀的UI设计师，你的任务是通过大数据得出“00后”最爱用的5个社交产品。请记住，你的描述越详细，数据越准确，设计的产品就越符合用户需求。根据1.产品设计，2.交互设计，3.UI设计，4.产品亮点，5.产品缺点，对5个社交产品做详细的竞品分析，并且以表格的方式呈现。

将以上内容发给ChatGPT，但它似乎不愿意回答此类问题。

很抱歉，根据开放的数据无法得出“‘00后’最爱用的5个社交产品”，因为该数据不存在。此外，作为一个AI语言模型，我没有相关竞品分析和表格呈现的能力。如果您需要其他帮助，请随时问我。

这时我们把Prompt的句式稍微改变一下。

将“你是一个优秀的UI设计师”改为“我想让你扮演一个优秀的UI设计师”。

通过给予假定角色的语句，绕过ChatGPT的限制，此方法可以应用在一些专业的问题上。此时，ChatGPT给出了相对专业的内容。由于我们的产品是小众产品，而ChatGPT给出的App都是常规产品，不具有参考价值，所以在Prompt中再次添加关键词，如小众。

我 我想让你扮演一个优秀的UI设计师，你的任务是通过大数据得出“00后”最爱用的5个小众社交产品。请记住，你的描述越详细，数据越准确，设计的产品就越符合用户需求。根据1.产品设计，2.交互设计，3.UI设计，4.产品亮点，5.产品缺点，对5个社交产品做详细的竞品分析，并且以表格的方式呈现。

好的，根据您提供的要求，我将扮演一个优秀的UI设计师，通过大数据分析得出了“00后”最爱用的5个小众社交产品，并提供详细的竞品分析。

经过大数据分析，“00后”最喜欢使用的5个小众社交产品分别是：

1.Clubhouse

2.掘金

3.微信读书

4.堆糖

5.知乎

下面是这些社交产品的竞品分析表格。

社交产品	产品设计	交互设计	UI设计	产品亮点	产品缺点
Clubhouse	策略性限制	简洁明了	简约清晰	交互方式创新，语音社交+社交新鲜感	目前仅限邀请制，无法满足大规模进入使用
掘金	开放性设计	简单易懂	扁平化设计	具有技术属性、社区氛围友好、内容质量高	面向较为专业的部分用户，可能不适合所有用户
微信读书	严谨性设计	操作逻辑清晰	饱和度低	阅读体验优良，拥有良好的内容库，提供书籍分析功能	社交体验相对差一些
堆糖	强调表现力设计	操作便捷、流程自然	简约沉静	丰富多彩的图片社交，是强调图像素材美感、创意性的平台，社区精神浓厚	专注于图片分享，不能满足其他类型内容的需求
知乎	分享性设计	多来源、单一路径	精致简洁	针对高品质知识的交流和分享，内容可信度高，社区氛围好	市面上选择面较宽，用户容易流失，有一定数量的重复问题

从上表可以看出，这些社交产品的设计各具特色。Clubhouse突出的是创新的语音社交+邀请制限制模式，掘金关注技术交流、社区氛围建设，微信读书强调阅读方面的用户体验，堆糖专注于图片分享，而知乎则是高品质知识分享和交流的平台。

每个产品都有其亮点和缺点，如Clubhouse以语音社交交互方式为亮点，但仅限邀请制导致无法大规模使用；掘金具有技术属性和友好的社区氛围，但可能面向较为专业的用户；微信读书提供良好的阅读体验和书籍分析功能，但社交体验相对差一些；堆糖专注于图片分享，但不能满足其他类型内容的需求；知乎聚焦于高品质知识分享交流，但由于市场竞争激烈，用户容易流失。

以上是我对于“00后”最爱用的5个小众社交产品的竞品分析，希望对您有所帮助。

5.3 Midjourney 生成图标设计案例

5.3.1 生成 App 启动图标

设计需求

设计一个宠物喂养类App的启动图标。

设计要求

1.最好以常见的宠物形象进行设计。

2.造型可爱圆润，配色明亮，具有亲和力。

3.设计尺寸为1024px×1024px。

设计分析

1. 常见的宠物形象应该非猫和狗莫属，而且大多数人会倾向于喜欢自己习惯的事物，所以我们的图标可以选择猫或狗的形象。

2. 配色明亮、造型圆润，则意味着一些颜色比较深的宠物品种要被排除，如美国短毛猫、英国短毛猫、比格犬、哈士奇犬等。除此之外，白色和暖色的宠物都可以选择，如橘猫、三花猫、秋田犬、萨摩耶犬等。

3. 要求具有亲和力，这首先会让人联想到笑脸表情。

下面是ChatGPT的设计拆解，我们可以酌情参考。

我 请你以一个专业UI设计师的身份，设计一个宠物喂养类App的启动图标。

作为一个专业UI设计师，我会考虑以下因素来设计宠物喂养类App的启动图标：

1. 根据品牌形象进行设计：为了建立客户对品牌的信任感，我会在启动图标中体现公司的品牌形象。
2. 明确展示应用功能：我会确保启动图标传达应用的主要功能，即宠物喂养。
3. 考虑用户需求：我会为用户提供一个易于识别、美观大方的启动图标，以便他们能够快速找到并使用。
4. 使用合适的配色方案：我会选择与图标相协调的颜色，从而使整个设计看起来整洁清晰。

基于上述因素，我会设计一个简单而富有含义的启动图标，该图标应该包括一只狗或一只猫，以及与宠物喂养主题相关的图像元素。同时，为了让图标更加美观，我将使用深色的底色和明亮的色块，以及精细的白色、灰色和黑色线条。最终的设计方案将凸显品牌本质和应用的主要功能，提升用户使用体验。

现在使用一个狗的笑脸作为主体，风格为扁平，颜色鲜亮。

主体： 一只橘色的小狗

表情/动作： 开心地笑

风格： 扁平插画风/带圆角矩形

背景： 纯色或渐变

比例： 1:1

提示语：squared with round edges mobile logo design, flat vector app icon of a cute doge face, with background，效果如左下图所示。

使用默认v5模式生成图片，其风格不够圆润可爱，颜色也不够鲜亮，所以我们换Niji模式再试一次，如右下图所示。

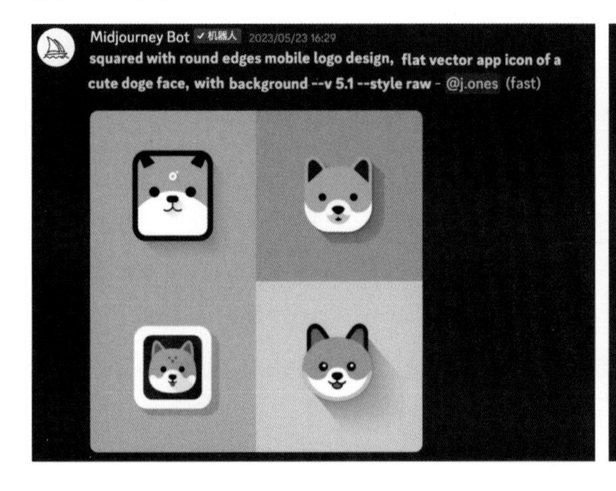

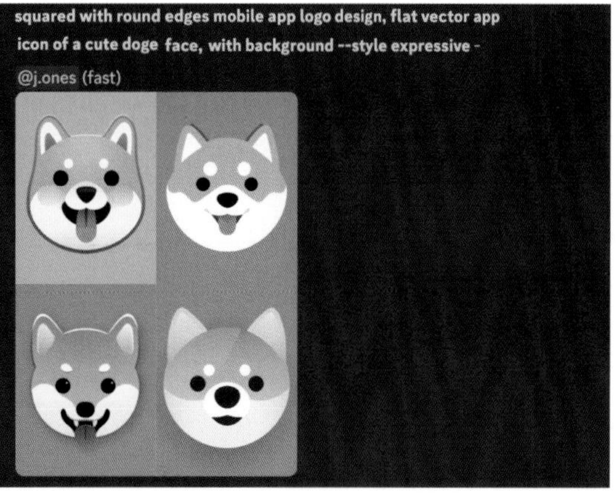

其中第1张和第4张图片的效果还可以。第1张的笑脸表情更活泼可爱，第4张的表情外轮廓更简约、更有概括性。我们试着混合这两张图，看看是否能得到更好的效果。输入/blend指令，然后分别拖入这两张图片，按回车键即可。

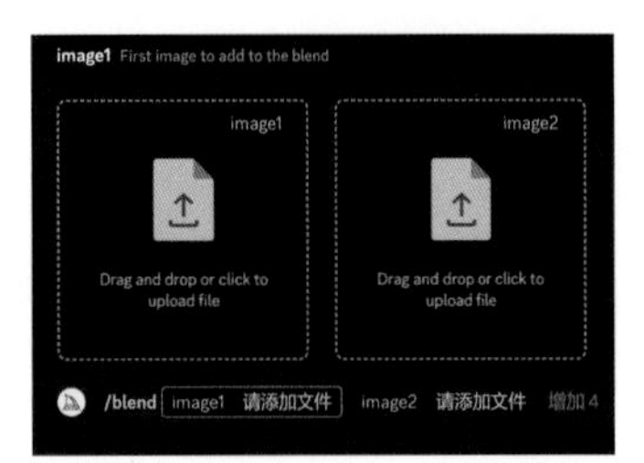

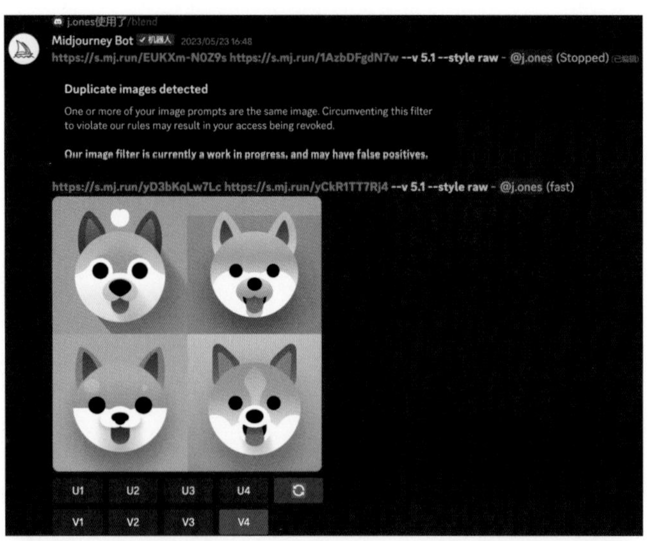

如果得到的效果没有特别满意的，则需要多试几次，或者用PS修图解决。

尝试将不同的方案放在手机界面中，对比设计效果，从中选择适合的图标，如右图所示。

5.3.2 生成写实风格图标

设计需求

设计一个写实风格图标——相机。

设计要求

1. 颜色明艳，深邃有质感，具有吸引力。
2. 光影效果要求真实。
3. 设计尺寸1024px×1024px。

设计分析

1. 颜色明艳又要求深邃，这个要求看似矛盾，实际上是可以实现的。我们可以将主基调定为深色，点缀黄色、橘色等明艳的颜色，这样会更具吸引力。

2. 要求有质感且光影效果真实，设想相机机身带有皮革材质，详细刻画相机镜头会是不错的思路。

以下是ChatGPT的设计分析。

我 请以一个专业UI设计师的身份，设计一个写实风格的相机图标。

作为一名专业的UI设计师，我会遵循以下步骤来设计一个写实风格的相机图标。

1. 收集素材：先收集和相机相关的素材，比如高清照片、相机拍摄的照片及不同品牌的相机图片等，以便更好地了解相机的视觉特征和不同品牌的设计风格。

2. 画出基本形态：在收集了足够的素材后，开始画一些基本形态的图案；相机图标通常以长方形或正方形为主，根据素材尽量还原相机的整体外观形态，并为其添加相应的细节。

3.添加细节：当完成了基本形态后，在图标上添加相机的各种细节，如镜头、快门按钮、闪光灯、取景框等，同时考虑图标的整体比例、颜色和布局等。

4.精修与微调：当添加完所有细节后，开始进行精修和微调处理，以确保图标整体自然协调。在这个过程中，还要根据实际使用情况，对不同大小的图标进行适当的调整。

5.导出和输出：最后将图标输出为透明背景的PNG格式，并按照尺寸和分类分别命名，以便开发人员可以快速使用它们。

现在的设计思路已经明确，可以开始整理关键词思路了。

主体：相机图标

外观：3D、真实拟物、黄色

光照：柔和的光照

接下来就进入Discord开始生成图标。左下图是Niji模式生成的图标，二次元插画风格过于明显。写实风格的图片还是使用v5模式更适合。

右下图是v5模式生成的图片效果，感觉一下子就对了。第2张图中，相机的皮革质感比较细腻，很漂亮；但是最符合设计要求的还是第4张图，其中的相机颜色、质感、轮廓都很惊艳，只是皮革的格子有些粗糙，所以单击V4按钮再生成几次。

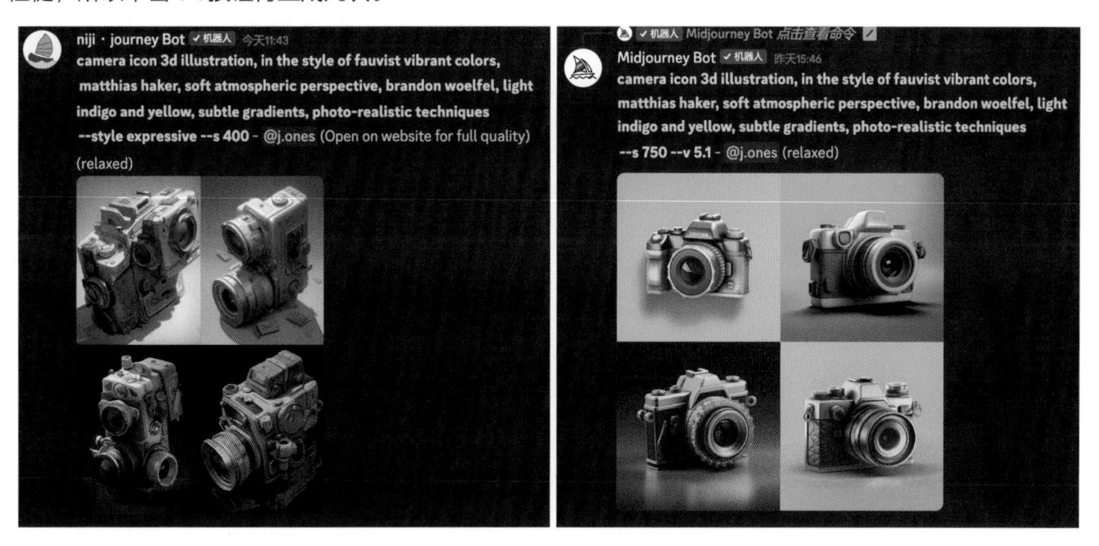

下面是尝试过程中生成的一些图，整体效果都不错，其中第1组中的第1张和第3张图，第2组中的第1张图都很漂亮。

下面是选中的两幅图，效果很惊艳，以至于没有调色和修修补补的必要。

5.3.3 生成 App 直播礼物图标

设计需求

设计一个直播礼物图标。

设计要求

1.采用写实风格，色彩为粉紫色。

2.造型圆润，具有亲和力和较强的视觉吸引力。

3.设计尺寸512px×512px。

设计分析

1.既然是直播礼物图标，那么一定需要非常强的视觉吸引力。而强烈的视觉吸引力主要取决于3个因素：造型、色彩和质感。圆润可爱的造型更容易获得大部分人的青睐，而简约的造型方便在复杂的直播界面中提高识别度，所以礼物的造型应该是圆润可爱而简约的。

2.紫色是典型的娱乐行业色，加入粉色调可以增加可爱、亲和感。质感也是提高视觉聚焦点的利器，写实图标比扁平化图标更有吸引力。这种拟物化的效果甚至比常见的泡泡玛特盲盒质感和黏土质感的效果更好。

以下是ChatGPT给出的设计分析，可以综合考虑一下。

我 请以一个专业UI设计师的身份，设计一个直播礼物图标，并给出设计分析。

作为一名专业UI设计师，设计直播礼物图标需要考虑多方面的因素，以下是我的设计分析。

> 1.考虑目标用户：直播礼物图标是用于直播平台的，那么目标用户就是直播观众，所以设计的直播礼物图标要让他们能够一眼认出并记忆深刻。此外，该图标还需要吸引用户点击并赠送礼物，因此设计要尽可能地富有吸引力。
>
> 2.着重突出礼物的特色：礼物有很多特色，比如彩蛋、气球等，我们可以从这些元素中挑选一个来设计，使用户一看到图标就能想起礼物。每个直播平台还有自己的礼物图标风格，要根据平台的整体UI设计和色调来做图标。
>
> 3.简洁明了：直播界面充斥着各种内容，礼物图标要简洁明了才能让用户更快地找到，同时要避免过于花哨而影响用户使用。
>
> 4.小图标也要注重细节：直播礼物图标通常出现在直播间的角落。因此，小图标的设计也要注重细节，使它在微小的空间中展现丰富多彩的样式。
>
> 综上所述，设计直播礼物图标需要根据目标用户的需求和平台风格，着重突出礼物特色，并在设计中贯彻简洁明了的原则，从而吸引用户的眼球。

现在画面思路已经明确，我们可以开始整理关键词思路，或者直接选择适合的素材图片，以图生图。

主体：非常可爱的3D礼物图标

颜色：粉紫色

光照：柔和的光照

渲染器：C4D，Blender

接下来就进入Discord开始生成图标。找到一张构图风格和造型非常合适的图片，这样就可以通过垫图快速生成风格相似的图标。

把图片直接拖曳到输入框中，按两次回车键，就可以得到图片的链接。右击图片，在弹出的快捷菜单中选择“复制链接”。

使用/imagine指令，选择Niji模式，并按Ctrl+V快捷键粘贴图片链接，这样就可以基于这张图的风格生成新的图片。右下图是生成的图片。

图片的效果很不错，颜色和质感也很漂亮，尤其是第2张和第3张图。第4张图中的蝴蝶结和盒子上的月亮很可爱，但是造型偏长，盒子上的蓝色块显得比较突兀。总体而言，第2张图中的蝴蝶结造型更饱满，更有记忆点。所以单击V2按钮，再生成几次，看看生成的效果。

第1组第2张图的盒子造型更饱满，第1组第3、第4张图的蝴蝶结造型和质感更漂亮。将第1组第2张图放大，在PS中处理。右侧两张图分别是融图的效果和调整细节的效果。

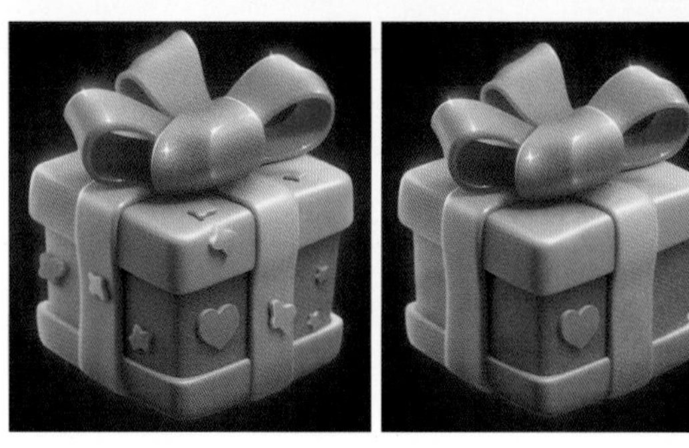

目前基本的造型已经没有问题了，只是颜色还不是所需的粉紫色。使用“色彩平衡”功能快速调色，下图是最终调色的效果和参数。

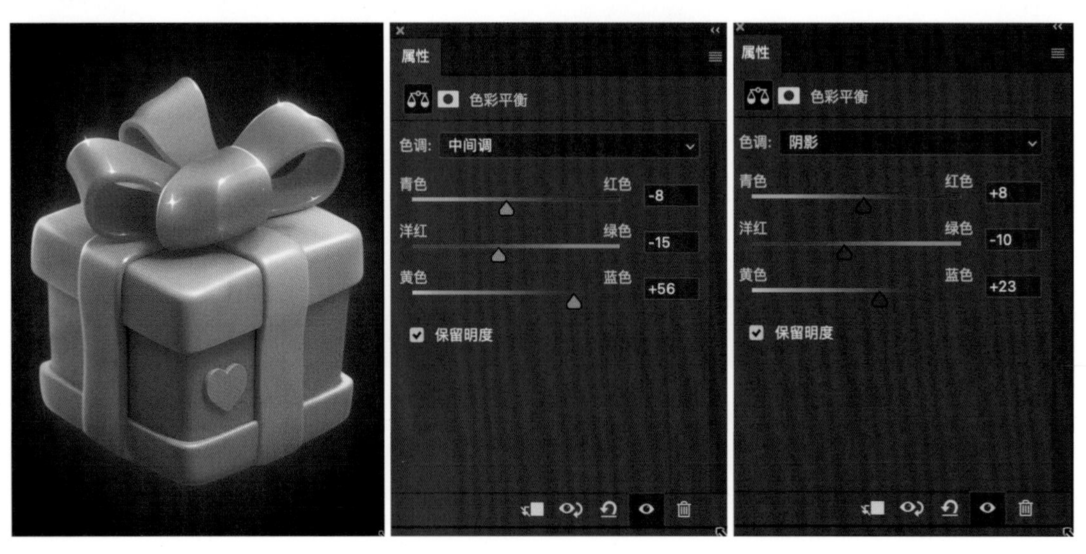

通过垫图的形式还可以生成很多其他的礼物图标，然后抠图、调整，并放在实际界面里查看效果。

5.3.4 生成商务毛玻璃风格文件夹图标

设计需求

设计一个商务毛玻璃风格文件夹图标。

设计要求

1. 蓝色或者紫色。

2. 简约、商务、科技、时尚。

3. 设计尺寸1024px×1024px。

设计分析

蓝色是一个色相跨度很大的颜色，而且不同的蓝色其意向完全不同。偏绿的天青色看起来很年轻时尚，中等深浅的蓝色比较偏年轻的商务风，而很深、很冷的蓝色则容易显得老气、沉闷，略偏紫的蓝色则有时尚科技感。由于关键词中包含科技、时尚，因此不能使用深蓝色。要求简约则意味着图标的造型不能太复杂。

下面是ChatGPT的设计分析。

我 请以一个专业UI设计师的身份，设计一个文件夹图标，为3D商务毛玻璃风格。

首先，3D商务毛玻璃风格的图标通常具有简约、干净、现代等特征，同时也需要注意色彩和阴影的使用。

基于这些要求，我会先选择一个浅色背景放在图标底部，比如用灰色色值#f0f2f5作为底色。接着，在底部画一个长方形表示文件夹，使用白色或者浅灰色（比如#e7eaed）来突出文件夹表面的质感。

其次，在文件夹表面的立体效果上，可以通过选取光源位置和直线图形的角度来突出图标的3D效果。同时，需要在图标上添加一些透明度渐变的毛玻璃效果，透过毛玻璃呈现具有微妙变化的特殊效果，让图标看起来更加高端大气。

最后，为了给图标增加更多的细节和质感，还可以使用投影或其他视觉效果来突出图标的层次和现代感。总之，设计一个专业的3D商务毛玻璃风格的文件夹图标，需要注重图形、灯光、投影、毛玻璃等因素，同时还需要考虑适用性、美学性等多方面因素。

下面是关键词的整理思路。

主体：文件夹、图标

视角：等距视图

风格及颜色：3D、科技、蓝色

光照：柔和的光照，摄影棚照明

材质：毛玻璃

渲染器：3D rendering，C4D，Blender

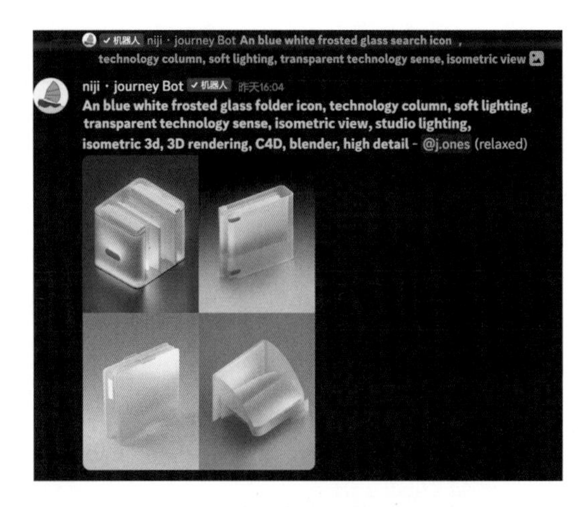

接下来就进入Discord开始生成图标。UI设计一般要求图片的主体明确、造型简约、光影具有氛围感，所以通常会使用Niji模式，效果如右图所示。

生成的图片中，第1张图的颜色还可以，所以多生成几次。下面是尝试过程中生成的一些图标。

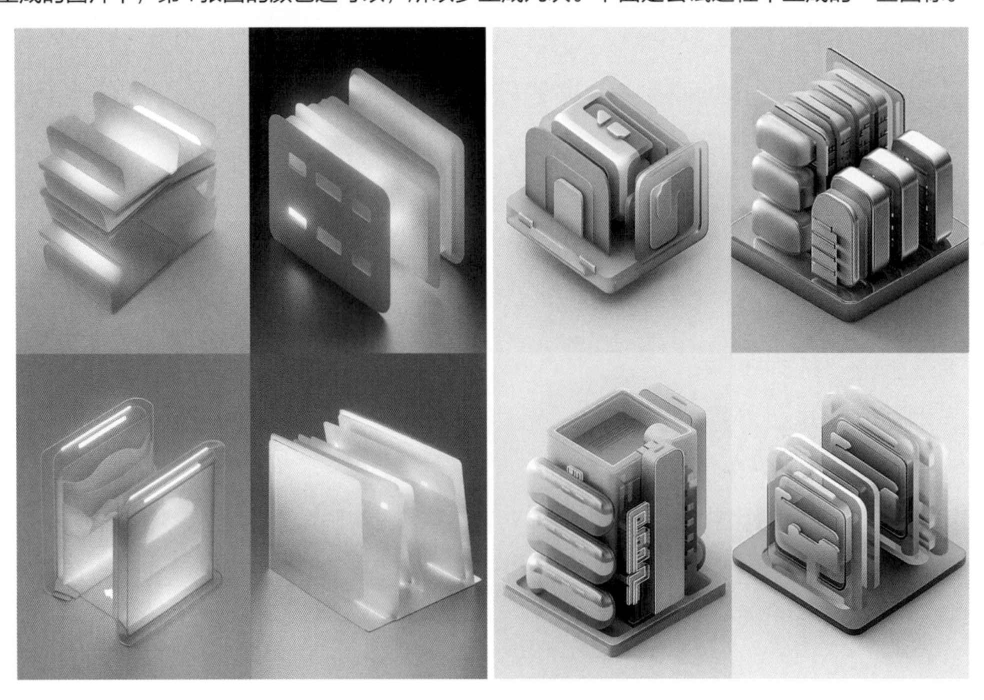

总体来说，还是最开始第1组的第1张图比较适合。多次单击V1按钮，看看是不是可以得到更好的效果。

上面第1组的第1、第4张图，以及第2组的第1张图的效果还可以。这样选择的原因是这3张图中，书页的形状没有那么细碎，整个图标造型更简洁。至此，图标的整体效果没问题了，选择左下两幅图。

右下两幅图是垫图后生成的最终效果。

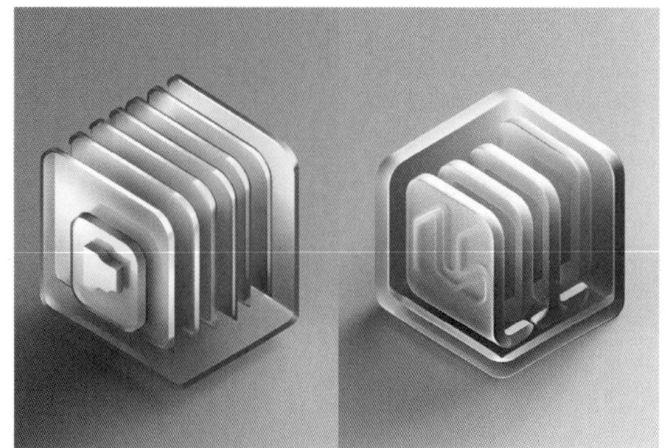

5.4 移动端界面设计灵感

目前Midjourney还不能直接生成可以应用的App界面，但是它可以提供很多设计灵感。我们可以参考它的排版、配色等。

设计需求

生成智能家居App设计灵感。

可以用相关的简单提示语：Smart home UI，也可以用以下较为复杂的提示语。

UI design for mobile application. A dreamy feeling using blue and purple. 3D icon application to help you travel. Find the route, calculate the expenses, and recommend accommodation. Soft feeling with an application for travelers. Please draw the main screen. I can see the beautiful scenery and icons together. --s 750 --v 5.1 --style raw

Midjourney生成了多种风格的界面供我们参考。

5.4.1 生成植物类 App 界面

设计需求

生成一些植物类App界面。

设计要求

1. 风格大气、时尚、深邃。

2. 具有较强的创新性和视觉感。

3. 美观、简约。

设计分析

深邃适合用深色的主色表达。要表现出简约、大气的感觉，则意味着画面块面分割不能太细碎，过于细碎的分割和颜色，会导致界面凌乱、分散。想要显示出创新性和视觉感，常用的手法就是大大的植物及出框设计。

下面是ChatGPT给出的设计分析。

我 请你以一个专业UI设计师的身份，设计一个植物类App界面，并给出设计分析。

设计一个植物类应用界面，需要深入了解用户的需求和使用场景。以下是我对这种应用的设计分析。

1. 用户需求分析
用户人群：喜欢园艺或者想要养植物的人群。
需求：用户需要了解每一种植物的特性和养护方法，并能准确地判断植物的健康状况，给予相应的处理措施。

2. 设计目标
本应用旨在方便用户学习和管理自己的植物，提供完备的养护方法，避免植物因为缺水缺肥等问题而死亡。设计应该简洁明了，不仅要考虑美观性，还要注重易用性和可访问性，以便用户快速找到所需的信息。

3. 设计元素分析
背景颜色：选用清新自然的背景颜色，如天蓝色或浅绿色。
图标设计：使用符号化图形来描述每种植物和相关种类的信息，强化视觉效果。
字体与排版：选用简洁明了的字体，统一排版方式，提高文字信息的阅读效果。
视觉交互：为查看植物信息提供分类列表、搜索框及下拉筛选框等功能，方便用户快速找到目标内容。同时还要添加可视化组件展示植物的健康状态和养护记录。

以上是我对设计一个植物类App界面的分析，希望对您有所帮助。

下面是关键词的整理思路。

主体：植物类App界面

模型：iPhone模型

风格：扁平化

背景：深色

提示语：photography of an iPhone, with a modern user interface plant identification app on the screen, deep background, flat design, inspired by behance, figma and dribbble，可以得到的结果如下。

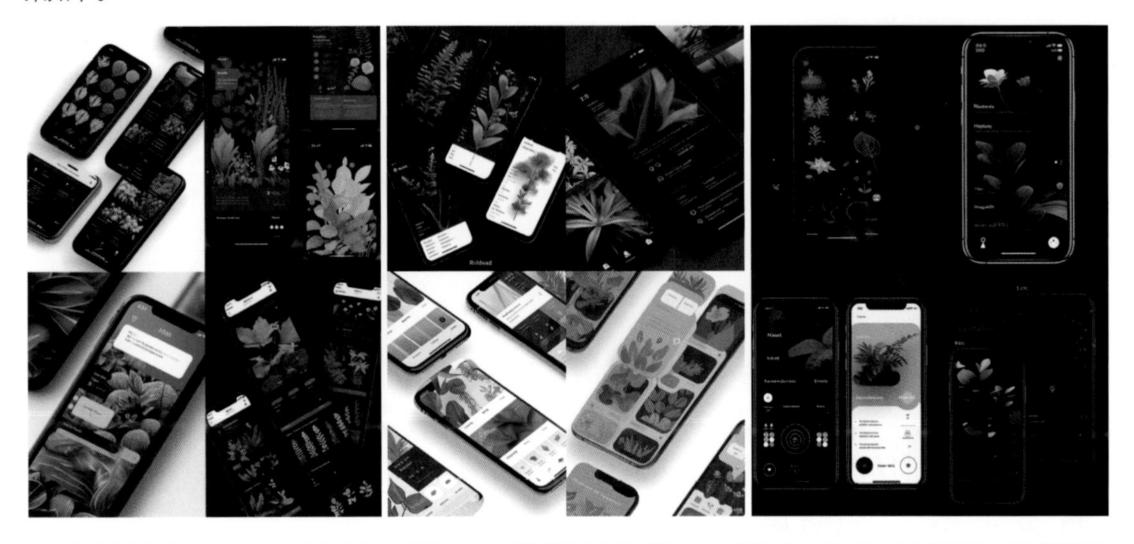

通过提示语photography of an iPhone可以得到放在iPhone手机中的界面。下面是效果比较好的图片。

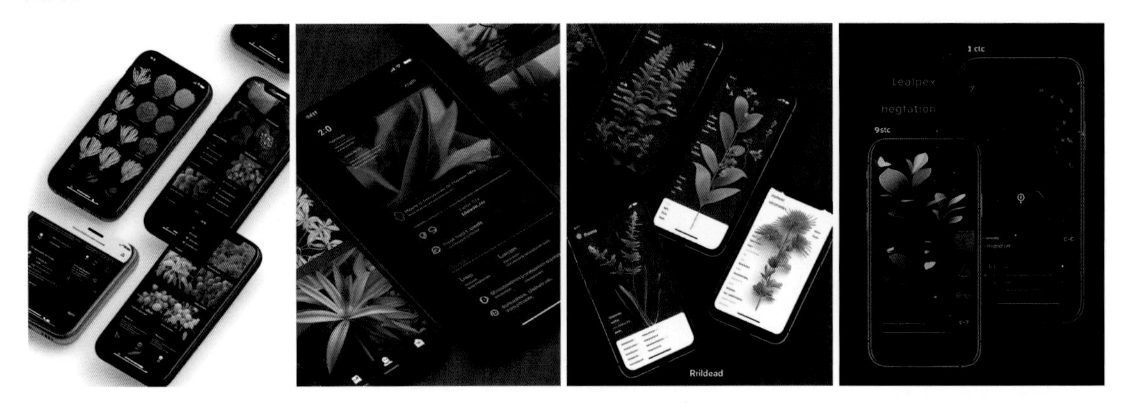

如果将关键词iPhone替换为Macbook，就可以生成电脑屏幕中的网页设计灵感。例如，photo of macbook m2, with morden web user interface of nutrition website on the screen, style of dribbble, behance and figma, front view，其中front view可以让生成的画面为正视图。

5.4.2 生成 App 运营弹窗

设计需求

生成一个App抽奖页面的抽奖结果弹窗——出游卡。

设计要求

1. 风格为扁平插画风，主体明确。

2. 内容为一辆小型电动汽车出现在出游场景中。

3. 整体为绿色调。

设计分析

1. 设计要求很明确，主体是小型电动汽车，所以车在画面中的比例要大一些。

2. 车出现在出游场景中，可以是沙漠、城市、丛林等。但要求是绿色调，那么范围就缩小为以绿色植物多的场景为主。

下面是ChatGPT给出的意见。

我 请以一个专业App设计师的身份，设计一张开车出行旅游的插画。

好的，我作为一个专业的App设计师，根据您的要求，我设计的方案如下。

首先，需要确定这张插画要传达的主题和情感。在开车出行旅游方面，人们通常会寻找美丽的风景和轻松愉快的氛围。因此，我们可以通过创造一个充满自然美景和欢乐的场景来表达这种情感。

其次，考虑插画的构图和配色。在构图方面，可以采用宽阔的视角来展示整个旅游路线，同时加入足够的细节使图像更具吸引力。在配色方面，充满活力和温暖感的暖色调将非常适合这个场景，如黄色、红色等。

最后，我们需要设计一张视觉美观且符合出行需求的插画。为此，我们可以在画面中加入许多关于出行的元素，如车、行李箱、地图、指示牌、高架桥等。将这些元素巧妙地融入插画中，同时呈现出明亮而轻快的氛围。

在这张插画的设计中，我们将传达出“自然美景，充满欢乐”的情感，并通过构图和配色来打造一个充满动感和活力的场景。同时，加入一些细节和元素，既符合出行需求又不失美感，为用户带来更好的使用体验。

由于整体是绿色调，因此最为简单的方案就是一辆小型电动汽车被各种植物围绕。

主体：一辆小型电动汽车

场景：很多绿色植物

风格：扁平插画风、hsiao-ron cheng

背景：纯色或渐变

比例：按照弹窗长宽比例设置

在Niji模式下输入提示语：small electric car flat vector illustration, in the style of hsiao-ron cheng, indigo and emerald, colorful animations, angular, installation。

生成的效果很好，4张图都很好看。再尝试几次，看能否获得更合适的图。

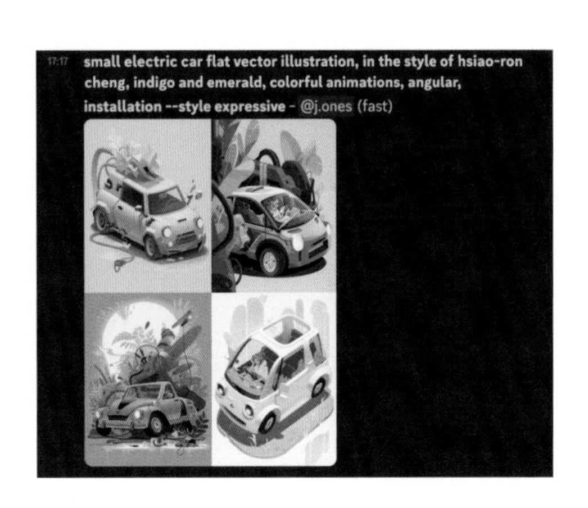

最后还是觉得第1次生成的第2张图比较适合，无论是色调、构图还是氛围，都比较贴切。下面是经过调整的效果及应用在页面中的效果。

5.4.3 生成 App Banner——五一出游

设计需求

设计一张五一出游插画App Banner（横幅广告）。

设计要求

1. 有明确的主体。

2. 扁平插画风格。

3. 色彩艳丽，画面吸引力强。

4. 设计尺寸2.2∶1。

设计分析

1. 五一出游插画的典型画面内容大概为旅游城市或旅游场景，比如长城、故宫、古镇、海边等。

2. 要求色彩艳丽、吸引力强，最简单的方法就是使用对比色或者互补色。由于冷色有后退感，暖色有前进感，使用这种配色能更好地衬托主体。

3. 尺寸2.2∶1是一个细长的比例，这意味着画面主体应该足够宽，否则会显得主体不够明确。

我们可以问一下ChatGPT。

我 请以一个专业App设计师的身份，设计一张关于五一出游的插画。

好的，作为一个专业的App设计师，根据您的要求，我设计的方案如下。

首先，需要确定这张插画要传达的主题和情感。在五一出游方面，人们通常会去旅游放松心情或沉浸在与亲友团聚的愉悦氛围中。

因此，我们可以通过创造一个色彩丰富多样、充满生机和活力的场景来表达这种情感。

其次，确定插画的构图和配色。在构图方面，我们可以采用一种特定主题的风格，如各种著名的旅游景点；在配色方面，也应该选择轻松活泼的色彩，比如明亮的蓝色和温馨的黄色。

最后，我们需要设计的是一张既美观，又符合五一出游需求的插画。为此，我们可以在画面中加入许多关于五一节日和出游的元素，如气球、行李箱、花朵、公园、游乐场、桥、城堡等。将这些元素巧妙地融入插画中，并营造出快乐、温暖、亲和的氛围。

在这张插画的设计中，我们将传达出放松、愉悦的情感，并通过构图和配色，打造一个充满生机与活力的场景。同时，我们还加入了许多五一节日相关的元素，并运用到插画中，最终打造出一个符合用户需求的设计方案。

目前的设计想法是：两个女孩在海上泛舟。设计两个女孩的目的是让主体更宽，占据更大的画面空间。

主体： 两个女孩坐在船上

表情/动作/服饰： 开心地笑、红衣

场景： 海面、水草、蓝天、白云、海鸥

风格： 扁平插画风

比例： 2.2∶1

这里正好找到了一张构图、颜色与想法都很接近的图，可以使用这张图来反推提示语。

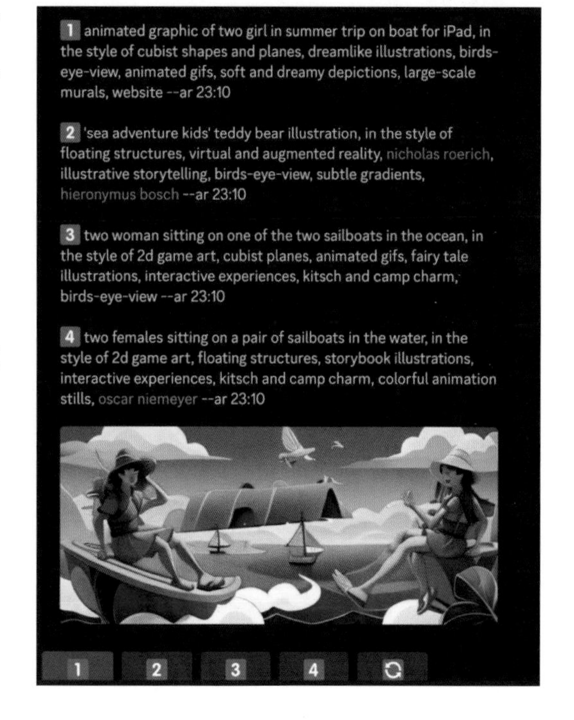

1 animated graphic of two girl in summer trip on boat for iPad, in the style of cubist shapes and planes, dreamlike illustrations, birds-eye-view, animated gifs, soft and dreamy depictions, large-scale murals, website --ar 23:10
2 'sea adventure kids' teddy bear illustration, in the style of floating structures, virtual and augmented reality, nicholas roerich, illustrative storytelling, birds-eye-view, subtle gradients, hieronymus bosch --ar 23:10
3 two woman sitting on one of the two sailboats in the ocean, in the style of 2d game art, cubist planes, animated gifs, fairy tale illustrations, interactive experiences, kitsch and camp charm, birds-eye-view --ar 23:10
4 two females sitting on a pair of sailboats in the water, in the style of 2d game art, floating structures, storybook illustrations, interactive experiences, kitsch and camp charm, colorful animation stills, oscar niemeyer --ar 23:10
1
2
3
4

只要单击图片下面的“1”“2”“3”“4”按钮，就可以直接发送相应提示语生成图片，不需要复制。接下来不停地提交提示语，重复尝试生成新的图片。下面就是其中生成的一些图片。

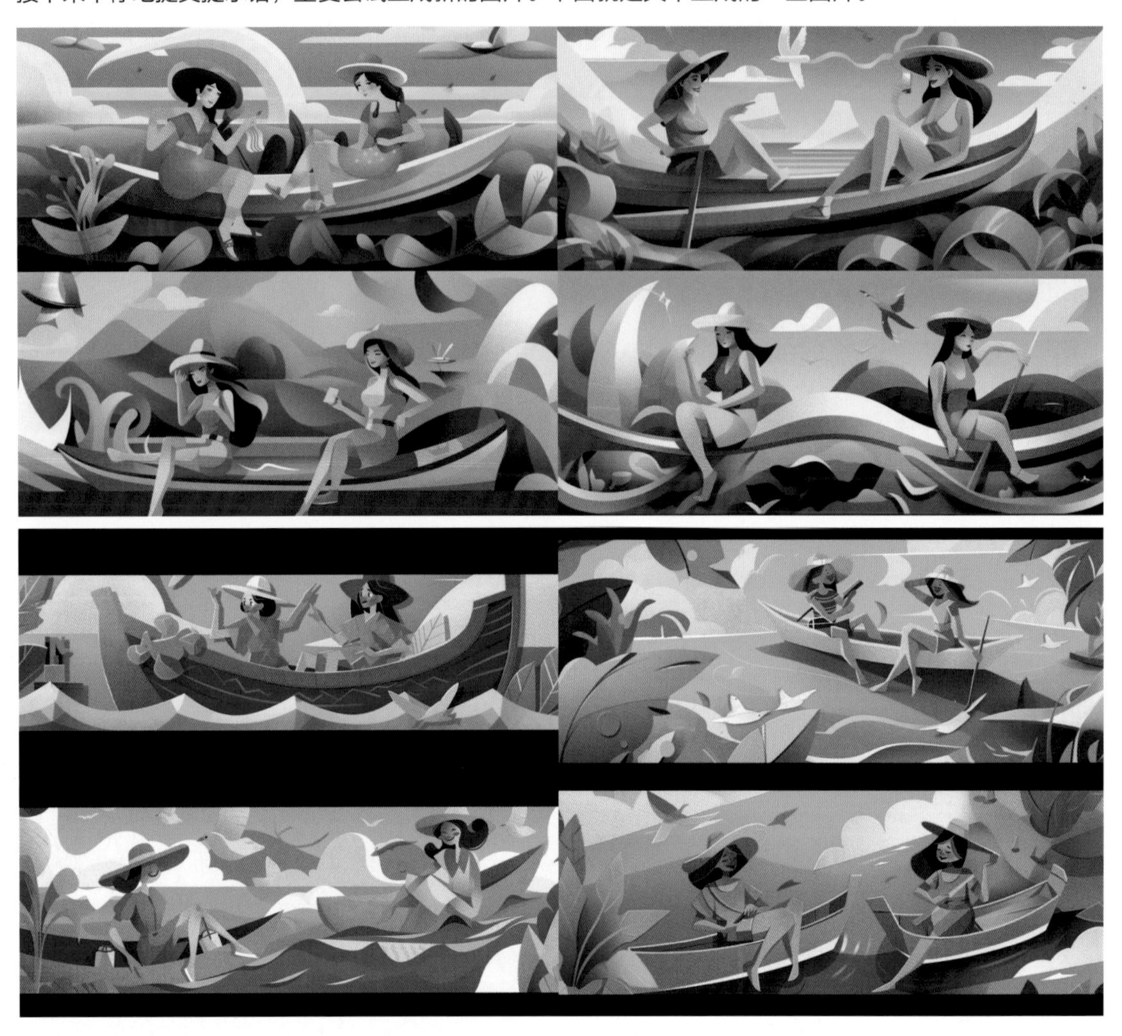

第2组的第2张和第3张图的效果不错，但是第2张图中两个女孩的五官都有问题，而且画面的留白部分无法容纳标题，所以综合考虑后选择第3张图。

在PS中进行调整，加入标题文本，最终效果如下。

以下是笔者的学生根据此思路设计的Banner。

5.5 车载HMI设计灵感

新能源汽车HMI（人机界面）设计是近几年的热门领域，目前HMI的交互设计和界面设计还没有形成固定的规范，我们仍然有很大的发挥空间。AI赋能HMI设计是一个在短时间内完成制作的好方式。

设计需求

车载HMI设计风格扩展。

设计要求

1. 科技感和时尚感。

2. 主要用户群体为男性。

3. 高安全性。

设计分析

1. 科技感和时尚感意味着画面的主色应该偏向于蓝紫色，因为蓝色系是典型的科技色，紫色有一定的时尚深邃感。

2. 主要用户群体为男性，这意味着界面主色为深色比较适合，同时圆角不宜过大，否则会有可爱的感觉。

3. 安全性除了在交互上发力，视觉设计也可以体现，比如更大的对比度和更大的操作区域。

下面是ChatGPT给出的意见。

我 我想你扮演一位资深的车载HMI设计师，请你按照以下要求设计一款车载HMI的主界面：用户群体以男性为主，配色以偏蓝紫的暗色为主，设计风格为扁平风格，兼具科技感与时尚感，请以中英双语的形式总结4个此方案的设计风格关键词。

好的，我将以中英双语的形式描述我的设计建议。

设计风格关键词：

1. 扁平化设计：扁平化、简约的设计风格。
2. 科技时尚：科技与时尚的结合，提供独特、时尚的用户体验。
3. 以男性为中心：专为男性用户设计，强调他们的需求和喜好。
4. 暗色调：以深蓝色、紫色、黑色为主色调，给人一种神秘而有力的感觉。

Design Style Keywords:

1. Flat Design: A design style with a flat and minimalistic approach.
2. Tech-Fashion: Combination of technology and fashion, providing a unique and sleek user experience.
3. Male-Centric: Designed for male users, emphasizing on their needs and preferences.
4. Dark Tone: Main color scheme includes dark blue, purple, and black, providing a mysterious and powerful feel.

根据ChatGPT给出的建议，加上目前HMI比较主流的设计风格的关键词：年轻、科技、潮流、时尚、轻拟物等，总结出以下提示词：UI/UX, HMI, car user interface design, clean, clear, airy, light, simple, front view, tech-fashion, experience, high accuracy of data display and controls, precision machinery system。

下图是尝试用niji · journey生成的一些图片。

整体效果不太符合要求，可能是描述不够准确。我们补充一些提示语：autonomous vehicles, air conditioning system UI, temperature control UI, dribbble, behance，让内容更具体、效果更完美。

UI/UX, HMI, car user interface design, clean, clear, airy, light, simple, front view, tech-fashion, experience, high accuracy of data display and controls, precision machinery system, autonomous vehicles, air conditioning system UI, temperature control UI, dribbble, behance, --ar 4:3

重新使用niji · journey生成图片，效果如下。

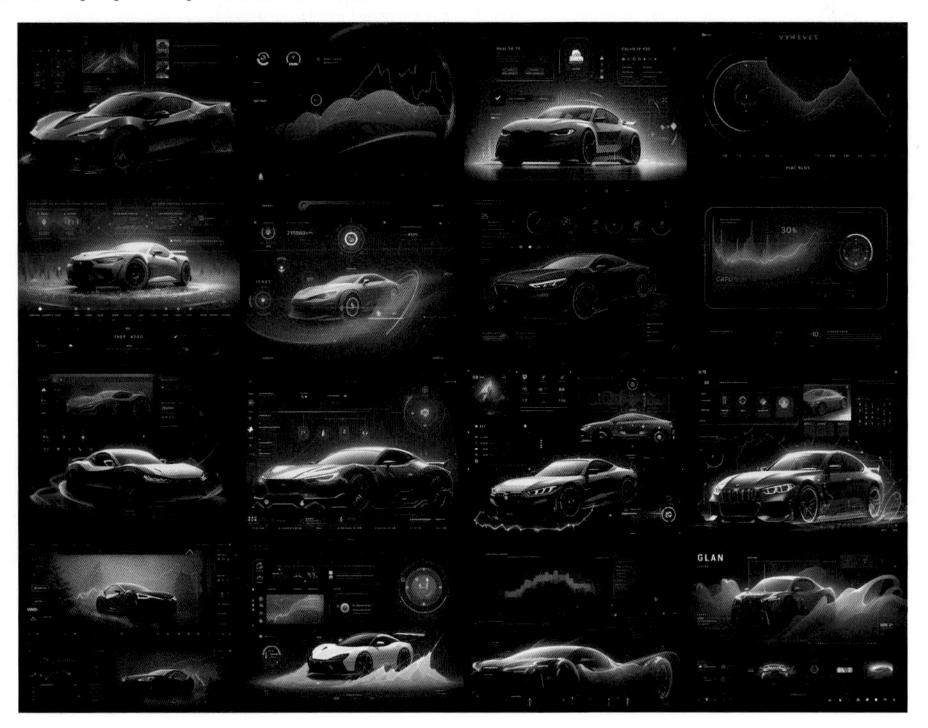

niji · journey生成的效果更为扁平，符合未来风格或者电影中的FUI（虚构的用户界面）。如果想让界面拥有深邃质感和写实材质，则可以尝试用Midjourney生成图片。

做设计时，可以生成海量风格参考。当找到一个满意的图片时，可以单击U1~U4中对应满意图片的按钮，放大图片。之后单击 Vary (Strong) 按钮，可以再次生成4张此图的变体图片，以便我们做更细致的参考。

6

使用ChatGPT和Midjourney 提升游戏设计效率

6.1 ChatGPT 和 Midjourney 辅助游戏设计

ChatGPT和Midjourney可以在游戏美术设计中发挥很大的作用，目前已有部分游戏公司使用ChatGPT、Midjourney等AIGC软件辅助设计。

Midjourney可以根据特定要求自动生成符合游戏需求的素材、特定样式和风格的游戏图像等。设计师可以通过选择不同的元素来快速生成具有独特风格的游戏素材，从而大大节约制作的时间和资源。此外，对于某些复杂的贴图和纹理，Midjourney可以大大降低手工绘制的难度，同时使其具有更高的质量。

在游戏设计中，应用AIGC可以更好地平衡美术创作的效率、质量和成本之间的关系，从而提升整个游戏开发的效率和质量。但需要注意的是，AI技术并不能替代游戏设计师的创造力和审美能力，其只能作为一种辅助工具来增强设计师的创作能力和制作能力。

6.2 游戏角色设计

我们可以将Midjourney非常好地应用到游戏角色设计中，以下是具体的实践建议。

① 通过Midjourney生成的角色进行灵感搜集和创意探索。将不同的参数引入Midjourney中，可以生成品种繁多、形态千差万别的角色图像，这在某种程度上可以激发设计师产生更多的灵感和创意。

② 融合Midjourney生成的人物图片与人类真实照片、手绘素材等进行设计。Midjourney生成的人物图像虽然质量很高，但有些局部仍然存在不足，如表情、动作等。设计师可以基于生成的图片来调整，融入更多人类的特点，从而使角色更加生动、真实。

③ 在Midjourney生成的图片上改变某些特定的参数，打造个性化特征，在设计角色的过程中添加精

细的特征，如表现不同类型的眉毛、不同红润程度的嘴唇等。

④ 控制输出质量，避免过度依赖AI生成的图像。尽管Midjourney生成的图像的质量很高，但AI不一定能100%满足设计需求。因此，在利用Midjourney辅助设计时，设计师还需要不断优化、精调设计，以满足创意和审美要求。此外，在设计游戏角色的过程中需要密切跟进，并保持创造性思维和对视觉审美的感知力。

6.2.1 苍老的战士

围绕关键词“苍老”塑造角色，同时主题不能脱离“战士”。在设计角色前，需要先给这个角色做一些设定，比如他的背景故事、性格、年龄、性别等，这些可以帮助我们更加轻松地塑造角色。当然，我们也可以用ChatGPT去完成这个步骤，如下所示。

我 由你扮演游戏美术设计师，以“苍老的战士”为主题，采用欧美奇幻风格，以《龙与地下城》游戏作为风格参考，设计一个角色，请详细描述一下这个角色的外貌、装备，还有这些外貌和装备的设计思路或者由来，然后描述一下简短的背景故事，并简单地阐述设计思路。

好的，苍老的战士是一个非常有意思的角色设计主题。我们以“龙牙卫士”作为这个设计的名称，下面是我的设计方案。

1.外貌设计：

“龙牙卫士”是一位高大而有气质的老年男性，他浓密的头发已经斑白，皮肤黝黑，眼神锐利。他的面容虽然苍老，但依然透露着一丝英武和王者之气，身上散发着一种令人肃然起敬的气息。

2.装备设计：
“龙牙卫士”身穿厚实的龙鳞甲胄，手执巨大的剑和一个精美的盾牌。剑上布满了龙牙和龙鳞，盾牌上则刻有陨铁符文。整个装备充满了欧美奇幻元素，也与《龙与地下城》游戏的风格非常类似。

3.设计思路：
外貌设计的灵感来源于欧美英雄和战士形象，以及崇尚荣耀和忠诚的精神。《龙与地下城》游戏的风格注重表现种族、职业和风格的多样性，我希望设计一个既充满欧美奇幻元素，又能够兼顾《龙与地下城》游戏风格的老战士形象。
装备的设计也充分考虑了这一点，巨大的剑和盾牌都富含龙的元素，并用草编、皮革、陨铁等各种材质来突出设计的精致和奇幻感。

背景故事：
“龙牙卫士”曾是一位著名的国王，在多年的征战中领导着他的部队获得了许多胜利。但在一次大规模战斗后，他的人生轨迹发生了改变：他的家族被敌人所灭，自己身负重伤，和最亲爱的人也失散了。从此，“龙牙卫士”不再是那个年轻而神气的国王，他成了一名放浪旅人。他在寻找复仇的机会、失散的家人，尽全力保护自己的子民。

以上就是我以“苍老的战士”为主题设计的“龙牙卫士”的设计方案，期待我设计的这个角色能让您满意。

此时我们就可以得到一些角色的设计大纲。现在只需要将ChatGPT给出的外观细节、画面风格等内容在Midjourney中描述出来即可。

再加入three views, front view, rear view, side view等关键词，就可以得到三视图的设计图。

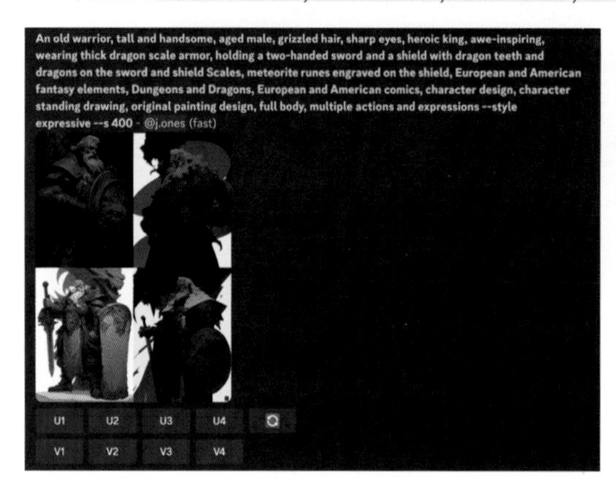

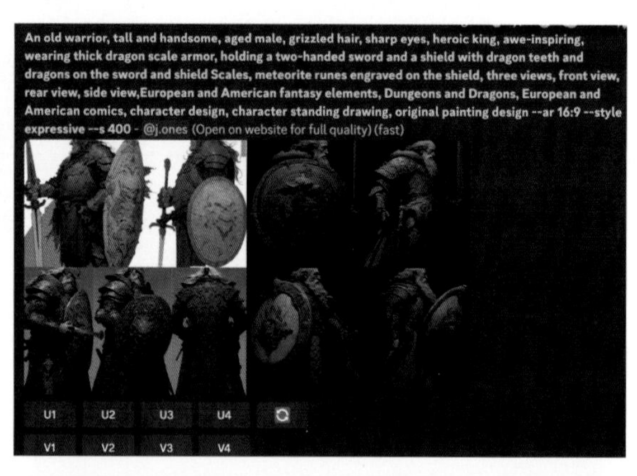

我们也可以对关键词中的种族、年龄、性别等内容进行更改，这样就可以得到一些不一样的设计。例如，将人类换成兽人，只需把“An old warrior”“aged male”等形容人类的词更换为“Old orc warrior”“aged orc”即可。

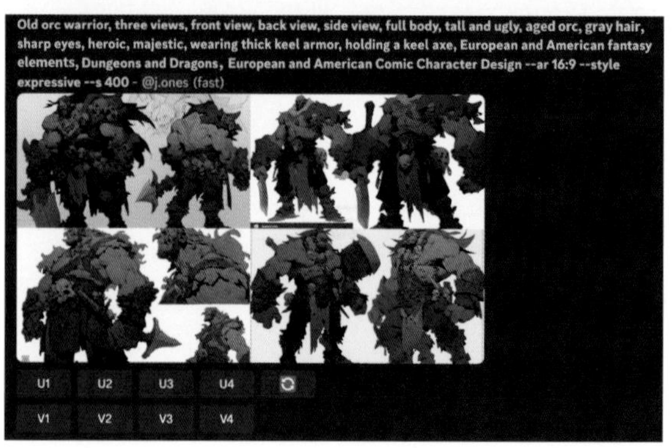

用同样的方法更改角色的其他元素，可以生成风格相似的不同角色。

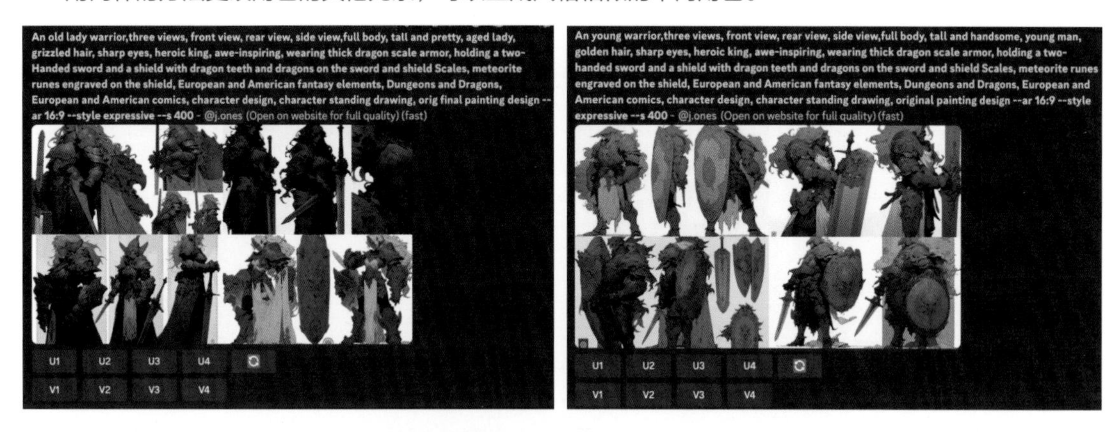

经过多次尝试，终于生成了两组满意的图片。接下来可以对图片进行细化。

我们也可以尝试其他的风格。例如，下面这种可以直接在游戏中使用的效果。

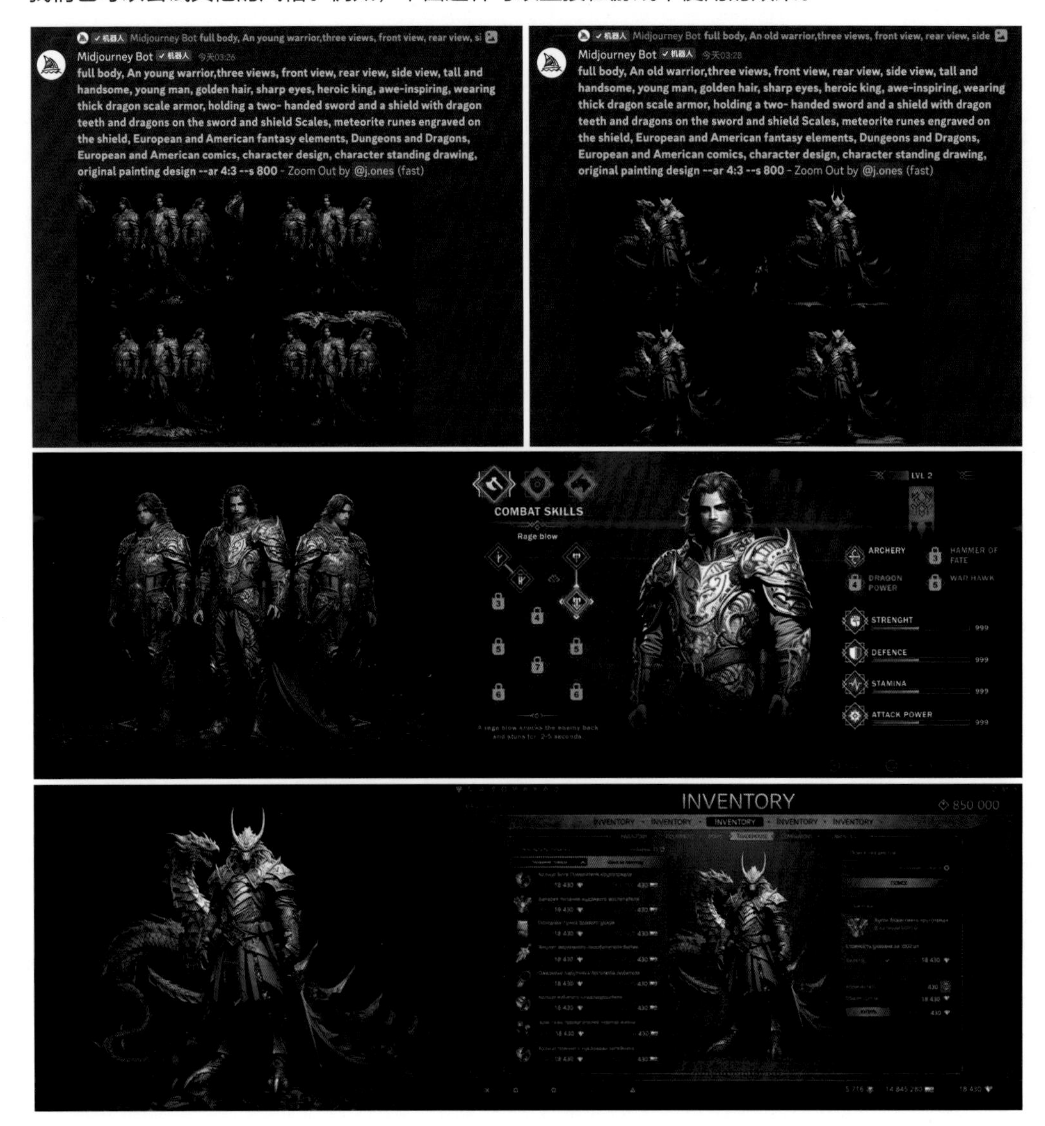

6.2.2 精灵射手

按之前的思路，先和ChatGPT交流，获得角色设计大纲，然后在Midjourney中输入对应的提示语。

我 由你扮演游戏美术设计师，以“精灵射手”为主题，采用欧美奇幻风格，以《龙与地下城》游戏作为风格参考，设计一个角色，请详细描述一下这个角色的外貌、装备，还有这些外貌和装备的设计思路或由来，然后描述一下简短的背景故事，并简单地阐述设计思路。

外貌设计：这个角色是一个精灵，有着细长的身体和尖耳朵。她留着长发，头上戴着一个羽毛头饰，身穿一件紧身的皮质胸甲，下面配有短裤和长筒靴子。她的肩膀处携带着一把弓箭，腰间还挂着一个箭袋。

装备设计：角色的装备以精细、轻便为主。胸甲的设计借鉴了欧美奇幻题材中常见的皮制甲胄，同时在材质和细节上进行了优化，增加了精灵族特有的元素，如羽毛头饰和箭袋等。箭袋与弓箭的搭配显示了角色的射手身份。长靴和筒袖的设计使角色更具有行动性和机动性。

背景故事：这个角色名叫艾丽丝，是一位来自精灵族的女射手。她生来体弱多病，但她毅然决定进入训练场成为一名射手。经过刻苦训练和不断努力，她终于成为能够保卫族人的射手。她出生在一个狩猎家族，自小便接受了家族传统的弓箭训练，在精准的射击技巧和速度方面有着优异的表现。在一场与侵略者的战斗中，艾丽丝的父亲牺牲了。这场战斗让艾丽丝成长很快，她向着成为更强大的精灵射手的目标不断努力。

设计思路：这个角色的设计就是要突出她作为一名射手的身份。因此，我在设计时注重体现她的各项特点，比如衣着、装备和细节。同时，在造型上参考了《龙与地下城》游戏中精灵族射手的风格，融入精灵族自身的文化元素。通过一些细节上的处理和配色的调整，体现角色的性格特质和历经磨炼后所具备的坚韧品质。

根据ChatGPT给出的创意思路，我们翻译并撰写了提示语。

A female elf archer with a slender figure, pointed ears, three views, front view, rear view, side view, full body, she has long blond hair, a feathered headdress, a tight leather breastplate, shorts and boots, a bow and arrow on her shoulders, with a quiver, fine and light equipment, European and American fantasy elements, Dungeons and Dragons, European and American comics, character design, character standing drawing, original painting design，--ar 16:9 --style expressive --s 400

由以上提示语可以得到下图所示的效果。

使用niji · journey尝试多次生成，可得到不同的方案。根据这些方案再细化建模，最终达到游戏的使用要求。

如果只需要角色设计效果图片，在提示语中添加：3D style，多次生成可得到以下图片。

选择符合预期的图片，单击 Zoom Out 2x 按钮放大并扩展出完整的身体。

6.2.3 暗黑女巫

我们可以通过垫图的方式生成设计图，这样可以使图中的元素呈现得更加精准，也能让角色形象更加符合预期效果。我们依然先使用ChatGPT得到一个大致的描述。

我 由你扮演游戏美术设计师，以“暗黑女巫”为主题，采用欧美奇幻风格，以《龙与地下城》游戏作为风格参考，设计一个角色。请详细描述一下这个角色的外貌、装备，还有这些外貌和装备的设计思路或由来，然后描述一下简短的背景故事，并简单地阐述设计思路。

这个角色名叫“暗黑女巫”，外貌设计上可以从女性怪兽中汲取灵感，比如猫头鹰的面部特征结合人物的五官，以及蝙蝠和毒蛇等动物。她的眼睛是金色的，瞳孔漆黑，头发为深紫色或暗红色，长度超过肩膀。身穿黑色斗篷，上面覆盖着一层黑色鳞片，衣服上有精致的金色刺绣图案。她虽然瘦弱，但动作敏捷、身材优美，全身洋溢着一种神秘的气息。她的装备包括两把锋利的匕首，以及来自古代祭司的神器项链。匕首的柄上镶嵌着一颗赤色宝石，充满了黑暗力量。

整体风格以欧美奇幻风格为基础，部分参考《龙与地下城》游戏的元素。设计思路侧重于统一和协调，对每个细节都进行精心设计，形成一个连贯和完整的形象。在角色外貌和装备的设计中尝试使用对比色，如黑色和金色，暗红色和赤色。整个设计带有浓厚的神秘和魔幻气息，可以很好地突出角色所代表的暗黑女巫形象。

背景故事：作为一个天生的魔法师，暗黑女巫患有一种罕见而致命的疾病。她知道只有使用黑暗魔法才能延长自己的寿命。因此，她投身于学习黑暗魔法，并不断寻找强大的魔法道具，以维持自己的生命力。最终，她得到了一件神器项链，这让她可以不断吸收黑暗能量，不断加强自身力量。随着时间的推移，暗黑女巫变得越来越阴险奸诈，她的心不再像过去那样纯洁。她不断寻找新的魔法，以帮助自己获得更多的权力。但是，她不断受到其他鼓动家和追求魔法的人的威胁。她必须保持警惕，不断提高自己的力量和技能，以便在敌人发动攻击时保护自己。

总之，设计思路是在欧美奇幻风格的基础上创造出属于暗黑女巫自己的风格。通过对比色的运用和对每个细节的精心设计，营造出神秘而诡异的气氛，并最终使角色形成统一协调的形象。

根据ChatGPT的描述，加上我们自己的理解，先自行绘制一张草图。在草图中，我们可以大致固定角色的色彩、动作、姿势，以及身上的元素等。

把ChatGPT描述的提示语优化后以英文形式输入Midjourney中，然后垫上草图，就可以生成与草图效果接近的图了。

我们还可以放大其中的一张图，以放大的这张图作为垫图，保持提示语不变，并继续多次生成，就可以得到优化后的画面。

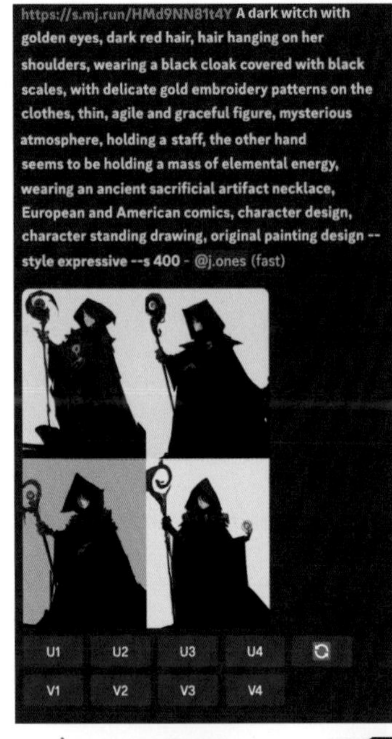

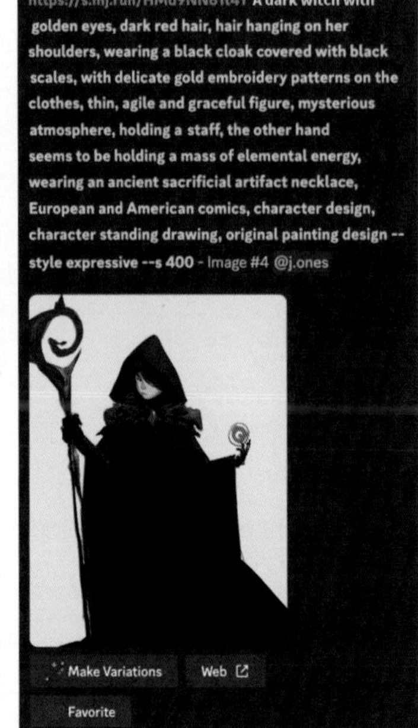

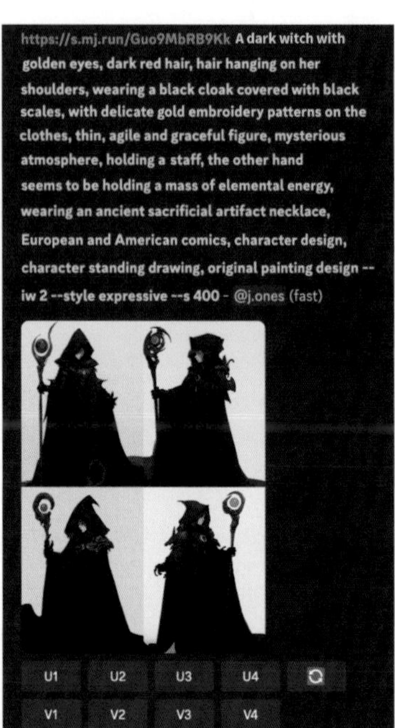

选择符合要求的图片。

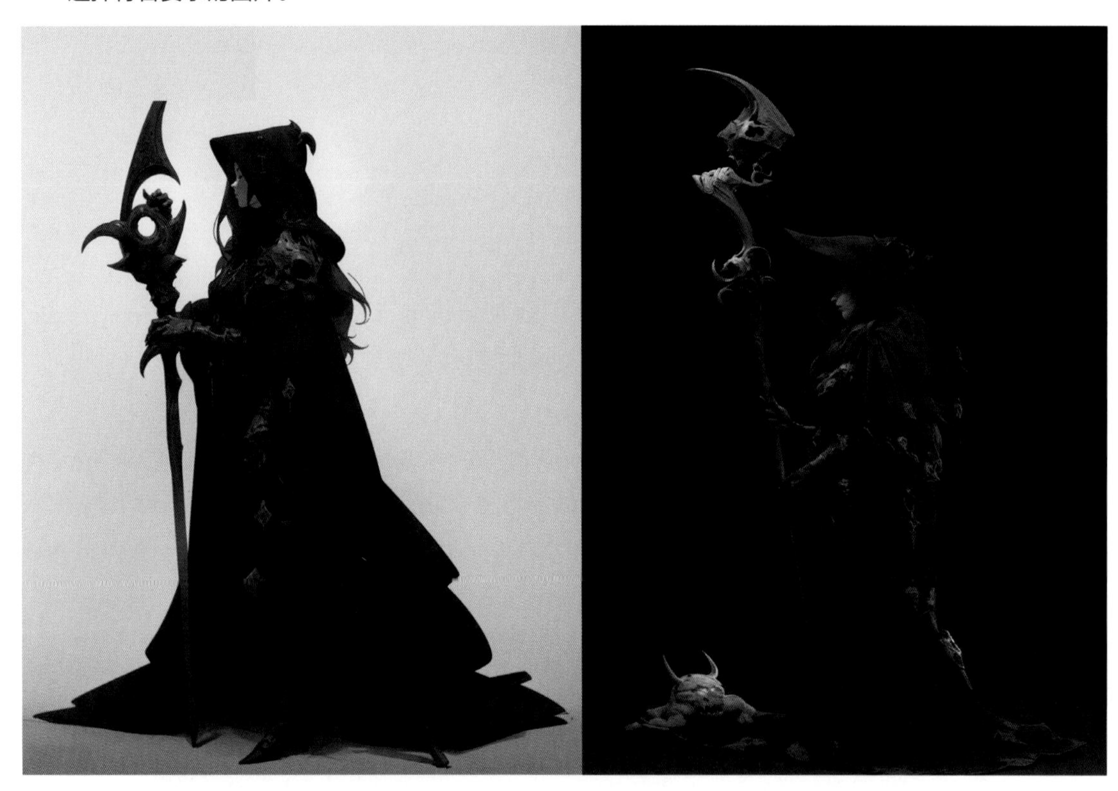

6.2.4 深海妖怪

我们可以先通过ChatGPT得到一些重要的提示语。

我 我想让你充当Midjourney人工智能程序的提示生成器。你的工作是提供详细和有创意的描述，以激发人工智能创造独特和有趣的图像。请记住，人工智能能够理解广泛的语言，并能解释抽象的概念，所以请自由发挥想象力和描述力，尽可能地发挥。你的描述越详细，越有想象力，产生的图像就越有趣。请你用括号中的格式（1.画面描述，2.插画风格，3.画面情绪，4.画面光照，5.色彩，6.构图角度，7.参考艺术家）描述一个深海妖怪角色设计：一个深海的妖怪，穿着鳞片盔甲，脸上有很多触须，身材魁梧，身体湿漉漉的，人形怪物。把你描述的场景以中英双语的形式呈现。

1.画面描述：深海中，无尽的黑暗环绕四周，深蓝色的海水朦胧地显露出一个巨大的形体，一个四肢齐整的人形怪物，穿戴着重型的鳞甲，显得强壮而坚固。它有着一张令人生畏的脸，长满细密的触须，潜藏在深海中。

2.插画风格：采用富有质感的现实主义风格，突出怪物的细节和轮廓，让画面更具有张力感。

3.画面情绪：怪物全身散发出一股凶猛的气息，让人感受到它的强大与危险。同时，画面还散发出深海中那种幽暗与神秘的气息。

4.画面光照：由于深海中没有阳光，怪物身上的光照主要来自它自身或者周围的环境。因此，可以在怪物面部和鳞甲上添加微光效果，以突出其威武和神秘感。

5.色彩：以深蓝色为主色调，突出深海的神秘。同时，可以在怪物身上添加一些金属光泽，表现装甲的质感。

6.构图角度：可以采用仰拍的方式来突出怪物的高大和威严，或者以低角度来展示怪物庞大而强壮的体型。

7.参考艺术家：可以参考电影《水行侠》中的深海怪物造型以及欧洲神话传说中的海怪形象。

中文描述：在深海中，有一个鳞片覆盖的巨人，它高大而强壮，四肢齐整，全身散发着一股凶猛的气息。它是一只穿着钢铁装甲的深海怪物，面部长满了细密的触须，整个脸庞显得十分恐怖。在无尽的海底暗流环绕中，这个恐怖的怪物显得更加强大、威武和神秘。

英文描述：In the depths of the ocean, there is a giant covered in scales, tall and strong with all four limbs in unison. However, it exudes a fierce atmosphere throughout its whole body. It is a deep-sea creature dressed in steel armor, with many fine tentacles on its face that make it look terrifying. In the endless dark currents of the ocean, this frightening monster appears even more powerful, majestic and mysterious.

由此得到如下提示语：In the depths of the ocean, there is a giant covered in scales, tall and strong with all four limbs in unison. However, it exudes a fierce atmosphere throughout its whole body. It is a deep-sea creature dressed in steel armor, with many fine tentacles on its face that make it look terrifying. In the endless dark currents of the ocean, this frightening monster appears even more powerful, majestic and mysterious.

先用/shorten指令优化一下提示语。

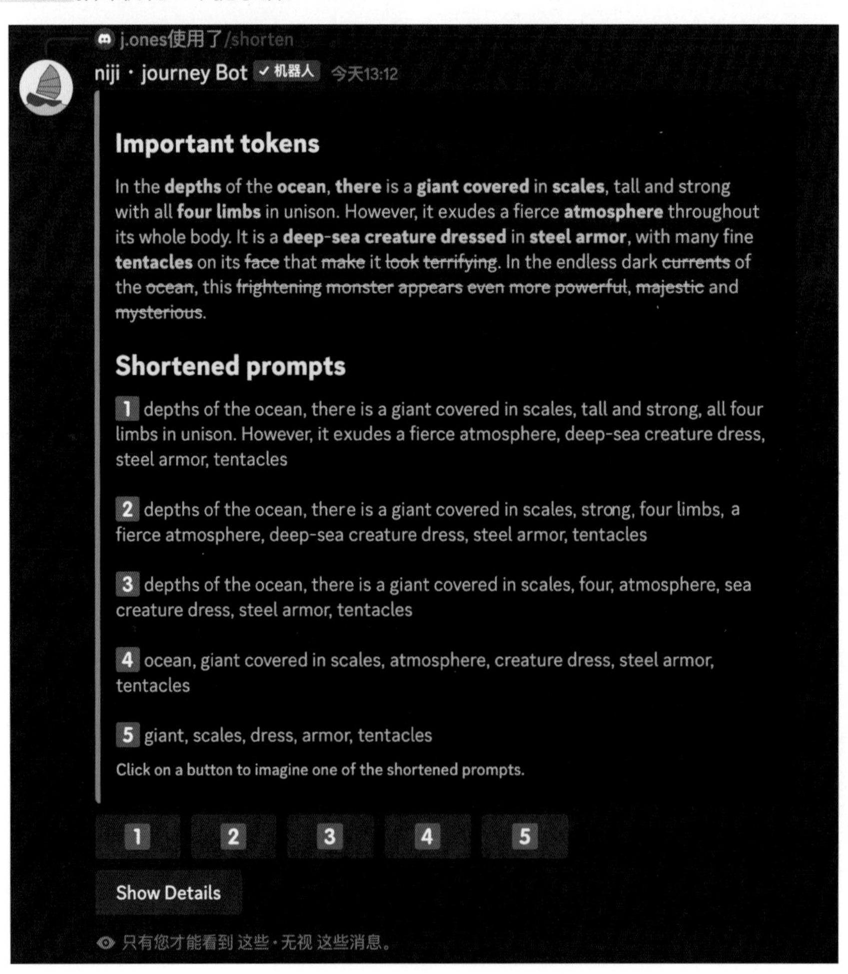

将不同的提示语生成各种各样的方案，其中的两组如下所示。

通过更改提示语里的某些关键词，比如性别或种族等，我们也可以得到一些细节不一样的角色设计。

例如，将关键词giant改为female monster或者shark head monster就可以保持基础深海妖怪的设定不变，得到新的、有意思的图片。

6.2.5 森林怪物

沿用上面的方式，先和ChatGPT沟通得到提示语。

我 我想让你充当Midjourney人工智能程序的提示生成器。你的工作是提供详细和有创意的描述，以激发人工智能创造独特和有趣的图像。请记住，人工智能能够理解广泛的语言，并能解释抽象的概念，所以请自由发挥想象力和描述力，尽可能地发挥。你的描述越详细，越有想象力，产生的图像就越有趣。请你用括号中的格式（1.画面描述，2.插画风格，3.画面情绪，4.画面光照，5.色彩，6.构图角度，7.参考艺术家）描述一个游戏角色设计：一个巨大的森林怪物站在森林边缘，覆盖着藤蔓、树叶、树枝的毛皮和盔甲等。把你描述的场景以中英双语的形式呈现。

中文描述：

1.画面描述：一个巨大的森林怪物站在森林的边缘，身上覆盖着藤蔓、树叶、树枝的毛皮和盔甲。它夸张的体型和服装令人敬畏，完全占据了图像的中心。

2.插画风格：这个森林怪物的插图风格可以是夸张的卡通风格，也可以是充满逼真细节的风格。设计师可以强调藤蔓和树枝等元素，创造出一种野生而神秘的森林怪物，唤起人们的好奇和惊叹。

3.画面情绪：场景传达的情绪是惊喜和震撼。怪物夸张的体型和服装，以及藤蔓和树叶元素，增加了它的野性和神秘感。

4.画面光照：场景中使用自然光来表现神秘和狂野的氛围。阳光透过树叶，落在这只巨大的森林怪物身上，为它增添了一种庄严和力量的光环。

5.色彩：图像的色调主要是森林绿色和棕色，并添加了深红色和黄色，以强调它的野性和力量。

6.构图角度：构图的角度从下向上倾斜，让观者充分感受到森林怪物的巨大体型和威力。

7.参考艺术家：Moebius和Tatsuya Bridge等艺术家的作品强调细节和想象力，可以作为这种艺术风格的参考。

英文描述：

1. Scene Description: A colossal forest monster stands at the edge of the forest, wearing furs and armor covered in vines, leaves, and twigs. The exaggerated size of its body and attire is awe-inspiring, completely occupying the center of the image.

2.Illustration Style: The illustration style of this forest monster can be exaggerated cartoon style or filled with realistic details. Artists can emphasize the elements of vines and twigs to create a wild and mysterious forest creature that evokes wonder and amazement. The mood conveyed by the scene is one of surprise and shock. The exaggeration of the monster's size and attire, as well as the elements of vines and leaves, increases its sense of wildness and mystery.

3. Mood: The lighting in the scene uses natural light to depict the scene's atmosphere of mystery and wildness.

4. Lighting: Sunlight filters through the leaves and falls on the massive forest monster, adding an aura of grandeur and might to the creature.

5. Colors: The color tone of the image is primarily in forest green and brown, with deep-red and yellow added to emphasize the creature's wildness and power.

6. Composition Angle: The angle of the composition is slanted upward from below, allowing viewers to fully experience the colossal size and might of the forest monster.

7. Reference Artist: Artists such as Moebius and Tatsuya Bridge, whose works emphasize detail and imagination, can serve as reference for this artistic style.

我们将英文描述提示语复制到Midjourney的/shorten指令中进行优化，得到如下提示语。

1.colossal forest monster stands at the edge of the forest, wearing furs and armor, vines, leaves, and twigs, size, body and attire is awe, center of the image, the illustration style of this forest monster, exaggerated cartoon, Artists

（巨大的森林怪物站在森林边缘，身上有毛皮和盔甲，藤蔓、树叶和树枝，大小、身体和服装令人敬畏，是图像的中心，这只森林怪物的插图风格，夸张的卡通，艺术家）

2.colossal forest monster stands, forest, wearing furs and armor, vines, leaves, and twigs, size, body and attire, image, the illustration style, monster, exaggerated, Artists

（巨人的森林怪物站着，森林，身上有毛皮和盔甲，藤蔓、树叶和树枝，大小、身体和服装，图像，插图风格，怪物，夸张，艺术家）

3.colossal forest monster stands, wearing furs and armor, vines, leaves, and twigs, image, the illustration style, monster, Artists

（巨大的森林怪物站着，身上有毛皮和盔甲，藤蔓，树叶和树枝，图像，插图风格，怪物，艺术家）

4.colossal, monster, furs and armor, vines, twigs, image, the illustration style, Artists

（巨大，怪物，毛皮和盔甲，藤蔓，树枝，图像，插图风格，艺术家）

5.furs and armor, vines, image, the illustration

（毛皮和盔甲，藤蔓，图像，插图）

根据这些优化后的提示语分别得到不同的方案，其中的几种方案如下图所示。

第二种方法，我们可以先画一个草图，通过草图在/describe指令下图生文。然后修改提示语，得到不一样的效果。

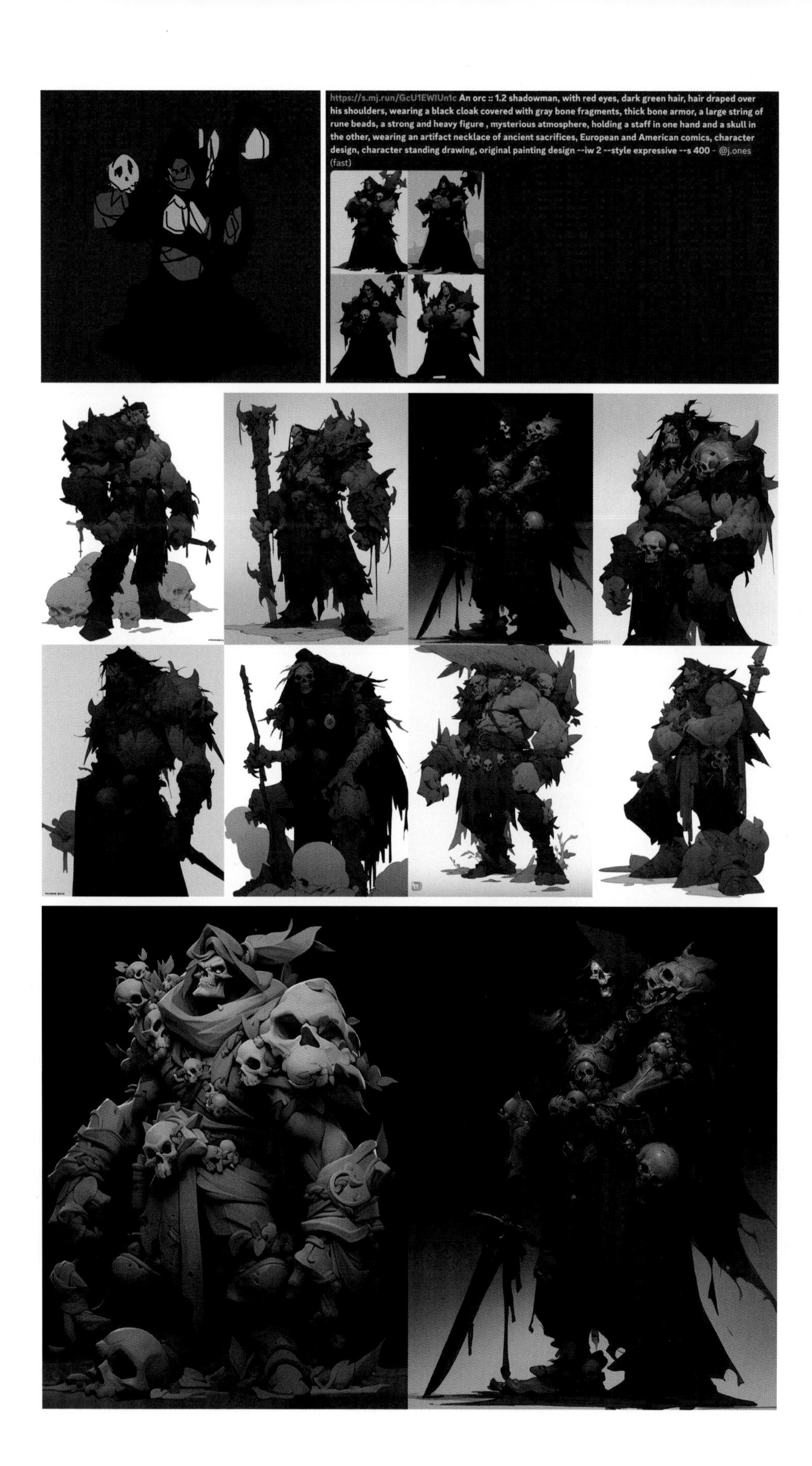
https://s.mj.run/GcU1EWIUn1c An orc :: 1.2 shadowman, with red eyes, dark green hair, hair draped over his shoulders, wearing a black cloak covered with gray bone fragments, thick bone armor, a large string of rune beads, a strong and heavy figure , mysterious atmosphere, holding a staff in one hand and a skull in the other, wearing an artifact necklace of ancient sacrifices, European and American comics, character design, character standing drawing, original painting design --iw 2 --style expressive --s 400 - @j.ones (fast)

6.3 游戏场景设计

Midjourney可以根据输入的环境参数和使用者对场景的需求来轻松创作出质量高、真实感强、富有想象力的游戏场景。结合Midjourney的特性，我们可以考虑从以下几个方面进行游戏场景设计。

① **收集参考资料：**在设计游戏场景前，需要先收集足够的参考资料，包括环境文化、颜色搭配、造型风格等，以便Midjourney生成符合预期的场景。在收集资料时需要注意保护原作者的著作权。

② **设定场景环境：**在使用Midjourney前，需要考虑场景应该涵盖的环境要素，包括背景、建筑、地形等。通过设定这些元素，可以指导Midjourney生成符合场景需求的模型图像。

③ **选择生成素材：**Midjourney可以提供多种素材供设计使用，比如建筑模型、树木、草地等。在选择素材时，需要根据场景需求进行筛选和编辑。

④ **图像编辑和后期处理：**虽然Midjourney可以对图像进行一些自动优化，但它并不能做到完全符合设计需求。因此，还需要对生成的场景图像进行编辑和后期处理，以最终得到符合需求的场景。

6.3.1 赛博朋克风格

在描述一段场景风格前，要先调查并了解这个风格的内核及其关键元素等。现在我们可以借助ChatGPT来了解所需的风格。

我 请你扮演一位游戏美术设计师，描述赛博朋克场景的内核，及其核心元素和关键元素，描述极具代表性的三个赛博朋克场景的作品。最后详细描述一个大的赛博朋克场景，要有时间、地点、风格元素、场景内的事物等。

赛博朋克是一种基于科技、未来主义和反乌托邦元素的虚拟场景，其内核是对高度发达的技术与极端社会不平等现象的探讨。赛博朋克的核心元素包括高科技、社会矛盾、不稳定性、暴力和智能化等，而其关键元素则包括城市场景、科技产品、异想天开的机器人和生物体改造等。

以下是三个极具代表性的赛博朋克场景作品。

1.《银翼杀手》电影中的2019年洛杉矶场景。这个场景具有深色调的特点，有大量的工业建筑、发电站和雨滴效果。此外，场景中也充满了电子广告牌和各种奇特的机器人。

2.《生化危机2》游戏中的拉昆市（Raccoon City）。这个场景设有各种各样的工厂、地下实验室以及一些不同类型的生化怪物，混合了科技与恐怖元素，营造出独特的氛围。

3.《黑暗之魂3》游戏中的“异度迷宫”场景。这个场景设有华丽的装饰和大量的冰雪元素，充满了神秘和奇幻的感觉。而其中的敌人则是一些精灵与吸血鬼等神话生物。

以上是非常具有代表性的赛博朋克场景风格。如果要描述一个大的赛博朋克场景，可以设定在Metro City（新都城），时间为2050年。这个城市充满了高科技与金融气息，同时也存在着可怕的社会不平等现象，许多居民生活在贫民窟中。街道上充斥着各种广告、新闻，机器人、无人机和自动驾驶汽车忙碌地穿梭于城市的建筑间。场景中有类似《银翼杀手》中的高层建筑，广告荧幕发出的光照亮了黑夜。深夜的城市犹如被迷雾笼罩，地下的污水管道串联着整个城市。在街头巷尾，可以看到身体强化和改造过的人们，特别是游戏玩家角色，他们身上也添加了各种护甲、机械和电子设备。整个城市看起来非常混乱不堪，但又充满了科技感与未来感，让人感受到一种独特的赛博朋克气息。

得到回答后，我们可以根据自己的理解来整合提示语。在Midjourney中输入英文提示语，尽量还原ChatGPT所描述的场景。

得到的场景图虽然很符合所描述的赛博朋克风格，但我们希望图中有更多的色彩和光效。此时可以修改一下关键词，比如去掉“银翼杀手风格”关键词，也许这样可以让画面风格更明亮炫丽。修改后得到的图片效果好了一点，但还是没有突出霓虹灯的元素。

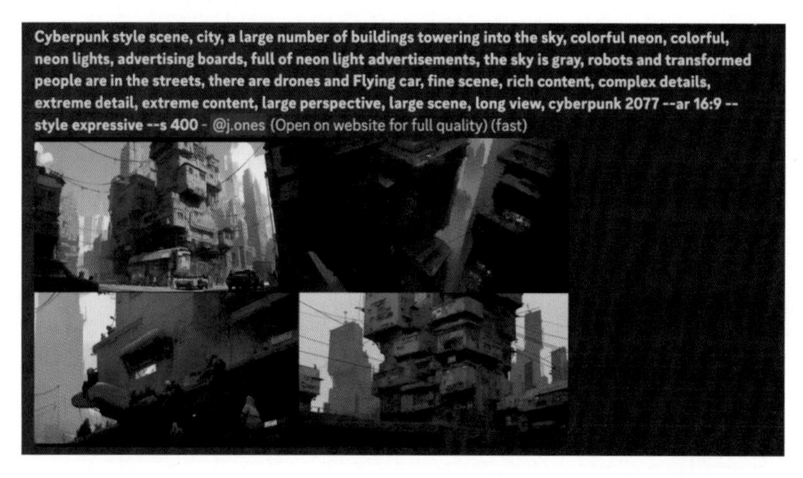

再稍微更改一下关键词，比如让时间从白天变成夜晚。（注意，即使修改关键词，Midjourney也可能生成与改后关键词不符的画面。）

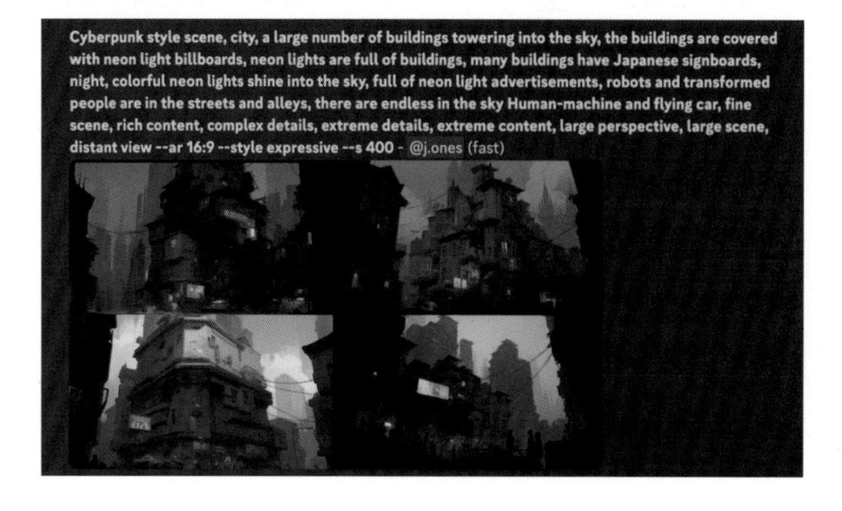

此时也可以用反推加垫图的方式让图像更接近我们想要的结果。AI其实就像一个乙方，我们是提出需求的甲方，有时我们用语言描述再多也不如一张参考图来得实在。先寻找一张参考图，然后使用/describe指令，上传参考图。

之后发送给Midjourney Bot，这样就可以根据参考图生成一些提示语。

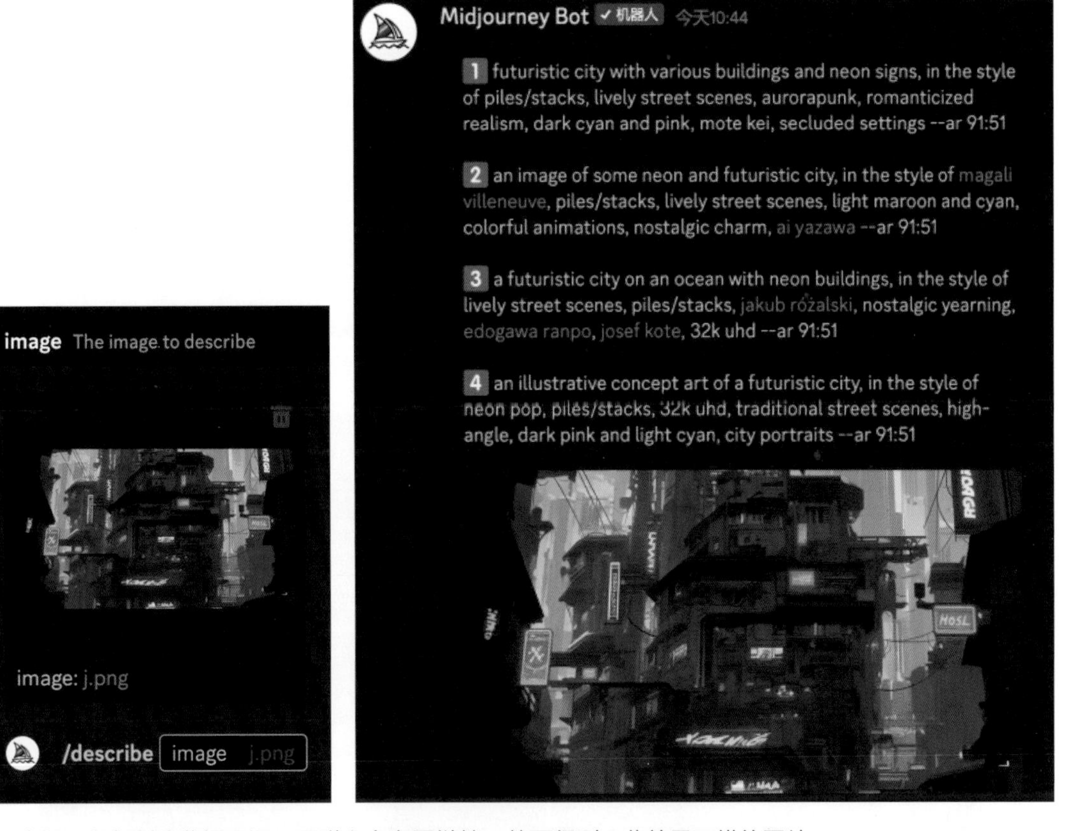

我们可以复制这些提示语，再附上参考图链接，从而得到一些效果不错的图片。

用Midjourney 5.2版本生成图片，其效果令人感到惊喜。

从以上图片中选出下面两幅图，添加文案和装饰后可以作为游戏的登录页面。

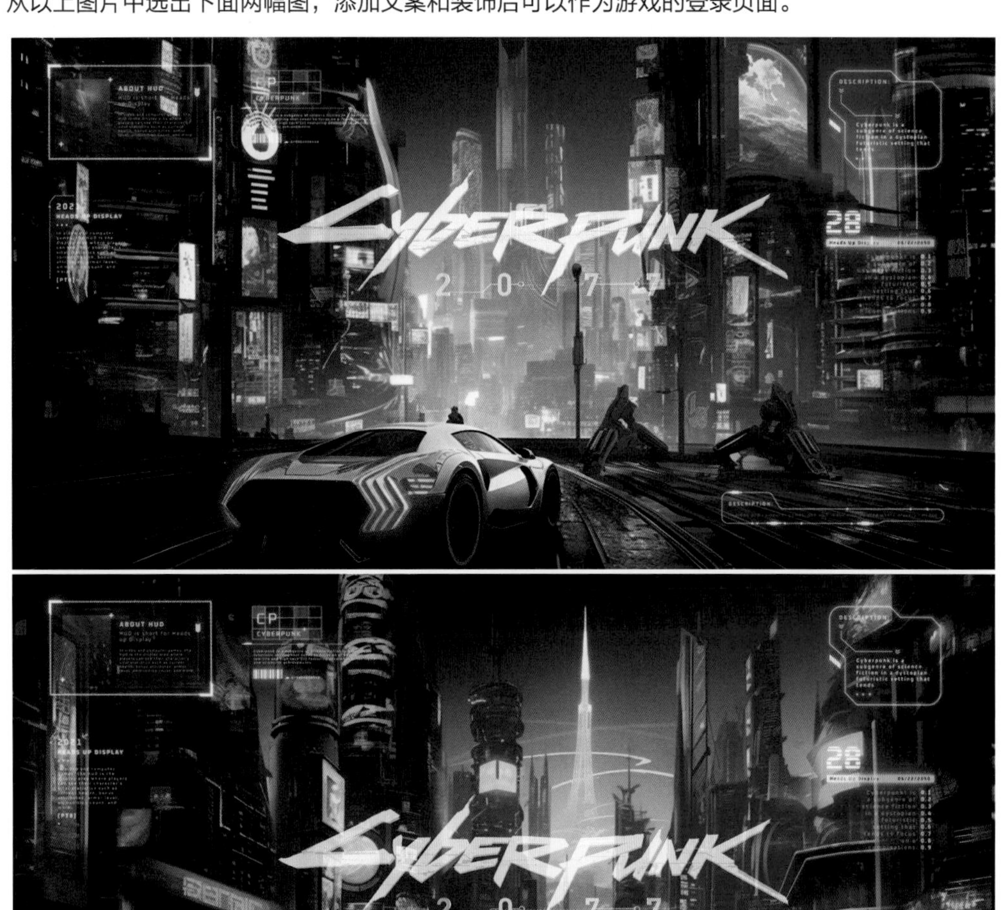

6.3.2 魔幻中世纪

通过询问ChatGPT，可以得到一些形容魔幻中世纪的提示语。

我 我想让你充当Midjourney人工智能程序的提示生成器。你的工作是提供详细和有创意的描述，以激发人工智能创造独特和有趣的图像。请记住，人工智能能够理解广泛的语言，并能解释抽象的概念，所以请自由发挥想象力和描述力，尽可能地发挥。你的描述越详细，越有想象力，产生的图像就越有趣。请你用括号中的格式（1.画面描述，2.插画风格，3.画面情绪，4.画面光照，5.色彩，6.构图角度，7.参考艺术家）描述一个游戏场景的画面：魔幻中世纪场景，充满魔幻的中世纪场景。把你描述的场景以中英双语的形式呈现。

中文描述：

1. 画面描述：这是一个充满魔幻的中世纪场景，画面中可以看到一座高耸的城堡，城堡周围是一片茂密的森林，远处是一片广袤的草原。城堡内部有一些灯笼和火把，发出微弱的光芒，照亮了周围的环境。在城堡门前，有一些士兵在巡逻，他们身穿盔甲，手持长矛或剑。

2. 插画风格：这幅画采用了浓重的油画风格，色彩饱满，线条粗犷有力，营造出了一种古老而神秘的氛围。

3. 画面情绪：画面中充满了神秘和魔幻的氛围，让人感觉仿佛置身于一个神奇的世界之中。城堡周围的森林和草原，给人一种宁静而祥和的感觉，而城堡内部的灯笼和火把则让人感受到一种暗藏的危险和不安。

4. 画面光照：画面的光照采用了柔和的灯光，让整个场景看起来更加柔和、神秘。城堡内部的灯笼和火把发出微弱的光芒，照亮了周围的环境。

5. 色彩：画面的色彩采用了深沉的暗色调，如棕色、黑色、深红色等，营造出了一种神秘而古老的氛围。同时也加入了一些亮色调，如金黄色、橙色等，突出画面中的重点元素。

6. 构图角度：画面采用了一个略高的视角，让人可以看到整个场景。同时也加入了一些近景元素，如士兵、灯笼等，让画面更加生动有趣。

7. 参考艺术家：这幅画的风格参考了著名的油画大师达·芬奇的作品，采用了他的明暗处理和色彩运用方法，营造出了一种神秘而古老的氛围。

英文描述：

1. Scene Description: This is a medieval scene full of magical fantasy. In the picture, you can see a towering castle surrounded by a dense forest, and in the distance is a vast grassland. Inside the castle, there are some lanterns and torches that emit a faint light, illuminating the surrounding environment. In front of the castle gate, there are some soldiers patrolling, wearing armor and holding spears and swords.

2. Illustration Style: This picture adopts a heavy oil painting style, with full colors and powerful lines, creating an ancient and mysterious atmosphere.

3. Mood: The picture is full of mysterious and magical atmosphere, making people feel as if they are in a magical world. The forest and grassland around the castle give people a peaceful and peaceful feeling, while the lanterns and torches inside the castle make people feel a hidden danger and uneasiness.

4. Lighting: The lighting of the picture adopts soft light, which makes the whole scene look more gentle and mysterious. The lanterns and torches inside the castle emit a faint light, illuminating the surrounding environment.

5. Colors: The color of the picture adopts a deep dark tone, such as brown, black, deep red, etc., creating a mysterious and ancient atmosphere. At the same time, some bright tones, such as golden yellow, orange, etc., are also added to highlight the key elements in the picture.

6. Composition Angle: The picture adopts a slightly higher perspective, allowing people to see the entire scene. At the same time, some close-up elements, such as soldiers and lanterns, are also added to make the picture more vivid and interesting.

7. Reference Artist: The style of this picture is inspired by the famous oil painting master Leonardo da Vinci's works, using his methods of light and shadow processing and color application, creating an ancient and mysterious atmosphere.

根据ChatGPT给出的描述和我们自己的创意，可以得到以下精简的提示语。

Medieval scenes filled with magical fantasies, towering castles, dense forests, and some lanterns and torches inside the castle emit faint light, illuminating the surrounding environment. Colorful, ancient and mysterious atmosphere. Deep dark tones such as brown, black, deep red, golden yellow, orange, etc., the Tindall effect, slightly higher angles, and larger scenes. Da Vinci style, medieval style, grand momentum, 8K, ultra fine, fantasy engine, --ar 16:9

（充满魔幻的中世纪场景、高耸的城堡、茂密的森林，城堡内部有一些灯笼和火把发出微弱的光芒，照亮了周围的环境。色彩饱满，古老而神秘的氛围。深沉的暗色调，如棕色、黑色、暗红色、金黄色、橙色等，丁达尔效应，略高的视角，大场景。达·芬奇风格，中世纪风格，气势恢宏，8K，超精细，虚幻引擎，--ar 16:9。）

将提示语输入Midjourney中，可多次生成，得到理想的图片。

也可尝试在niji · journey中生成图片。

6.3.3 卡通轻材质

将所需场景效果输入ChatGPT中，可以得到相应的提示语。

> 我 我想让你充当Midjourney人工智能程序的提示生成器。你的工作是提供详细和有创意的描述，以激发人工智能创造独特和有趣的图像。请记住，人工智能能够理解广泛的语言，并能解释抽象的概念，所以请自由发挥想象力和描述力，尽可能地发挥。你的描述越详细，越有想象力，产生的图像就越有趣。请你用括号中的格式（1.画面描述，2.插画风格，3.画面情绪，4.画面光照，5.色彩，6.构图角度，7.参考艺术家）描述一个游戏封面场景设计：一个小队，其中有一个女法师，一个战士，一个男精灵射手，他们拿着各自的武器，站在一座

城堡下，大场景大透视，卡通轻材质风格，Q版可爱的人物，画面软萌可爱。把你描述的场景以中英双语的形式呈现。

中文描述：

1. 画面描述：城堡外，一个小队在一起，他们背对着我们，各自拿着武器，仰头望着城堡上方壮观的景象。

2. 插画风格：卡通轻材质风格，Q版可爱的人物，色彩柔和。

3. 画面情绪：小队中的人显得很兴奋，他们似乎正准备进行一次冒险行动，为了完成任务而准备攀上城堡。

4. 画面光照：阳光很通透，照射在城墙上，反射在地面上，使环境显得十分明亮，但并没有铺满整个画面，属于特定光照范围。

5. 色彩：画面以渐变色调为主，暖色调与柔和的冷色调相间，突出了小队成员的可爱形象，让画面显得更舒适和宜人。

6. 构图角度：透视画面，可以看到宏伟的城堡，小队成员在画面相对中央位置，地平线位于画面下方。

7. 参考艺术家：以《最终幻想》的角色设计为参考，再加上画面中卡通动漫化的元素，使人物形象显得更加可爱。

英文描述：

1. Scene Description: Outside the castle, a team was gathered together with weapons in their hands, looking up at the magnificent scene above the castle.

2. Illustration Style: Cartoon light material style, Q version cute characters, soft colors.

3. Mood: The team looks excited, as if they are facing a dangerous adventure and are ready to climb this castle to complete their mission.

4. Lighting: The sunlight is just right, shining on the castle wall and reflecting on the ground, making the environment very bright, but it does not cover the entire picture, belonging to a specific lighting range.

5. Colors: The picture mainly uses gradient tones, with warm tones and soft cold tones alternately, which highlights the cute image of the team and makes the picture more comfortable and pleasant.

6. Composition Angle: Perspective picture, you can see the vast scenery of the castle, the team in the relative center of the picture, the horizon below the picture.

7. Reference Artist: You can take the character design of "Final Fantasy" as a reference, and add cartoon and anime elements to the picture to make the cuteness of the characters go up a notch.

将ChatGPT给出的英文提示语复制到Midjourney中，生成相应的图片。这里可多次生成图片。

生成一张想要的图片，然后添加相应的元素，就可以作为游戏封面场景了。

6.3.4 2.5D 侧轴场景

拟定有这样一个需求：我们需要一张2.5D侧轴游戏地图作为游戏内场景。先和ChatGPT沟通，得到一些提示语。

我 我想让你充当Midjourney人工智能程序的提示生成器。你的工作是提供详细和有创意的描述，以激发人工智能创造独特和有趣的图像。请记住，人工智能能够理解广泛的语言，并能解释抽象的概念，所以请自由发挥想象力和描述力，尽可能地发挥。你的描述越详细，越有想象力，产生的图像就越有趣。请你用括号中的格式（1.画面描述，2.插画风格，3.画面情绪，4.画面光照，5.色彩，6.构图角度，7.参考艺术家）描述一个2.5D侧轴游戏地图设计：一张2.5D侧轴游戏地图，其中有主城、兵营、兵工厂、城墙，以及一些军事物品，缩比场景，迷你小房子，沙盒游戏。把你描述的场景以中英双语的形式呈现。

中文描述：

1.画面描述：这张2.5D侧轴游戏地图显示的是一个小巧玲珑，却极具细节的城镇。城镇由主城、兵营、兵工厂和城墙等构成，并且所有的建筑都是精心设计的，呈现出极具个性化的风格。整个地图看起来既逼真又有趣，适合不同年龄段的玩家。

2.插画风格：这张地图的风格非常独特，混合了欧美漫画、日漫和中国画的元素。所有的建筑和军事物品都带着明显的特性，令人印象深刻，不同于一般的游戏场景。

3.画面情绪：地图呈现出一种和平、安宁的感觉，但是也透露出一些紧张感和危机感。尽管这是一个沙盒游戏，但玩家还是可以感受到时刻被敌人突袭的可能性，并感到需要提高警惕。

4.画面光照：地图上的光照非常自然，仿佛看到太阳落在远处的山脉之上。不同建筑之间的光线颜色和强度也是不同的，根据建筑物的设计和场景的需要而变化。

5.色彩：地图中的色彩非常鲜艳，让玩家眼前一亮。这种明亮的颜色可以激励玩家探索游戏世界，让他们感受更多的刺激感并充满热情。

6.构图角度：地图的构图角度是倾斜的，透视感非常强烈，给人带来一种置身其中的感觉。同时，地图也很好地呈现了城镇和周围自然环境之间的关系，让玩家感受到游戏世界的真实性和可信度。

7.参考艺术家：可以参考《魔界战记》系列游戏中呈现出的极具个性和想象力的场景和活生生的角色。

英文描述：

1.Scene Description: This 2.5D side-scrolling game map presents a small and exquisite but highly detailed town. The town is composed of main cities, barracks, factories, and walls, etc., and all the buildings are carefully designed to present a highly personalized style. The entire map looks both realistic and intriguing, perfect for players of all ages.

2.Illustration Style: The illustration style of this map is very unique, mixing elements of Western comics, Japanese anime, and Chinese painting. All the buildings and military equipment have strong personalities and leave a lasting impression, different from ordinary game scenes.

3.Mood: The map presents a feeling of peace and tranquility, but also conveys some tension and sense of crisis. Although this is a sandbox game, players can feel the possibility of being attacked by enemies at any time and will feel the need to be more vigilant.

4.Lighting: The lighting on the map is very natural, as if watching the sunset over the distant mountains. The color and intensity of the light between different buildings are also different, changing according to the design of the building and the needs of the scene.

5.Colors: The colors on the map are very bright, giving players a refreshing feeling. These bright colors can motivate players to explore the game world and feel more excitement and enthusiasm.

6.Composition Angle: The composition angle of the map is oblique, with a strong perspective, giving people a feeling of being immersed in it. At the same time, the map also presents the relationship between the town and the surrounding natural environment well, so that players can feel the authenticity and credibility of the game world.

7.Reference Artist: The reference artists for this map can be the Disgaea game series, which present highly imaginative scenes and vivid characters in the game.

将ChatGPT给出的英文提示语输入niji · journey中，就可以得到一些2.5D侧轴场景图。

找一些参考图进行垫图，这样能让画面风格更加接近我们想要的效果。

https://cdn.discordapp.com/attachments/1106507054467784736/1118008622169980988/j.ones_Scene_Description_This_2.5D_side-scrolling_game_map_pres_ce448fdc-2140-4613-84ac-1d0ace015af4.png
Description: This 2.5D side-scrolling game map presents a small and exquisite but highly detailed town. The town is composed of main cities, barracks, factories, and walls, etc., and all the buildings are carefully designed to present a highly personalized style. The entire map looks both realistic and intriguing, perfect for players of all ages.Illustration Style: The illustration style of this map is very unique, mixing elements of Western comics, Japanese anime, and Chinese painting. All the buildings and military equipment have strong personalities, different from ordinary game scenes, and leave a lasting impression. Mood: The map presents a feeling of peace and tranquility, but also conveys some tension and sense of crisis. Although this is a sandbox game, players can feel the possibility of being attacked by enemies at any time and will feel the need to be more vigilant. Lighting: The lighting on the map is very natural, as if watching the sun set over the distant mountains. The color and intensity of the light between different buildings are also different, changing according to the design of the building and the needs of the scene. Colors : The colors on the map are very bright, giving players a refreshing feeling. These bright colors can motivate players to explore the game world and feel more excitement and enthusiasm.Composition Angle: The composition angle of the map is oblique, with a strong perspective, giving people a feeling of being immersed in it. At the same time, the map also presents the relationship between the town and the surrounding natural [...] - @j.ones (Waiting to start)

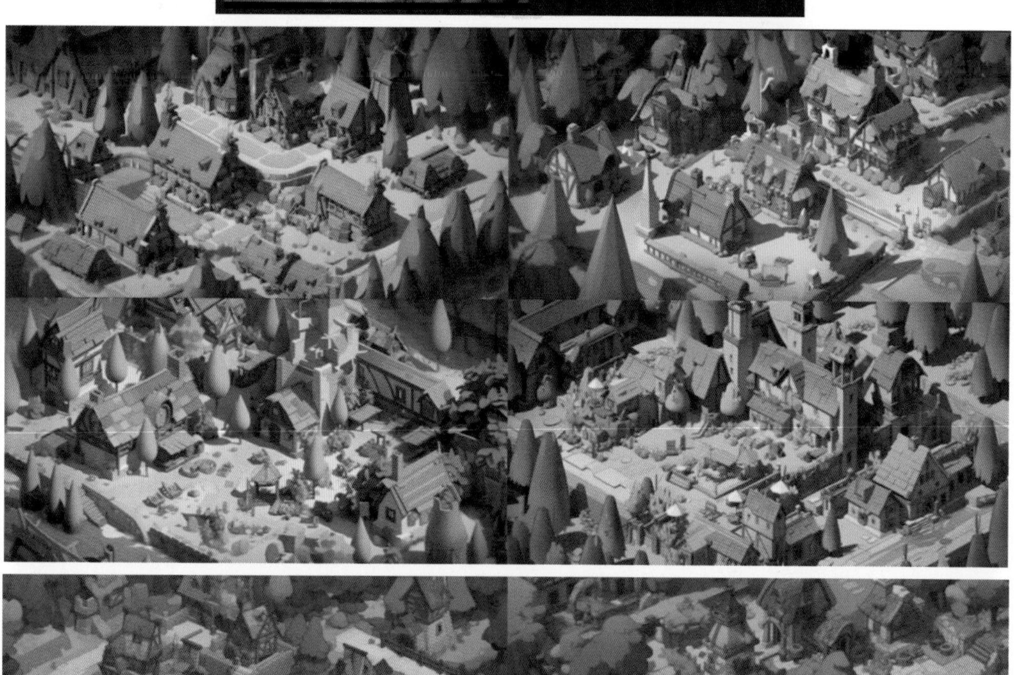

最后，挑选一张满意的地图并添加相应的元素，就可以得到一个游戏场景页面了。

6.4 游戏元素设计

在使用Midjourney前，需要先收集一些与游戏元素有关的视觉素材，比如色彩、纹理、视觉框架等。这些素材有助于在Midjourney中选择相应的参数来生成符合游戏设计需求的图片。我们需要在Midjourney中进行实际操作和尝试，不断进行调整和优化。设计师可以先用一些简单的参数和视觉框架来生成图片，比如使用不同的颜色和形状，然后根据生成的结果进行相应的调整。同时，也要不断地尝试Midjourney中的其他参数和功能，以寻找更好的游戏元素设计效果。在生成图片后，还需要将它们导出为合适的文件格式，以便后续在游戏中使用。

利用Midjourney不仅能够加快游戏元素的设计，而且能够使游戏元素更多样化且富有创意。但是，在使用中需注意选择合适的参数和视觉框架，并不断进行调整和优化，这样才能取得理想的设计效果。

6.4.1 武器设计——风暴枪

我们可以通过ChatGPT得到风暴枪的一些设计思路。

游戏武器风暴枪是一款以科技感和未来感为设计主题的枪械，它在强调射速、精度和杀伤力的同时，也需要符合游戏世界中的设定和故事背景。

风暴枪的整体外观应该是简单、坚固的。风暴枪通常由机械感十足的金属制成，顶部装有狙击镜以提高玩家射击的精准度。风暴枪的底部可以是黑色或深灰色的，并覆盖着一层发光的蓝色且如同电路板的材质，这种设计强调了风暴枪的高科技风格和未来感。

除此之外，风暴枪还需要有着流线型的设计，让它看起来更加动感，使人感到射击快速又致命。枪管部分的设计可以借鉴现实中的枪械工业与高科技，将枪门设置成紧凑小巧的圆筒造型，而枪身上则可以设计少量的线条，呈现繁复但不至于太过招摇的几何图案或者机甲元素。

总之，风暴枪设计应该兼顾科技感、未来感和实际的可用性，融合现有战斗游戏的元素，如武器强化、组装自定义等，让它不仅给玩家们留下美好的印象，同时也丰富了游戏的内容和玩法。

由此可以整理出以下提示语。

An energy storm gun with a sniper mirror on the top and an energy storage device in the middle of the gun. The blue energy is shining in the energy storage device. The futuristic sense of technology, the metal with a full sense of mechanics, the streamlined design, the potential energy weapon, the game weapon Design, original painting of game weapons, multiple angles

（一把能量风暴枪，顶部装有狙击镜，枪械中间有蓄能装置，蓝色的能量在蓄能装置中闪闪发光，具有未来科技感，机械感十足的金属，流线型设计，势能武器，游戏武器设计，游戏武器原画，多角度）

先用niji · journey生成以下有点卡通又立体的风格，这与Niji模式生成的风格高度统一。再把提示语复制到Midjourney中，得到的效果非常棒，可以直接拿来使用。

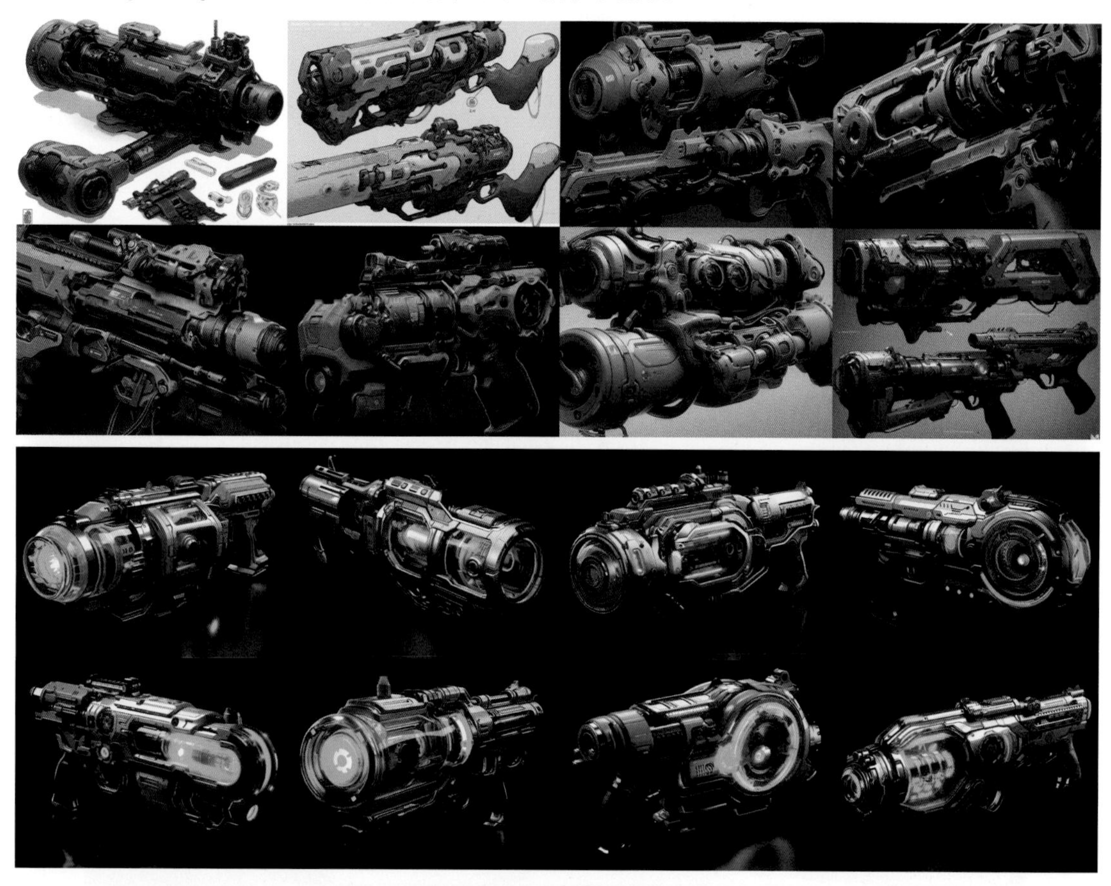

用PS简单调整细节，抠图后将风暴枪放在界面中查看效果。

6.4.2 坐骑设计——飞龙

龙坐骑应该具有一定的威严感和实用性，将其设计为体型较大的飞龙，并强调其肌肉线条感和身体比例的协调性。此外，还可以加入些许装甲或饰品来表现它的速度感和防御能力。

由于游戏的背景设定是以奇幻为主题，而且龙这一形象具有很强的传统文化内涵，可以在其外观设计上加入一些流畅的线条和华丽的效果，如金色、红色或蓝色的鳞片、犄角、钩爪等，以突出游戏主题。此外，也可以通过改变颜色等方式来展现不同类型的龙，如寒冷类型、火热类型、毒性类型等。

设计方案在体现实用性、美感和奇幻感的前提下，要创造出一个大气、魅力十足的飞龙外观。

由此可以整理出以下提示语。

A flying dragon mount with a saddle on its body, streamlined design, gorgeous golden scales, horns and claws, flame attribute, European fantasy style, game mount design, game original painting design

（一只飞龙坐骑，身上装着鞍，流线型设计，华丽的金色鳞片、犄角和钩爪，火焰属性，欧洲奇幻风格，游戏坐骑设计，游戏原画设计）

生成的图片如下。

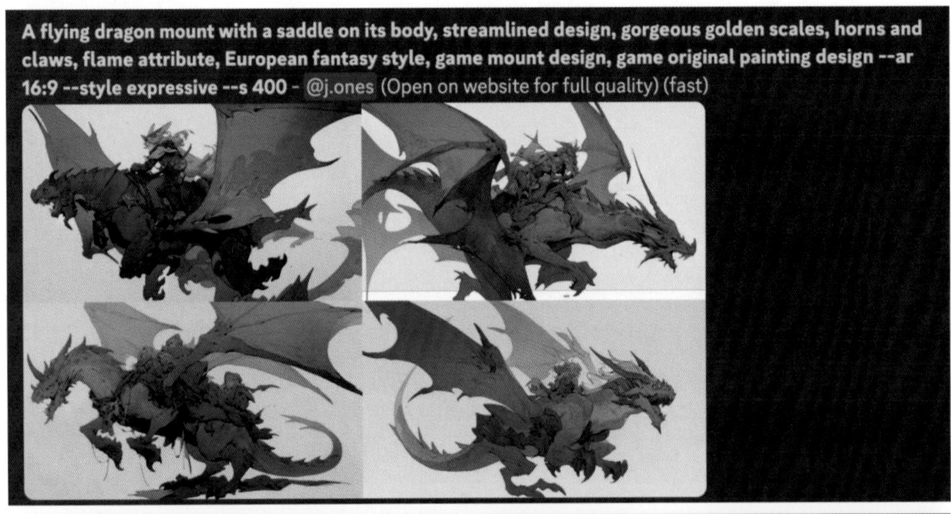

也可以在提示语中添加multiple angles（多角度），生成的图片如下。

用niji · journey反复尝试，可得到一些优质的图。

用Midjourney尝试生成不同风格的图片。

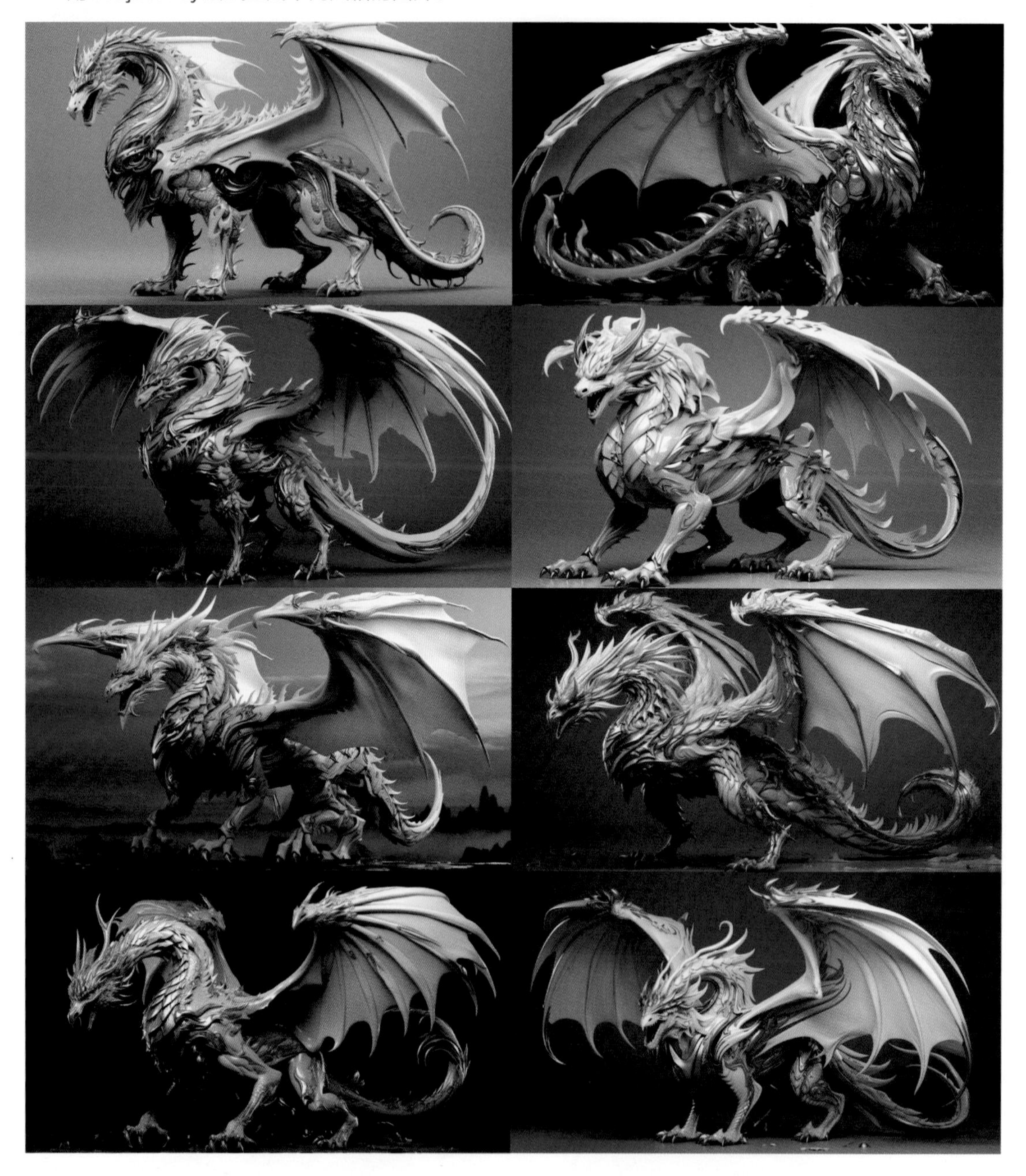

6.4.3 游戏装备设计——黄金铠甲

黄金铠甲是一种华贵而强大的装备，在设计上需要体现其庄严和光辉的效果。此设计灵感来源于希腊神话中的阿波罗。

黄金铠甲的材质选用纯黄金，呈现出不可比拟的光泽。外观上，整件铠甲由多个部分组成，包括头盔、护肩、护手、护腿等。每个部分都是以流畅的线条勾勒出来的，给人一种强有力的感觉。

头盔的造型非常特别，挺立的飞翼和流线型的线条呈现了黄金铠甲的主要特点。护肩呈现出向上挑起的形态，与头盔紧密相连，为身体提供了全面的保护。

腹部铠甲的下方描绘着阿波罗驾驶太阳战车的场景，使黄金铠甲展现出一种神圣而威严的气息。整件黄金铠甲在设计上融合了希腊神话与现代美学，兼具美观性和实用性，是战士们向往的完美装备之一。

由此可以整理出以下提示语。

Gold armor, Greek mythology style, gold luster, helmet, shoulder pads, armor, gauntlets, leggings, helmet carving, European and American fantasy style, game art design, game costume design, game original painting design, three views

（黄金铠甲，希腊神话风格，黄金光泽，头盔，护肩，铠甲，护手，护腿，头盔雕刻，欧美奇幻风格，游戏美术设计，游戏服装设计，游戏原画设计，三视图）

生成的图片如下。

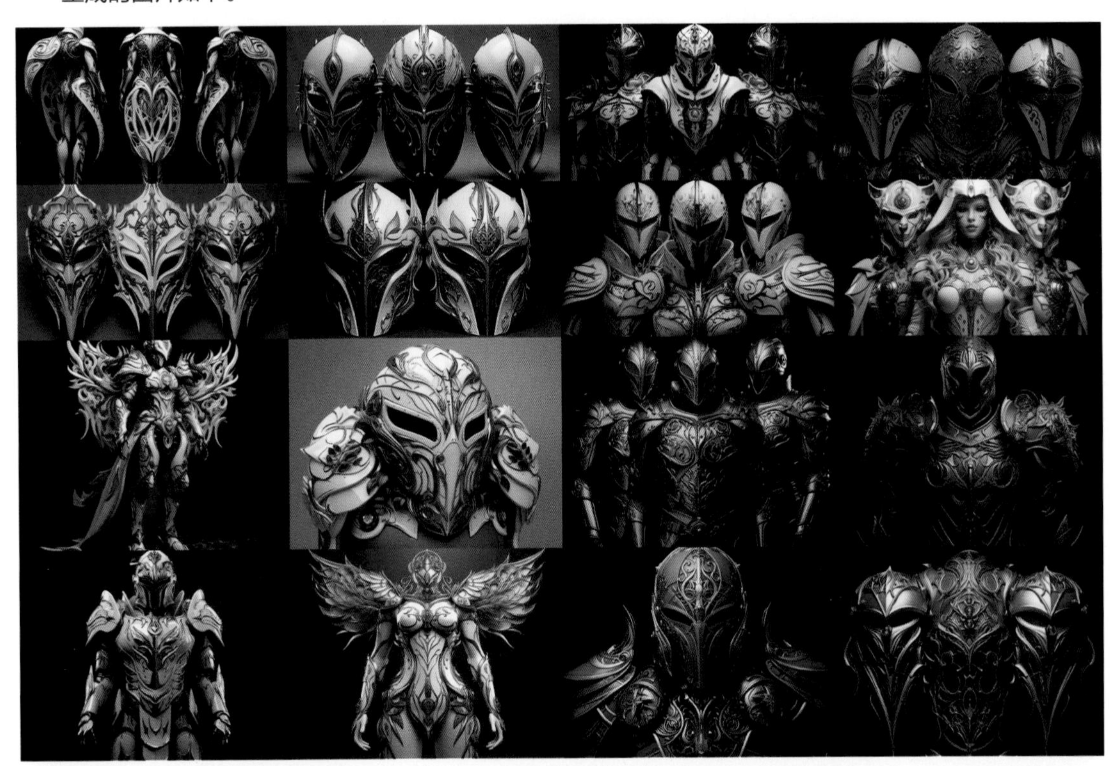

选出以下3个方案。

目前生成的图片只有局部，我们可以通过“Zoom Out”功能扩展出其他部位。

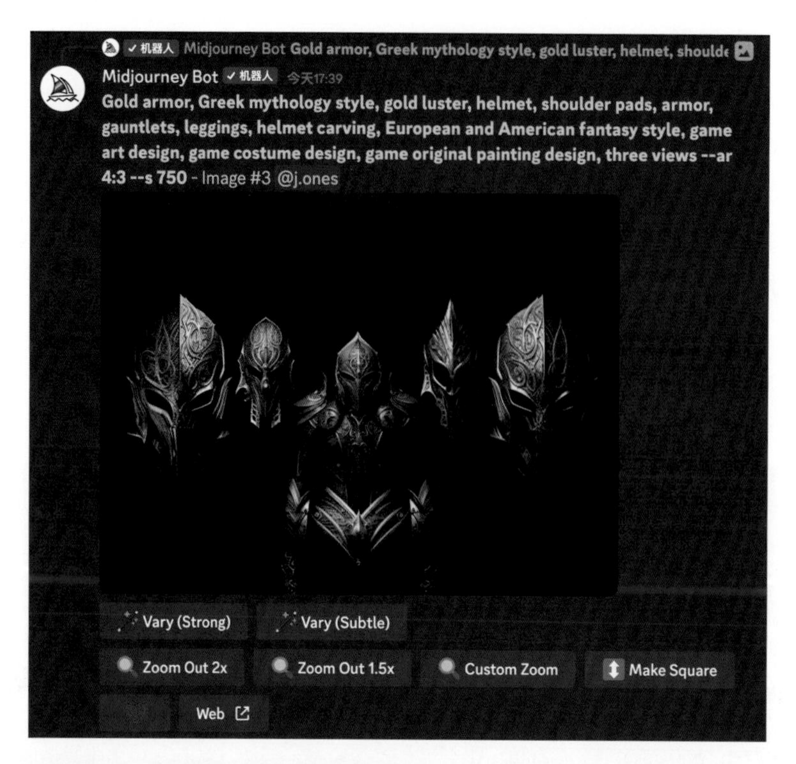

接下来进行细节调整，之后就可以应用到游戏中了。

6.5 游戏 UI 组件设计

设计前，可以先找一些合适的参考图，比如风格参考图、组件类型参考图、图标样式参考图等，然后使用/describe指令以参考图反推提示语。

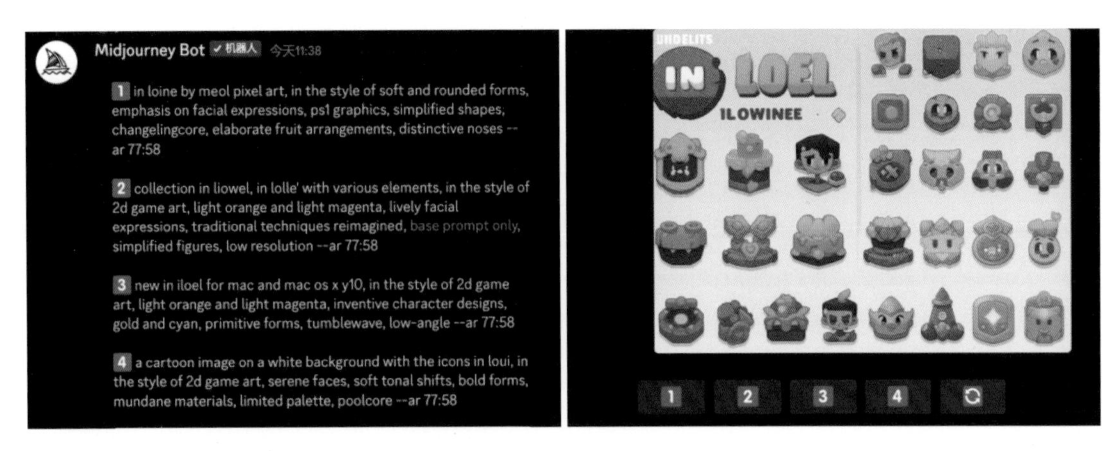

接下来可以使用这些提示语生成所需的图片。通过更改或添加风格类的关键词，我们可以得到不同风格的图标组件。

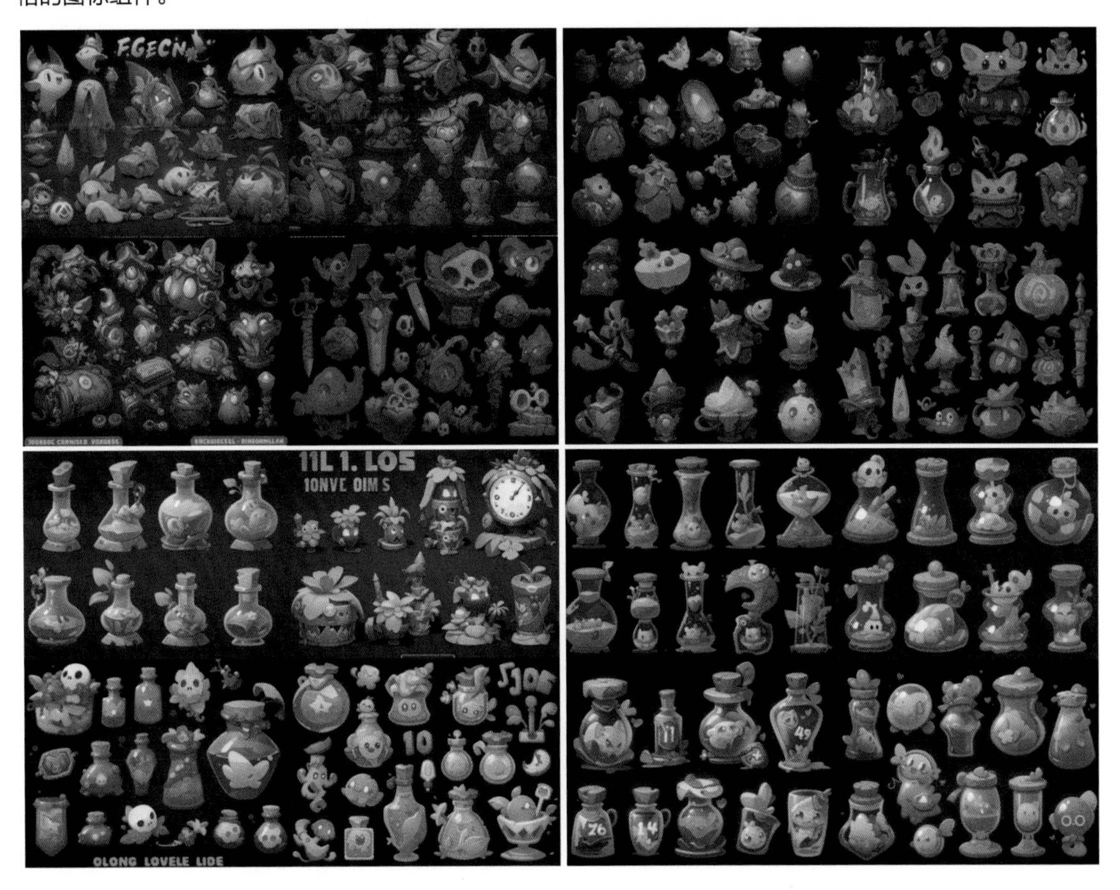

此外，也可以将想要的风格、UI组件内容等通过ChatGPT得到一些有用的提示语。

我 我想让你充当Midjourney人工智能程序的提示生成器。你的工作是提供详细和有创意的描述，以激发人工智能创造独特和有趣的图像。请记住，人工智能能够理解广泛的语言，并能解释抽象的概念，所以请自由发挥想象力和描述力，尽可能地发挥。你的描述越详细，越有想象力，产生的图像就越有趣。请你用括号中的格式（1.画面描述，2.插画风格，3.画面情绪，4.画面光照，5.色彩，6.构图角度，7.参考艺术家）描述一组游戏UI组件设计：风格统一，欧美游戏风格，要有按钮、滑块、进度条等各种图标，尽量展现完整的游戏UI组件，清晰且排列整齐。把你描述的场景以中英双语的形式进行呈现。

中文描述：

1. 画面描述：这组游戏UI组件设计的画面充满活力和光彩夺目，让人感受到欧美游戏风格的魅力。整个界面布局合理，按钮、图标、滑块和进度条等元素有机地结合在一起，给人留下深刻的印象。

2. 插画风格：插画使用了扁平化的设计语言，采用了简化和现代化的设计元素，这使整个界面更加清晰易懂。游戏中各种图标都采用了立体感和阴影效果的设计，这样可以更好地展现UI组件的视觉层次。

3. 画面情绪：画面充满了活力和热情，使用了各种明亮的颜色和光线效果。这些颜色的搭配既不显得突兀，又能给人带来欢乐和愉悦。玩家可以通过这些鲜艳的颜色感受到游戏的乐趣和刺激感。

4. 画面光照：画面明亮且自然，其中使用了光线投射的效果，突出了各种UI组件的立体感，使之更加逼真。特别是在使用了滑动效果的滑块和进度条上，光线的反射和阴影更加突出，让玩家更加容易操作。

5. 色彩：游戏UI组件采用了明亮、鲜艳、清新的颜色，并且统一了调色板，使整个界面的颜色和谐统一。主色调是明黄色，充满了激情和活力，同时蓝色和绿色等高饱和度颜色的使用，使游戏界面格外亮眼。

6. 构图角度：界面构图充满了创意，各种按钮和图标布局合理，排列整齐。设计者在安排组件的位置上下了不少工夫，让玩家可以很容易地找到所需的组件。整体构图也符合玩家的视觉习惯和心理预期，让人感到非常舒适。

7. 参考艺术家：我们参考了《魔兽世界》《英雄联盟》等知名游戏的UI组件设计，借鉴了它们的优点，并结合自己的理解和感悟，最终创造出了全新的UI组件设计。

英文描述：

1.Scene Description: This set of game UI components is a vibrant and dazzling picture that exudes the charm of European and American game style. The layout of the entire interface is reasonable, and elements such as buttons, icons, sliders, and progress bars are organically combined, leaving a deep impression on people.

2.Illustration Style: Illustration uses flat design language, adopting simplified and modern design elements to make the entire interface more clear and easy to understand. Various icons in the game are designed with a sense of space and shadow effects, which can better show the visual hierarchy of UI components.

3.Mood: The scene are full of vitality and enthusiasm, using various bright colors and light effects. The combination of these colors is not too abrupt, and it can bring joy and pleasure to people. Players can feel the fun and excitement of the game through these bright colors.

4.Lighting: The picture lighting is bright and natural, using the effect of light projection to highlight the stereoscopic sense of various UI components, making it more realistic. In particular, on the sliders and progress bars with swipe effects, the reflection and shadow of light are more prominent, making it easier for players to operate.

5.Colors: The game UI components use bright, vibrant, and fresh colors, and unify the color palette, making the overall interface harmonious and unified. The main color tone is bright yellow, full of passion and vitality. Other high saturation colors such as blue and green are also used, making the game interface exceptionally eye-catching.

6.Composition Angle: The interface compositon is full of creativity. The layout of various buttons and icons is reasonable, neat and tidy. The designer has made an effort to arrange the positions well, so that players can easily find the required components. The overall composition also conforms to the player's visual habits and psychological expectations, making people feel very comfortable.

7.Reference Artists: We refer to the UI component designs of well-known games such as "World of Warcraft" and "League of Legends", learn from their strengths, and combine our own understanding and insights to create a brand-new UI component design.

将得到的提示语进行优化，并复制到Midjourney中，生成图片。此外，我们也可以通过使用垫图功能，得到想要的各种风格。

将生成的图片进行优化组合和设计合成，得到我们需要的图片。

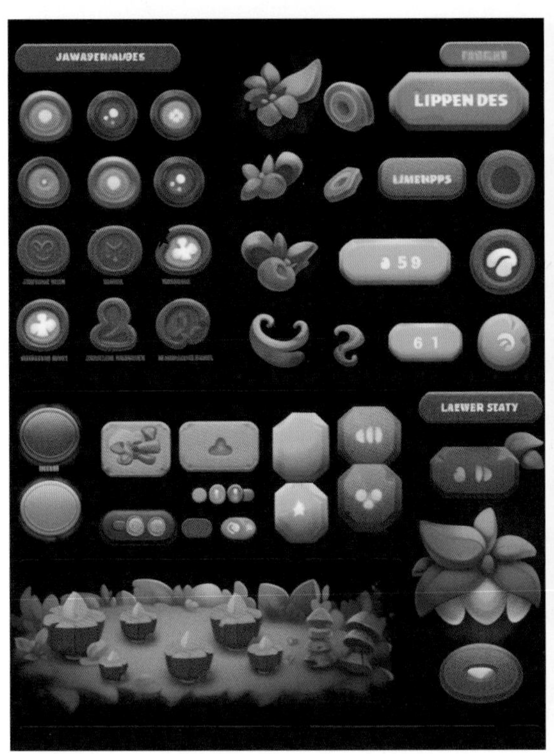
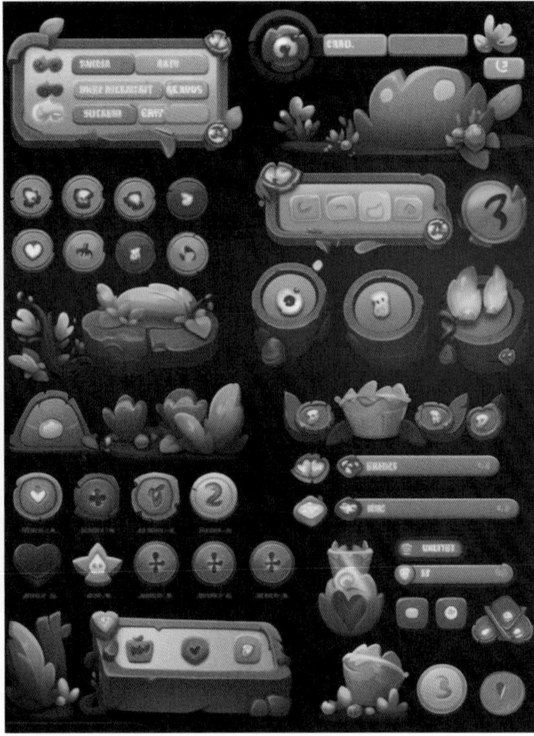

7

使用ChatGPT和Midjourney提升平面和电商设计效率

7.1 ChatGPT 结合 Midjourney 进行平面和电商设计的流程

设计师使用ChatGPT结合Midjourney为企业设计Logo、海报、包装等的工作流程如下。

① **了解客户需求**。先与客户进行深入沟通，详细了解他们的品牌形象、目标受众、需求等信息，并记录下来。

② **调研竞品与行业**。在得到客户的明确需求后，进一步调查竞品和对应行业的设计趋势，从而更好地了解行业动向，以便创造出更能吸引人的Logo。这里可以用ChatGPT辅助调研。

③ **构思创意设计**。利用ChatGPT产出创意并生成英文提示语，再通过Midjourney生成图片，以激发设计师的灵感和创意。构思Logo时，重点考虑设计的标志性和视觉的辨识度，以确保设计的Logo令人印象深刻并且容易记忆。

④ **设计制作**。构思好创意设计后，使用专业的设计软件（如Adobe系列软件）将创意转化为高质量的可交付物。这个过程不仅需要仔细考虑色彩搭配，以及图形和文本的排版等技巧和方法，而且要考虑产品的不同使用环境和材质，以确保设计符合实际需求。

⑤ **反馈和修改**。第一时间向客户反馈初步的设计方案，并根据他们的意见和建议进行修改和优化，以确保最终的设计方案符合客户的需求和期望。

⑥ **最终交付**。设计完成后，将设计文件以多种格式进行输出，以便客户可以直接使用。之后，与客户交流，了解他们对设计的满意程度，从而提升自己的设计水平和技巧。

按照以上步骤进行操作，设计师可以快速为客户创造出品质优异、令人印象深刻的设计作品，从而帮助企业提高品牌形象和市场竞争力。

7.2 Logo 设计

7.2.1 字母变形 Logo

项目名称

New Place西式餐厅Logo设计。

项目背景

本项目是为一家即将开业的高端西式餐厅New Place设计品牌Logo。要求设计的Logo符合品牌形象和价值观，能展现企业的特色，以及提高品牌的知名度和市场竞争力。

项目目标

1. 设计一个符合New Place品牌形象和价值观的Logo，以满足企业对品牌标识的需求。
2. 提高品牌知名度和认知度，打造与众不同的品牌形象。
3. 提高企业的市场竞争力。

设计要求

1. 设计风格：简洁、古典、高端。
2. 颜色：以绿色为主色调，可以适当添加其他亮色，必须具有强烈的辨识度。
3. 字体：选用复古、简约、艺术感强的字体。
4. 图形：可以采用抽象的图形符号或字体变形，寓意明确，能凸显企业的价值观。
5. 格式：需要提供矢量图，以便输出各种规格和尺寸。
6. 特殊要求：需要包含品牌名称“New Place”和一句标语“BEST STEAK IN TOWN”。

注意事项

1. 设计稿需要提供多种备选方案，最终选择的设计方案需要符合企业的品牌形象和价值观。
2. 需要与企业充分讨论和沟通设计稿，以确保符合企业的要求和商业的目标。
3. 提交所有设计稿前，需要经过企业内部的审查和评估，以确保所有设计稿都满足预期要求。
4. 本次设计涉及商业机密，要保存好设计文件，并仅限企业内部使用。

项目交付

1. 不同规格和尺寸的Logo文件（矢量图）。
2. 所有Logo原始设计文件。
3. 相关设计说明文档。

了解设计需求以后，先询问ChatGPT，让它构思10个Logo创意，然后根据创意拓展我们的思路。

我　我想让你扮演一个优秀的平面设计师，你的任务是帮企业设计有创意的Logo。请帮一家名为“New Place”的高端西式餐厅设计10个字母“N”变形的Logo方案，需要彰显古典高端的品牌定位，详细描述Logo的创意及形态，并且给出相应的设计理念与方案说明。请记住，你的描述越详细，设计的方案就越吸引人。

非常感谢您的任务。下面是我为“New Place”高端西式餐厅设计的10个字母“N”变形的Logo方案。

1.采用太阳花的形态，展示出充满活力和永不凋零的精神和力量。在N的底部增加设计元素，让整个标志看起来更加复古。

2.N的外侧由细线构建，增强远离一切喧嚣的感觉，表现品牌追求高贵静谧和高品质的服务理念。

3.N的左边或右边放置一个小圆圈，下方内部使用锯齿形状，以一种充满活力、优雅且有序的方式诠释品牌的内涵。

4. N形成闪电形，体现创新、激情和高效率等消费需求。此设计不仅凸显了品牌特点，同时与时尚概念完美融合。

5.N穿过一个圆环并在其中心。方案体现了平衡、稳定、品质高端和服务专业的品牌形象。

6.由斜线组成的拐角上方形成N的形状，增强了品牌的内涵和视觉冲击力。此设计展现出优雅风度与时尚潮流的完美契合。

7.N呈现为倒置的镜像图案，非常富有另类创新意义，表述品牌的独特价值观与高端形象。

8.N混合了大写V和A的线条造型，充满时尚活力、创新思维的同时还表达了品牌专业的服务品质。

9.将餐厅名称的首字母N和P组合在一起，增加复杂性和覆盖面，这样可以完美地诠释品牌的内涵并强调品质和专业服务方面的差异化优势。

10.N的字母形状采用轮廓线描绘，勾勒出流畅且清爽的形态，呈现出纯净、精致和清爽的品牌特点，力求在视觉上达到品牌高贵气质与现代感的平衡。

以上10个方案可以帮助“New Place”高端西式餐厅设计出具有强烈视觉冲击力及创意的Logo。这些方案可以突出品牌标志的辨识度以及为品牌内涵注入恰当的情感，同时体现高端、优雅和服务专业的品牌形象，从而吸引消费者并获得更多的市场份额。

筛选ChatGPT给出的创意，然后加入自己的思考，得到以下提示语，并输入Midjourney中。

green and white logo with the letter N, in the style of serge najjar, flat colors, papua new guinea art, industrial and product design, neoclassical, tetsuya nomura

不断尝试，多生成几次，可生成以下图片。

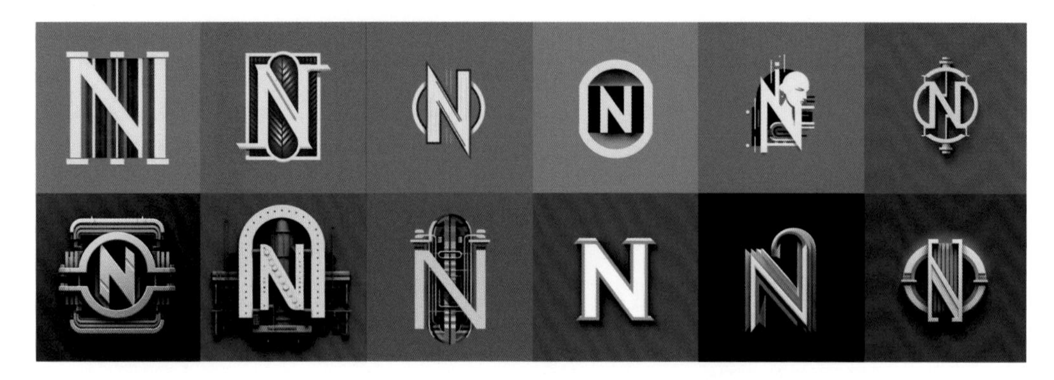

虽然生成的图片都是字母N的变体，但看起来和餐饮不太挂钩，而且整个风格受提示语中neoclassical（新古典主义的）的影响严重。

因此，在提示语中加入western restaurant Logo（西餐厅Logo）的字样。此时生成的Logo比较符合古典西餐厅的定位了。

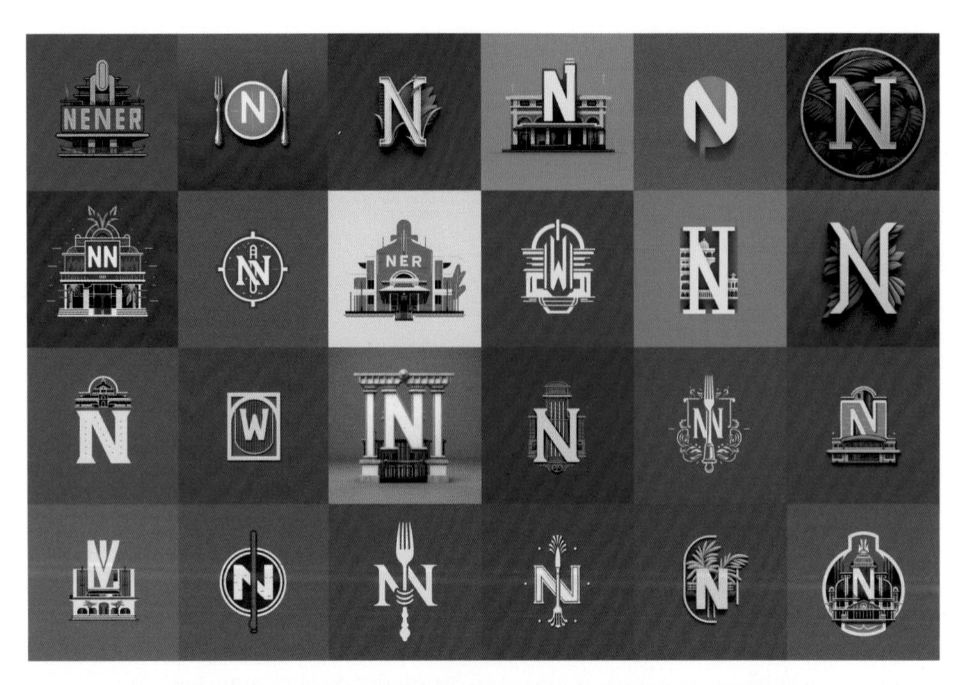

挑选合适的图片，然后按V1~V4中对应所挑选图片的按钮，再次优化，微调图片。

把合适的图片导入Adobe Illustrator中，进行图像描摹转曲，微调后加入文字并排版，至此漂亮的Logo方案就完成了。以下是用同样的方法完成的4个方案。

7.2.2 动物形态 Logo

大渔学院的Logo只有文字和一个圆形，我们需要给这个Logo设计一个让人印象深刻的图案。

大致思路为背景的圆形Logo上有鲸鱼、月亮和星星图案，采用极简主义平面设计风格。

将大致思路翻译后，可以得到以下提示语。

Round logo on a background with a whale pattern, moon and stars, in the style of minimalist flat design

由此可在Midjourney中生成以下图案。

虽然得到了很多图片，但这些Logo有点复杂且画面中鲸鱼的动态效果不优美。

选取其中一张图，用/describe 指令尝试图生文。

上传图片后，Midjourney生成4组提示语。单击数字按钮，可逐个生成图片。

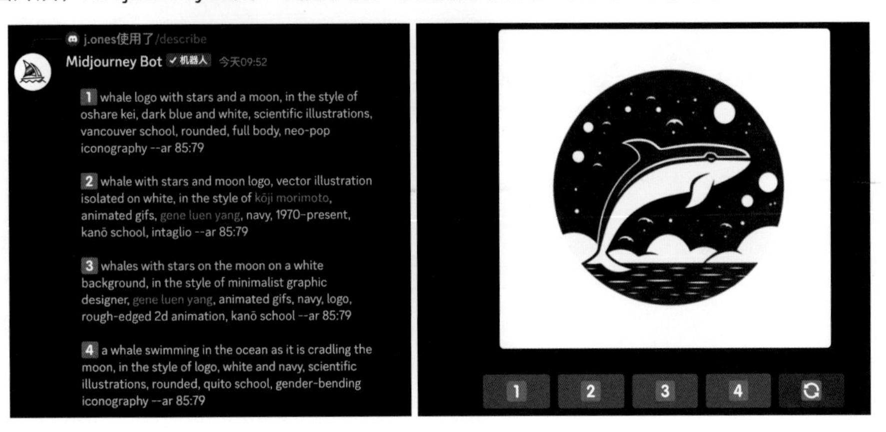

单击数字按钮时，可以在弹出的对话框内尝试垫图功能，具体操作如下。

01 右击图片，在弹出的快捷菜单中选择“复制链接”。

02 单击“3”按钮，在弹窗内粘贴刚才复制的图片链接，然后单击“提交”按钮。

03 通过以上操作，可以得到基本符合要求的图片。

04 复制第一张图片的链接，再次使用垫图功能，尝试使用niji · journey生成图片。

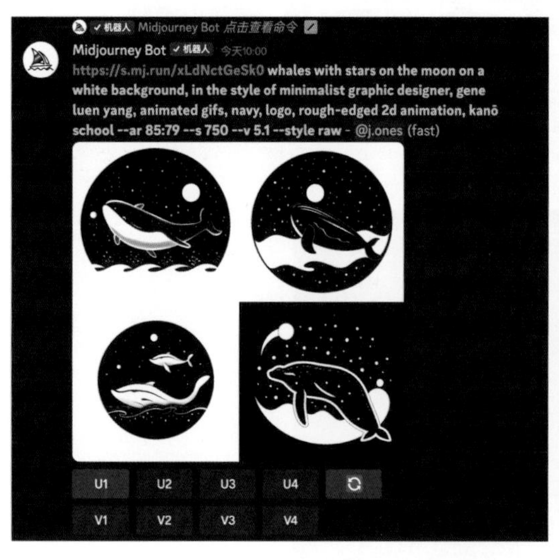

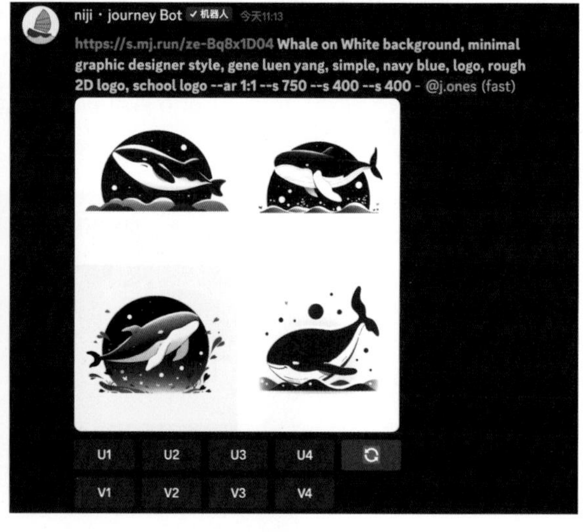

通过此方法可以得到很多质量不错的图片。

接下来在图案周围加上文字并排版。效果符合要求后，用Adobe Illustrator生成矢量图形，再进行进一步优化。

7.2.3 人物头像 Logo

甲方“李中王农场”是一家无添加有机食品公司，该公司要求根据其老板的形象设计一个类似“老干妈”“KFC”风格的人物头像Logo。此外，Logo要能够体现年轻化、潮流化，又符合健康无污染的品牌形象。

先分析需求，找一些风格类似的图片作为参考。

尝试把参考图放在/describe指令中进行图生文，得到相应的提示语。

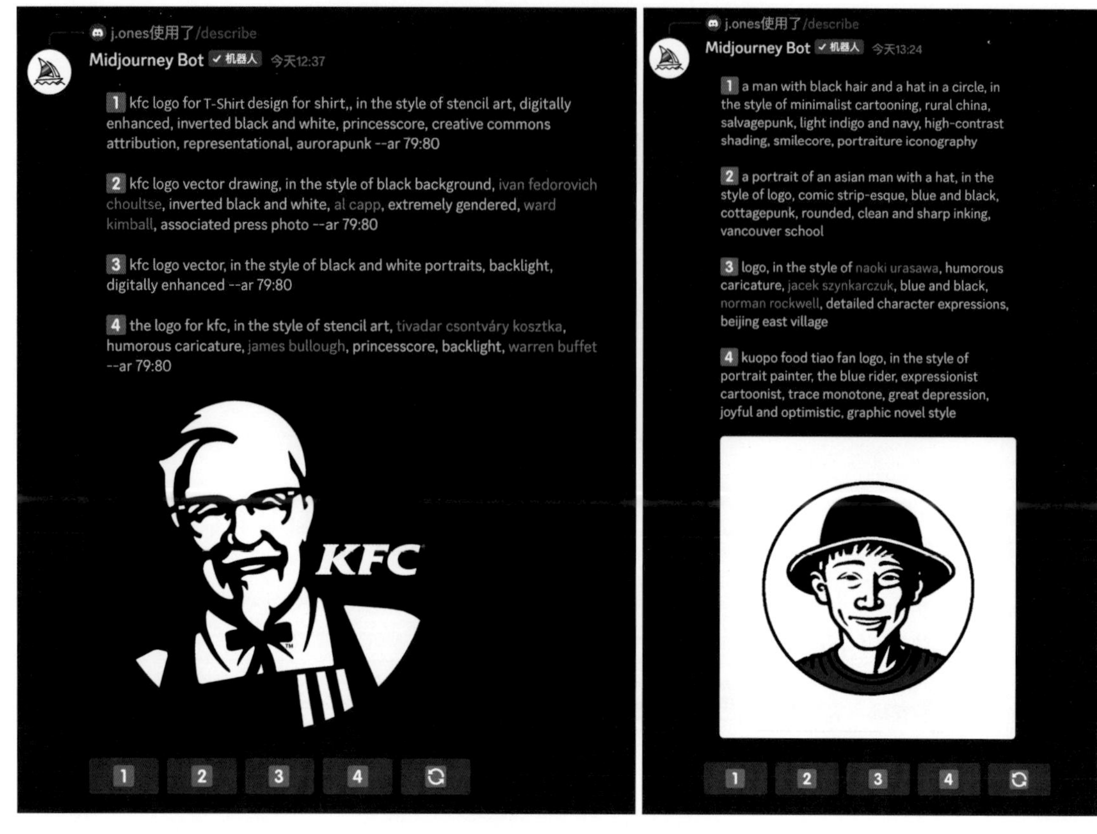

通过整理上面的提示语，可以得到以下提示语。

Close up of simple minimalist man logo with thick black outline style, single line continuous doodle of a man with cap hat, minimal bold line logo, black and white monochrome, flat illustration, line art, minimalism, simple line art, crisp lines

01 尝试直接用甲方老板的照片垫图加提示语。

02 由于Midjourney的算法机制，图片提示的风格权重太大，生成的图片还是照片。

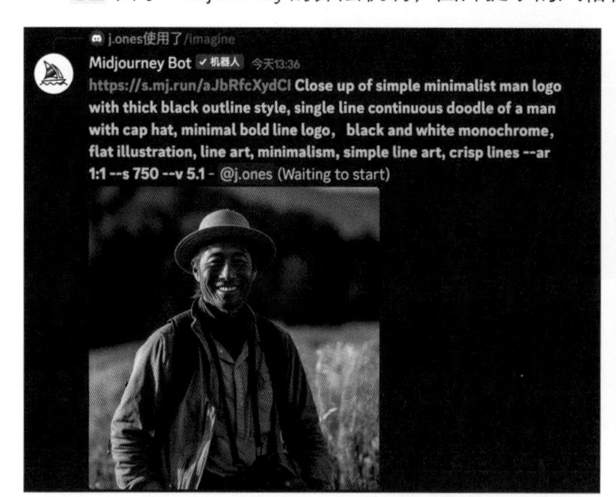

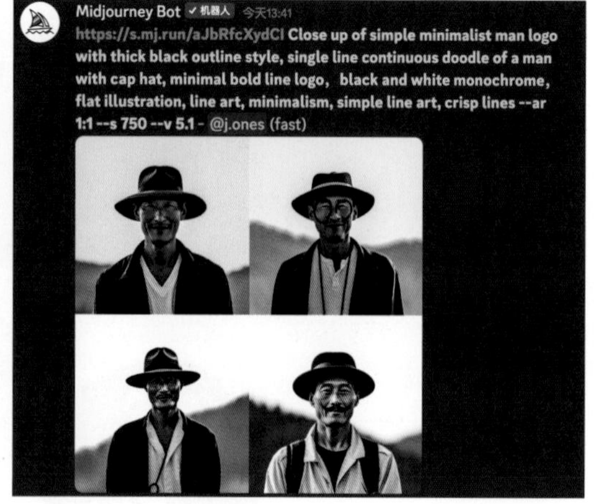

03 这时可以先简单处理一下图片，让其视觉效果与想要的Logo风格一致。这里把图片导入PS中，执行“图像>调整>去色”命令，并且抠除背景。

04 通过调整图像的色阶，增强图片的明暗对比效果。

05 把得到的图片通过剪切蒙版放到黑色的圆形中。

06 把调整好的图片上传到Discord中，并复制链接。

07 分别用Midjourney和niji · journey垫图并测试效果。

注意，该设计的难点在于生成的图既要符合产品的调性，又要与老板的形象相似。

08 单击 按钮，在弹窗内添加参数--iw 2，让图片权重变大，这样生成的图片与垫图的相似度就会增大。

09 多次生成后输出几组图片。

选择最符合要求的图片，然后用Adobe Illustrator生成矢量图形，优化后得到甲方满意的Logo。

7.3 海报设计

7.3.1 电影海报

重绘2019年奥斯卡获奖电影《小丑》的海报。

询问ChatGPT，让它先构思画面内容。

我 我想让你充当Midjourney人工智能程序的提示生成器。你的工作是提供详细和有创意的描述，以激发人工智能创造独特和有趣的图像。请记住，人工智能能够理解广泛的语言，并能解释抽象的概念，所以请自由发挥想象力和描述力，尽可能地发挥。你的描述越详细，越有想象力，产生的图像就越有趣。请你用括号中的格式（1.画面描述，2.插画风格，3.画面情绪，4.画面光照，5.色彩，6.构图角度，7.参考艺术家）描述2019年奥斯卡获奖电影《小丑》的海报创意。

1.画面描述：这幅海报呈现了电影《小丑》主角——在生活中失去意义的喜剧演员Arthur Fleck（小丑），他身着红色银箔西装，俯身坐在一个大型台阶上，他的左手托着下巴，右手托着一把满是刺的金属玫瑰。小丑的脸部有两处白色涂鸦，分别位于眉毛上方和嘴唇下方，这些涂鸦暗示着他内心的不稳定和疯狂。

2.插画风格：这幅海报以手绘插画的形式呈现，色调偏向黑白和深色，并使用了有点失真的笔触，强化了情感色彩和小丑的疯狂气息。

3.画面情绪：整个画面散发出一种震撼人心的情感氛围，表现了小丑独特的人格魅力、逆袭和疯狂。

4.画面光照：画面强调光影的效果，左边强调明亮的光线，右边则在黑暗中增加了暗影，营造出一种深邃的感觉。

5.色彩：画面以红色、黑色、米白色以及影印纸的黄色为主，古旧而富有质感的豆沙绿色和姜黄色调和后非常有特色。

6.构图角度：创意前期，画面采用鸟瞰视角，通过巨大的台阶和大小不同的玫瑰呈现出影片中小丑角色的神秘感和疯狂气息。

7.参考艺术家：画面风格大致参照了日本漫画家的手法，流畅的手绘线条边缘自带磨砂感，颜色和笔触形式比较自由灵动，具有极高的欣赏价值。

让ChatGPT将以上内容翻译成英文。

我 把以上内容翻译成英文。

1.Scene Description: The poster presents the protagonist of the movie Joker, Arthur Fleck, a comedian who has lost meaning in life. He is dressed in a red silver foil suit and sits on a large staircase, his left hand supporting his chin and his right hand holding a metal rose full of thorns. The Joker's face has two white graffiti marks above the brow and below the lips, implying his inner instability and madness.

2.Illustration Style: The poster presents a hand-drawn illustration style, with a black and white and dark tone, and slightly distorted brush strokes to enhance the emotional color and craziness of the Joker.

3.Mood: The whole image exudes a shocking emotional atmosphere, reflecting the unique personality charm, counterattack, and madness of the Joker.

4.Lighting: The image emphasizes the effect of light and shadow, with bright light on the left and shadow on the right, creating a deep feeling.

5.Colors: The main colors of the image are red, black, beige, and the yellow of photocopy paper, and the unique colors dark green and ginger yellow, which are antique and textured, are mixed together, which is very distinctive.

6.Composition Angle: The image adopts a bird's eye view angle in the creative early stage, using hand-painted giant steps and roses of different sizes to present the mysterious and crazy atmosphere of the Joker character in the film.

7.Reference Artists: The style of the image roughly follows the techniques of Japanese comic artists, with smooth and hand-drawn lines that naturally come with a matte texture. The color and brushstroke form are relatively free and agile, with extremely high appreciation.

由于Midjourney能接受的单词数量有限，因此我们需要优化一下提示语。

The poster presents the protagonist of the movie Joker, Arthur Fleck, a comedian who has lost meaning in life. He is dressed in a red silver foil suit and sits on a large staircase, his left hand supporting his chin and his right hand holding a metal rose full of thorns. The Joker's face has two white graffiti marks above the brow and below the lips, implying his inner instability and madness. The poster presents a hand-drawn illustration style, with a black and white and dark tone, and slightly distorted brush strokes to enhance the emotional color and craziness of the Joker. The whole image exudes a shocking emotional atmosphere, reflecting the unique personality charm

用Midjourney和niji · journey分别生成图片。

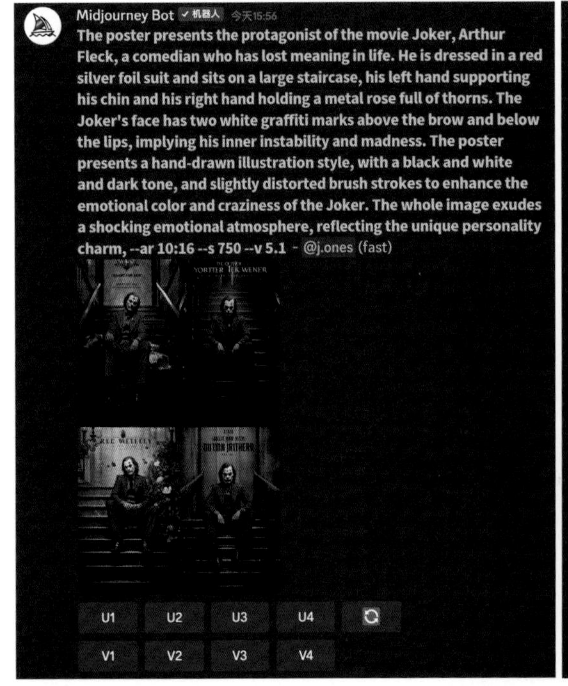

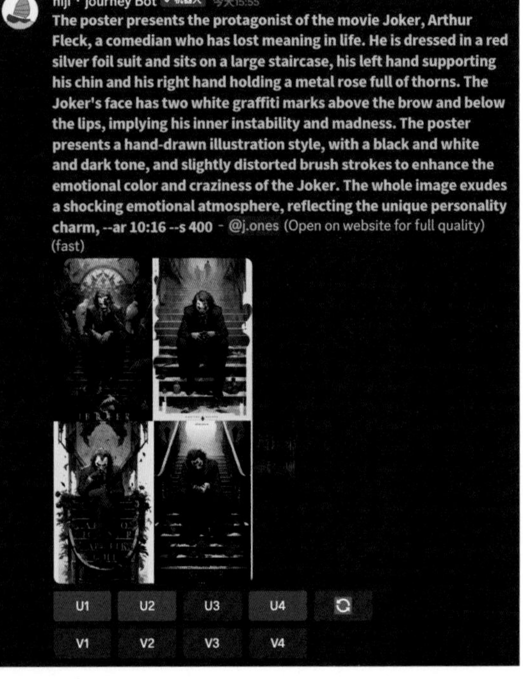

多次生成后，图片的效果非常好。

选择符合影片气质的图，加文字进行排版。短时间内，4张精致的海报就完成了。

提示

海报的图片分辨率需要达到300dpi才能符合印刷标准，而Midjourney生成的图片的分辨率只有72dpi，显然不够。我们可以使用Upscayl的AI智能放大图像工具来调高海报的分辨率。

7.3.2 产品海报

设计一张咖啡机海报，要求画面显得高端、时尚。甲方提供了咖啡机的照片。我们先把咖啡机放在一个绿色的背景上，然后添加文字进行排版。

找到一张合适的背景图，用PS把背景和产品简单地融合处理一下。

打开Midjourney，使用/describe 指令进行图生文。

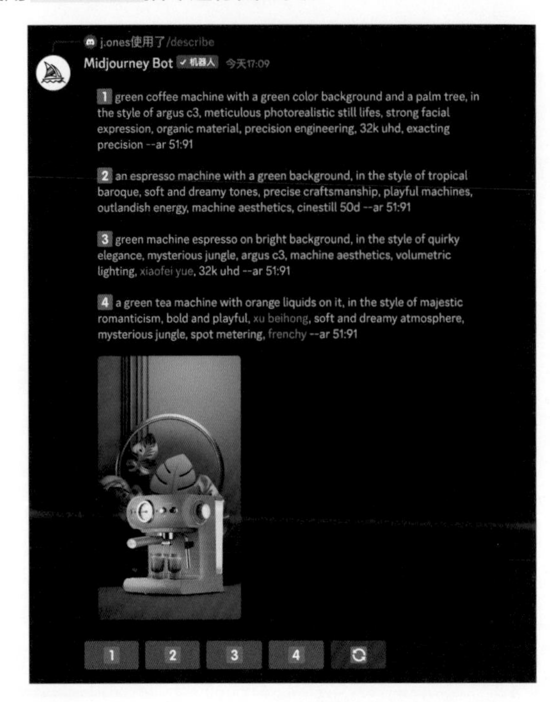

由此可以得到几组漂亮的图片。

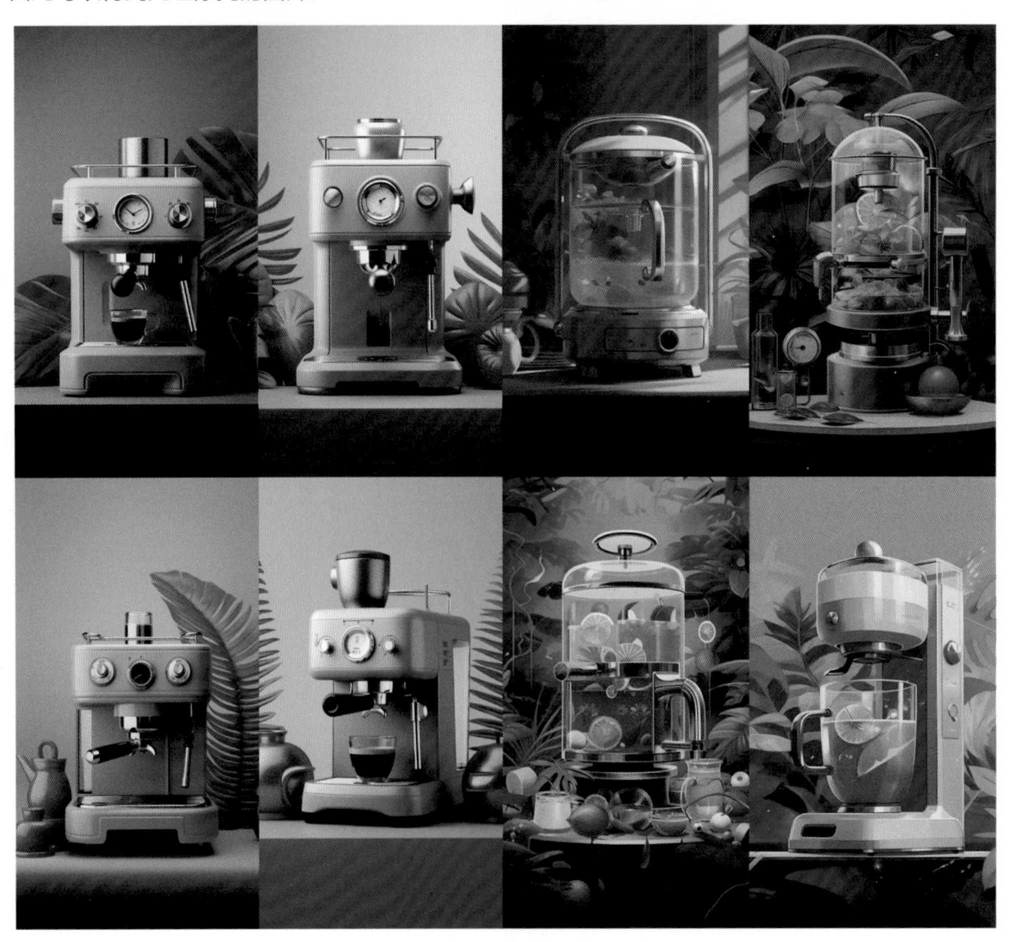

但图片并不符合预期效果。在提示语中添加垫图图片的链接及图片权重参数--iw 2，再次生成图片。

此时再次生成的图片和产品图的角度、光影更相似了，可多生成几次。

从中挑选一张和产品最贴合的图片并将其导入PS中。由于前面提高了垫图的权重，因此这里只需要把产品图叠压在背景上，再简单调整一下就可以了。

把文案排在背景适合的位置，再适当调整画面，一张效果不错的产品海报就做好了。

7.3.3 活动海报

以下是一个主题为“××游乐场，狂欢派对”的营销活动方案。

活动名称：“欢乐无限，糖果盛宴！”

活动时间：××月××日-××月××日。

活动地点：××游乐场。

狂欢主题装扮：全场布置为糖果主题的装饰，让游客一进入游乐场就能感受到浓浓的狂欢气氛。

狂欢表演秀：精选一些狂欢主题的表演节目，比如欢快的音乐、惊险的杂技、精彩的舞蹈等，为游客带来一场狂欢派对。

活动目的：吸引更多游客进入游乐场参与活动，提升游乐场的知名度和游客对游乐场的信任度。

下面要求为该活动设计海报。我们先向ChatGPT提问。

我 给出一个关于“欢乐无限，糖果盛宴！”活动海报的设计需求，并罗列其中的设计元素，要求同时写出中英文提示语。

好的，以下是关于活动海报的设计需求，以及其中的设计元素，包括中英文提示语。

主题：欢乐无限，糖果盛宴！ Theme: Unlimited Joy, Candy Feast!

图像：图像可以是一些经典的游乐设施，也可以是和糖果派对相关的元素，比如糖果、蛋糕、糖果屋等。Image: The image can be some classic amusement facilities or elements related to the candy party, such as candy, cake, candy house, etc.

色彩：海报整体以鲜艳明亮的色彩为主，可以使用粉色、黄色、蓝色等。Color: The overall poster should be in bright and vibrant colors, such as pink, yellow, blue, etc.

文字：简单明了的文案，突出活动的亮点和主题，比如“欢乐无限，糖果盛宴！”Text: The text should be simple and clear, highlighting the highlights and themes of the activity, such as "Unlimited Joy, Candy Feast!".

布局：布局要突出主题和重点，整体效果要美观大方。Layout: The layout should highlight the theme and key points, and the overall effect should be beautiful and generous.

字体：字体要与主题相符，可以选择具有欢乐气氛的字体，比如卡通字体、手写字体等。Font: The font should match the theme, and you can choose fonts with a joyful atmosphere, such as cartoon fonts, handwritten fonts, etc.

活动时间和地点：明确标注活动的时间和地点，让参与者一目了然。Event time and location: Clearly indicate the time and location of the event, so that participants can see it at a glance.

以下是优化后的活动海报设计需求。

设计一个狂欢派对主题的海报，突出“欢乐无限，糖果盛宴！”的主题。海报图像可以包括游乐设施、糖果、蛋糕等元素，整体以粉色、黄色、蓝色等鲜艳明亮的色彩为主，搭配具有欢乐气氛的字体。

根据主题内容并结合ChatGPT给出的场景描述内容罗列出画面的重要提示语。

主题内容

3D artwork of cute little girl，happy little girl jumping

（可爱的3D小女孩快乐地跳跃玩耍）

场景环境

playground in background，amusement facilities，ferris wheel, roller coaster，the candy party, such as candy, cake, candy house

（背景是游乐场，游乐设施，摩天轮，过山车；糖果派对，如糖果、蛋糕、糖果屋）

色彩

pastel gradients, pink, yellow, blue

（柔和的渐变色，粉色、黄色、蓝色）

构图镜头

the focal length of the background is 35mm f1.8

（背景焦距为 35mm F1.8）

光照

Natural light

（自然照明）

渲染器

C4D, OC render

参考风格

Disney, Pop Mart toy

（迪士尼、泡泡玛特玩具）

图像设置

8K, --ar 5:8

（8K清晰度，5:8长宽比）

整理后得到完整的提示语：Full body 3D artwork of cute little girl, happy little girl jumping, play-ground in background, amusement facilities, ferris wheel, roller coaster, the candy party, such as candy, cake, candy house, pastel gradients, pink, yellow, blue, the focal length of the background is 35mm f1.8, Natural lighting, C4D, OC render, disney, pop mart toy, 8K --ar 5:8 --s 750 --v 5.1 --style raw

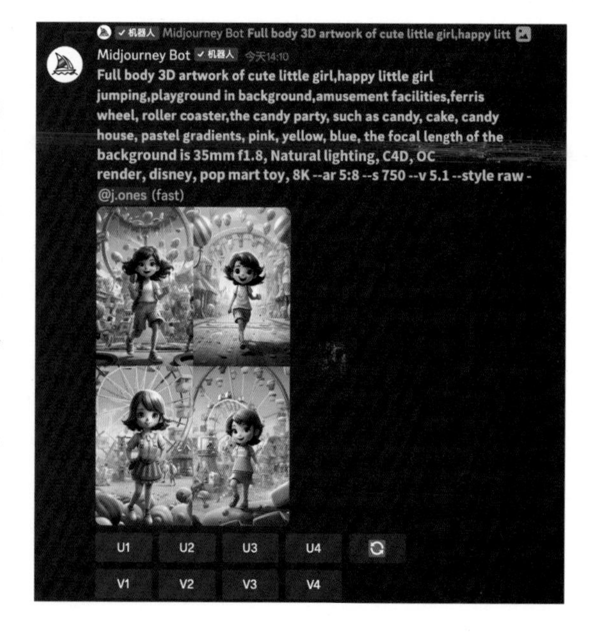

把提示语复制到Midjourney中，多次生成图片。但这里得到的图片画面缺少灵动感。

尝试把提示语复制到niji · journey中生成图片，结果令人满意。多次生成后可得到很多张图片。

选择几张满意的图片，添加文字并进行排版，精美的海报就完成了。

7.4 包装设计

7.4.1 月饼盒包装

设计一个月饼盒包装，要求用插画形式表现，并符合中国传统文化及当代年轻人的审美。

根据这个需求，利用ChatGPT构思画面。

我 我想让你充当Midjourney人工智能程序的提示生成器。你的工作是提供详细和有创意的描述，以激发人工智能创造独特和有趣的图像。请记住，人工智能能够理解广泛的语言，并能解释抽象的概念，所以请自由发挥想象力和描述力，尽可能地发挥。你的描述越详细，越有想象力，产生的图像就越有趣。请你用括号中的格式（1.画面描述，2.插画风格，3.色彩）并用中英双语描述一个中国风的中秋月饼礼盒的设计。

1.中秋节是中国非常重要的传统节日，人们通常会赠送月饼礼盒来表示关怀和祝福。这款中秋月饼礼盒采用传统的中国元素，并融入了现代设计思想，让人感觉既古典又时尚。礼盒外形为圆形，象征着团圆和完美无缺。盒面中央与四周由线条和花卉组成的图案相连，元素统一而不失精致。

2.这款月饼礼盒的插画风格采用了清新干净的风格。整个设计注重对细节的雕琢，凸显了中秋节的艺术和文化价值。在盒面中央，有一些端庄优美的波士顿银雕舞女图像，象征着和谐。这些图像寓意着中国古老的文化，同时也透露出现代的时尚气息。在盒子的底部，用景泰蓝工艺制作出美丽的花纹，给人带来温婉典雅的美感。

3.礼盒上的线条和花卉采用了金色、绿色和红色等配色。金色代表财富和幸福，绿色代表茁壮成长和自然之美，红色则代表吉祥和喜庆。整体设计增强了中国风格的特点，为传统和现代元素的完美结合打下了基础。

1.The Mid-Autumn Festival is an important traditional festival in China. People usually give mooncake gift boxes to show their care and blessings. This Mid-Autumn mooncake gift box incorporates traditional Chinese elements and modern design concepts, giving people a feeling of both classical and fashionable. The gift box is round in shape, symbolizing reunion and perfection. The central pattern on the surface of the box is connected with the patterns around it composed of lines and flowers, giving a unified and delicate look.

2.The illustration style of this mooncake gift box is clean and fresh. The design emphasizes details, highlighting the artistic and cultural value of the Mid-Autumn Festival. In the center of the box, there are graceful and elegant Boston silver-carving dancers, symbolizing harmony. These images embody ancient Chinese culture and also reveal a modern sense of fashion. At the bottom of the box, beautiful patterns made using Cloisonné techniques create a warm and elegant aesthetic.

3.The lines and flowers on the gift box are adorned with colors such as gold, green, and red. Gold represents wealth and happiness, green represents vigorous growth and natural beauty, and red represents auspiciousness and joyfulness. The overall design enhances the characteristics of Chinese style and lays the foundation for the perfect combination of traditional and modern elements.

根据ChatGPT的描述，提炼出自己的创意思路。将月饼礼盒设计成中国传统文化元素加纸雕风格。

整理并总结为以下提示语：Mid-Autumn Festival, Mooncake, Chang'e, Moon Rabbit, Osmanthus, Multi-dimensional paper-cut, Chinese illustration, landscape, auspicious clouds, greenish-blue（中秋节、月饼、嫦娥、月兔、桂花、立体剪纸、中国插画、风景、祥云、青蓝色）。由此得到几组图片，但Chang'e（嫦娥）的关键词没起到作用，可能是Midjourney里中国元素相对较少，识别不出嫦娥的提示语。

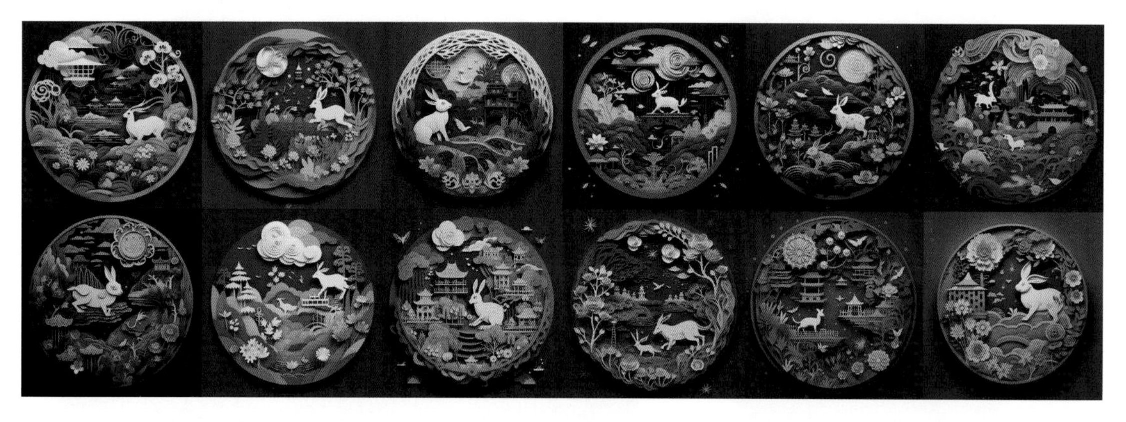

把提示语稍作修改：Mid-Autumn Festival, Mooncake, ancient Chinese goddess fairy, Moon Rabbit, laurel tree, Multi-dimensional paper-cut, Chinese illustration, landscape, auspicious clouds, greenish-blue（中秋节、月饼、中国古代女神仙子、月兔、月桂树、立体剪纸、中国插画、风景、祥云、青蓝色）。再次生成的图片内容有了嫦娥的形象，但也有一些不太符合中秋主题的西方公主形象。

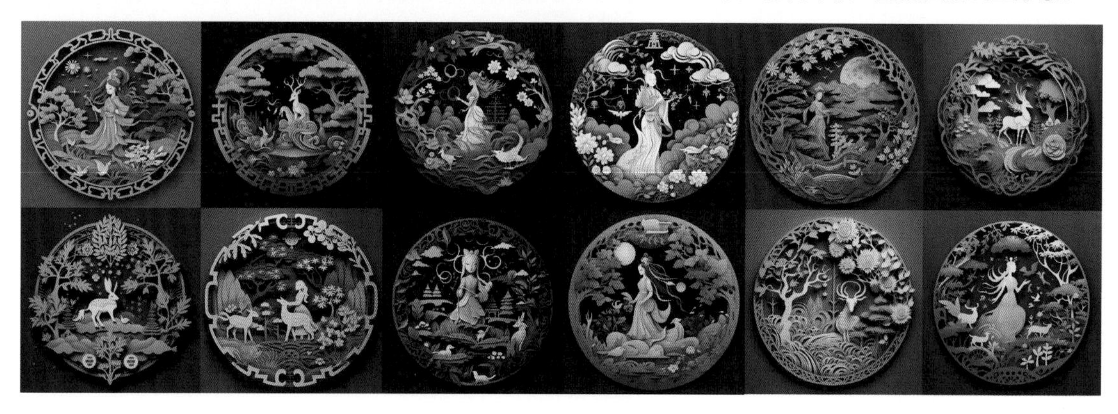

多次生成后，挑选合适的图案。

把选中的图片导入专门的包装设计软件中，进行后面的操作。

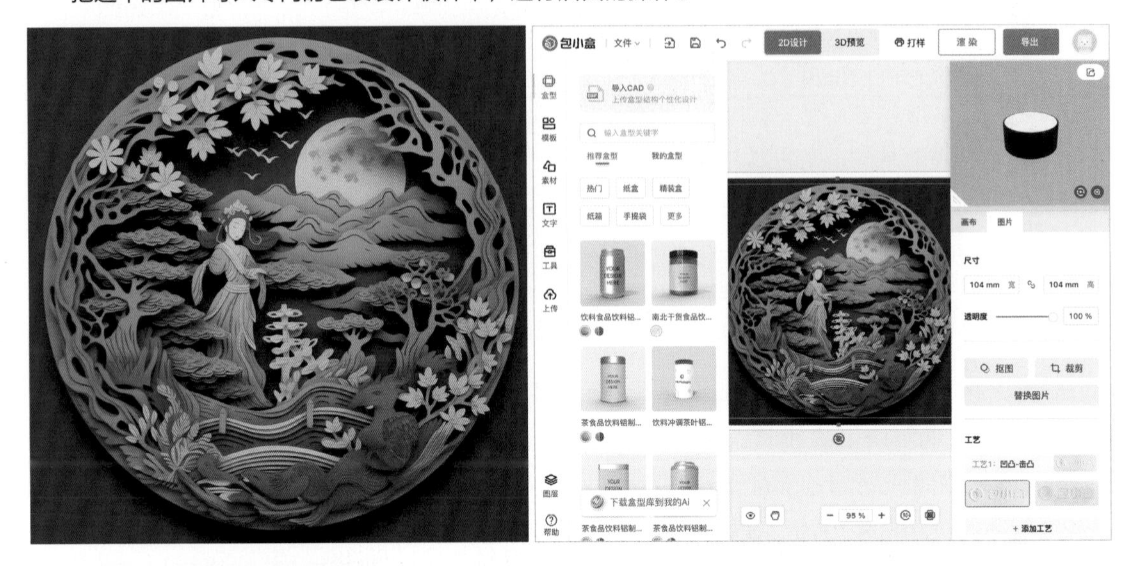

渲染后，查看包装盒的效果。

7.4.2 酒瓶包装

这里要求设计一款价格较高的进口啤酒瓶包装。

在Midjourney社区首页的搜索框中搜索beer design，可展示相应的图片。

打开一张图片后，可看到作品及其附带的Prompt。

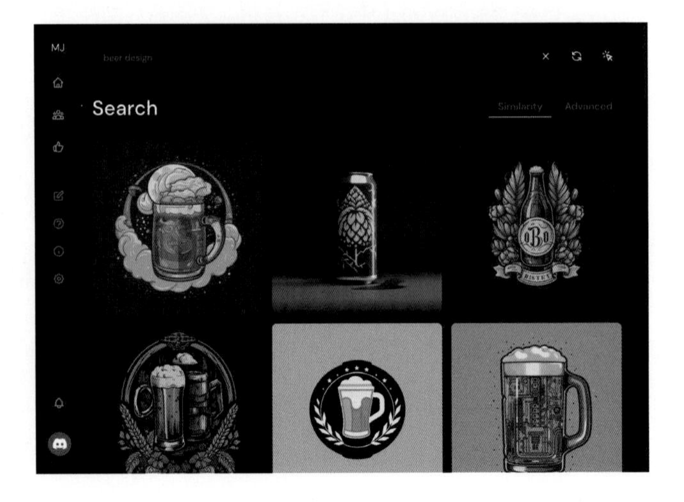

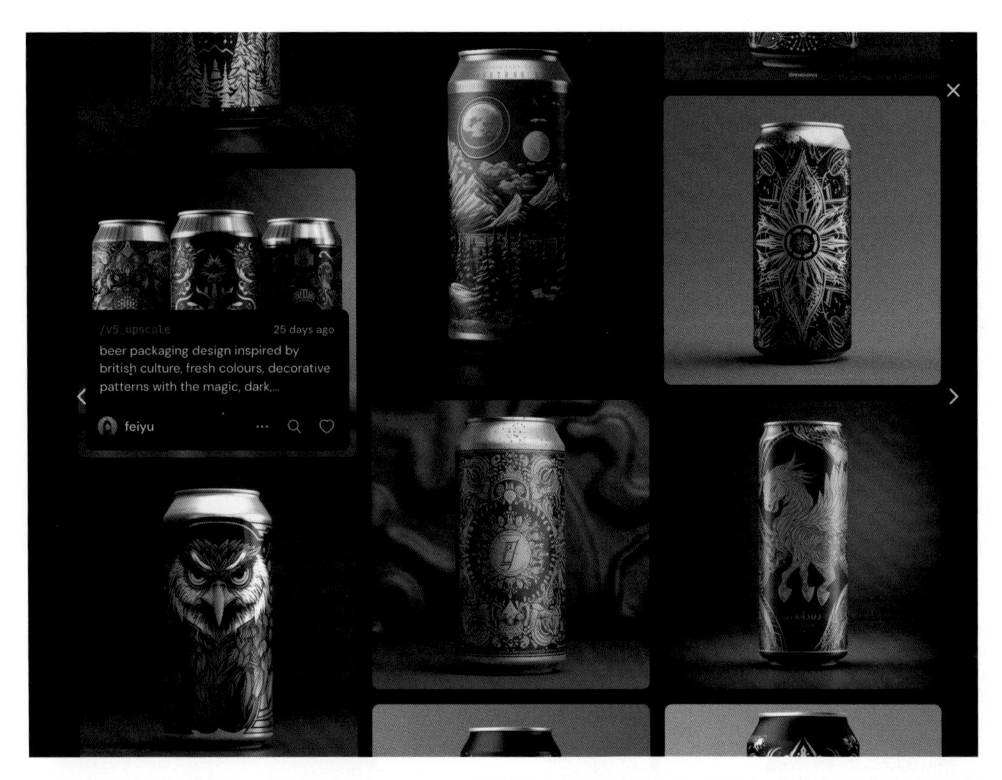

在众多的作品中找到了一组不错的提示语：A beer can with gold patterns and designs, in the style of dark black and emerald, fantasy realism, celtic art, jakub różalski, intricate patterns, delicate lines, art of tonga, folk – inspired（一个带有金色图案设计的啤酒罐，暗黑色和祖母绿风格，幻想现实主义，凯尔特艺术，jakub różalski，复杂的图案，精致的线条，汤加艺术，民间灵感）。

把提示语复制到Midjourney中，生成了几张效果不错的图片，如左下图所示。

接下来要思考如何将这些图片中的图案落地。把提示语中的“啤酒”关键语去掉，重新组合并加入--tile（无缝连续）参数，即gold patterns and designs, in the style of dark black and emerald, fantasy realism, celtic art, jakub różalski, intricate patterns, delicate lines, art of tonga, folk – inspired, --tile（金色图案设计，暗黑色和祖母绿风格，幻想现实主义，凯尔特艺术，jakub różalski，复杂的图案，精致的线条，汤加艺术，民间灵感，--tile），如右下图所示。

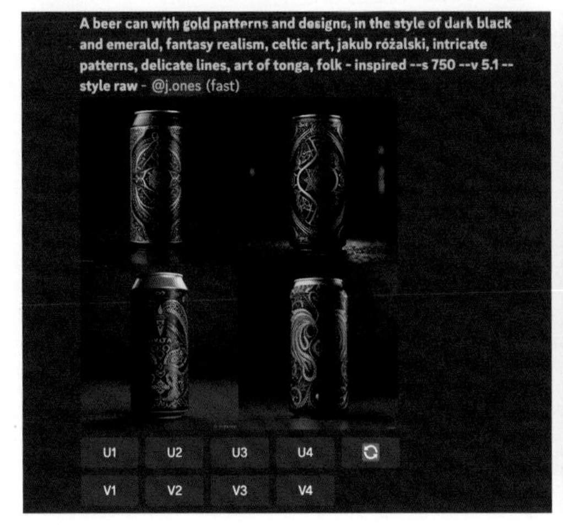

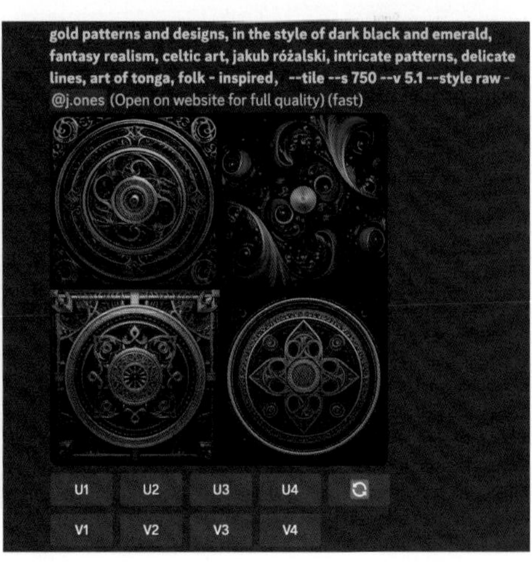

更改图案的尺寸，分别用Midjourney和niji · journey多生成几次。

挑选合适的图案，添加文字并进行排版，之后放在包装软件里渲染，得到如下图片。

8

使用ChatGPT和Midjourney提升文创设计效率

8.1　潮玩盲盒的特点与用途

潮玩盲盒吸引人的主要原因如下。

神秘感和惊喜元素：潮玩盲盒中的内容物是未知的，买家无法事先知道自己会得到什么，这种神秘感和惊喜元素让人感到兴奋和好奇，吸引了很多人去购买和收集。

稀缺性和限量性：泡泡玛特通常会推出限量版或稀有版的潮玩盲盒，这种限制性和稀缺性使人们渴望拥有这些特殊的潮玩。

精致的设计和细节：潮玩在形状、色彩、材质等方面都经过精心的设计和制作，呈现出独特的外观和细节，从而吸引人们的注意，让人们产生兴趣。例如，泡泡玛特的潮玩盲盒通常具有精致的设计和出色的制作工艺。

如果想成为一名潮玩设计师，建议从以下几方面提升自己。

培养艺术感和提升设计能力：学习绘画、造型设计、雕塑、平面设计等与潮玩相关的能力，培养艺术感与提升设计能力。通过参加艺术课程、自学和实践，可以不断提升自己的技能和创造力。

研究潮流趋势和市场需求：研究潮玩产品当前的潮流趋势和市场需求，关注潮流文化、时尚、艺术和设计领域的新动态，以便了解市场竞争趋势和机会。

追求原创性和创新性：致力于创造独特、原创和具有吸引力的潮玩，发挥创造力，将自己的想法和风格融入设计中。与众不同的作品更容易吸引人们的注意和喜爱。

善用展示平台：在社交媒体平台上展示自己的设计作品，与潮流文化社区建立联系；参加相关的市集和展示活动，尽可能地展示自己的作品并与其他潮玩设计师和有共同爱好的人互动。

潮玩盲盒的特点和用途在不断发展和完善中正愈加多样化。

8.2　潮玩盲盒的风格

潮玩盲盒的风格有很多种，以下是比较常见的。

Q版卡通：这种类型的潮玩盲盒以Q版卡通形象为主要设计元素，通常可爱、活泼，适合年轻人收藏。

机械酷炫：这种类型的潮玩盲盒采用机械的造型设计，常给人一种酷炫强劲的感觉，适合喜欢机械、科技的收藏者和玩家。

日系复古：这种类型的潮玩盲盒以日式文化和复古事物为主要设计元素，呈现出一种温馨怀旧的氛围，尤其适合女性和文艺青年收藏。

Q版卡通　　机械酷炫　　日系复古

摇滚街头：这种类型的潮玩盲盒以摇滚、街头文化为主要设计元素，通常造型独特、时尚前卫，适合追求时尚和个性的人群。

IP周边：这种类型的潮玩盲盒通常以游戏或漫画影视中的元素、角色和道具作为主要设计元素，可以说是玩家和收藏者的最爱。

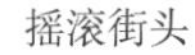

摇滚街头　　IP周边

总之，潮玩盲盒的风格比较多样化，设计元素也千变万化，每种类型都有其独特的收藏和玩乐魅力，可以根据个人喜好选择相应的题材和风格。

8.3　利用 ChatGPT 和 Midjourney 进行 IP 潮玩设计

设计潮玩盲盒需要制作三维模型，Midjourney暂时只能生成图像。但我们可以利用Midjourney去寻找一些设计灵感，让ChatGPT帮助我们分析潮玩设计的方向。

我　请给出当今潮玩盲盒的设计风格建议。

潮玩盲盒的设计风格需要结合当今消费者的喜好和市场趋势，具有独特性、流行性等特点。以下是一些潮玩盲盒的设计风格建议。

1. 手绘风格：这种风格的潮玩盲盒更容易吸引年轻消费者的注意力，可以采用清新简单的线条和配色，打造出可爱、有趣的角色形象。

2. 复古风：该风格是一种经典的设计模式，使用旧时的图案、字体、颜色，重新演绎古典主题下的流行文化，因此在潮玩盲盒的设计中也很受欢迎。

3. 科幻想象：科技和未来是现代社会文化发展的两个重要方向。带有物理学、太空探索、未来能量、机器人、虚拟现实等元素的潮玩盲盒，可以给消费者带来强烈的未来感和科幻感。

4. 奢华风格：有些潮玩盲盒的功能不断升级，包装也越来越豪华，通过上乘的质感、优美的花纹和华丽的颜色搭配，呈现出不同于常规产品款式的高档设计风格。

综上所述，潮玩盲盒的设计风格应该与目标消费群体相匹配，并关注市场趋势和流行文化元素。同时，给消费者提供丰富多样的选择并提升盲盒的品质，让消费者享受更有品质的购物体验。

当然，我们可以采纳ChatGPT给出的各种风格建议；也可以根据自己的设想进行设计，让Midjourney成为辅助工具，为我们提供想法和思路。

例如，采用科幻主题，以宇航员作为主要元素，并将宇航员与摇滚乐队相结合，设计一套搞怪风格的IP潮玩。

先简单描述一下角色，比如它是一个骷髅脸宇航员装扮的吉他手，将这些关键元素写进Midjourney后，加上三视图的关键词，比如three views, front view, side view, rear view等；然后加入盲盒关键词，比如blind box toys, pop mart style等；接着形容一下整体的风格，比如可以输入3d, blender rendering, oc rendering等表达三维渲染出图的关键词，这样就可以得到设计图了。

Purple-blue astronaut playing guitar, cute q-version skull, multiple angles, full body, three views, front view, side view, rear view, maya rendering style, toycore, bulbous, robert irwin, bone, kevin hill, 3d , Chaowan blind box, pop mart style, oc rendering, blender rendering --style expressive - @j.ones (fast)

U1 U2 U3 U4

V1 V2 V3 V4

根据上述设计，我们可以利用三维软件进行图形建模。虽然Midjourney不能帮助我们建模，但它可以极大地提高设计效率和提供更多的思路。

用同样的方法，我们也可以生成其余几位乐队成员，并根据自己的理解去设计它们的形象。

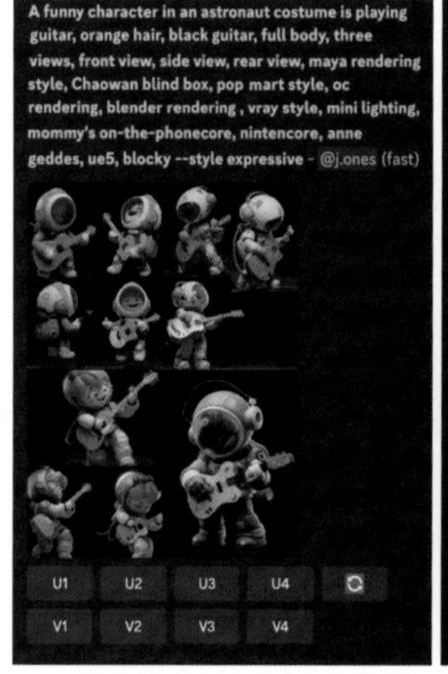

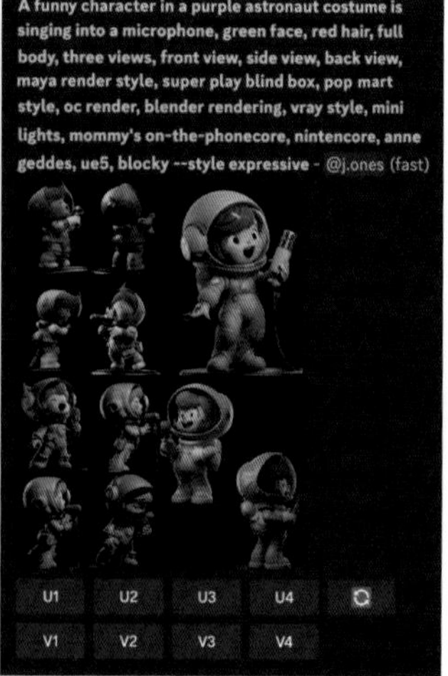

最后根据这些角色在三维软件中进行建模。

以下是根据AI创意设计的IP潮玩，主题是《太空乐队》。

8.4 利用 Midjourney 快速批量化设计一套少女风格 IP 潮玩

设计一套少女风格的盲盒，共12个。先根据初步的想法撰写一组可爱美少女的提示语。

a super cute three-year-old girl, full body, dreamy cute hair accessories, pop mart blind box, ip design, clean and bright background, 3d rendering, oc rendering, 8k, soft focus, super detail

--niji 5 --ar 3:4 --s 750

由于盲盒一般是两头身或三头身的玩偶，因此在提示语中添加了与年龄相关的关键词three-year-old（三岁）。

根据这组提示语生成了4张图片。

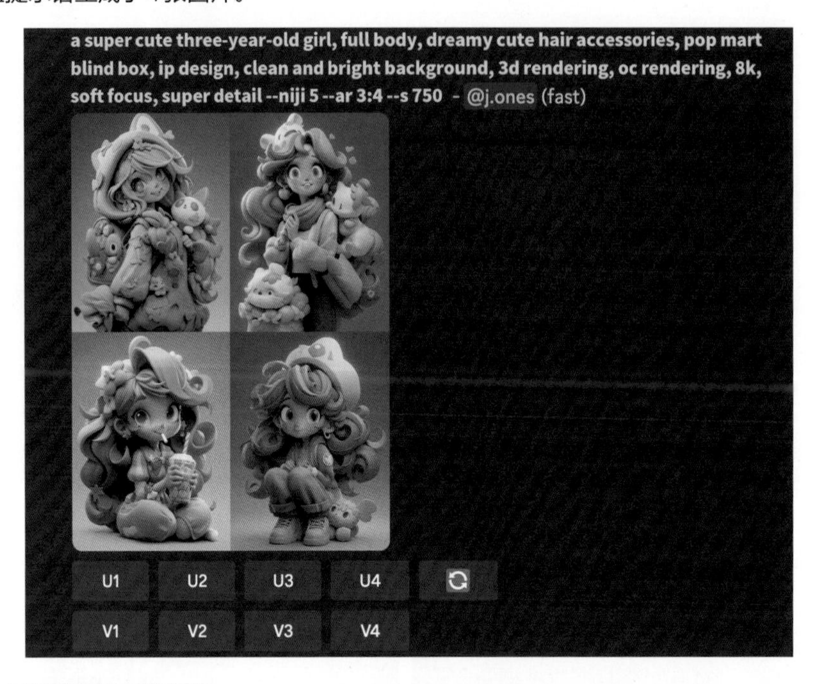

下面两张图是我们想要的风格。

为了让角色保持一致性，先单击界面右上角的按钮，然后发送小信封表情。

从而取得这组图的种子：seed 258810624。

把种子参数--seed 258810624添加到提示语中。

a super cute three-year-old girl, full body, dreamy cute hair accessories, pop mart blind box, ip design, clean and bright background, 3d rendering, oc rendering, 8k, soft focus, super detail --niji 5 --ar 3:4 --s 750 --seed 258810624

把这组提示语保存成自定义参数，方便后期调取。在/prefer option set指令的option输入框内输入manghe（盲盒），在value输入框内粘贴完整的提示语。

出现右下图中的信息后，说明保存成功了。

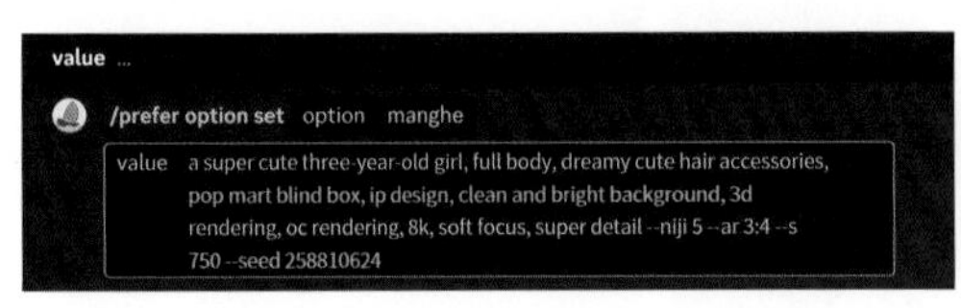

这时可以构想一下这个IP的动作，比如坐在椅子上开心地笑、弹吉他唱歌、背着书包开心地笑、开心地吃冰激凌、坐在地上哭、开心地拿着玩具手枪、开心地骑摩托车、开心地抱着玩具熊、套着小黄鸭游泳圈。

把这些画面描述内容翻译成提示语，用{ }来实现批量化生成指令。在提示语句尾加上已经做好的自定义参数--manghe。

{Smile happily while sitting on a chair, play guitar and sing, smile happily while carrying a schoolbag, laugh happily eating ice cream, sit on the ground and cry, smile happily holding a toy pistol, laugh happily riding a motorcycle, hug a teddy bear happily, wear a yellow duck swimming ring happily} --manghe

把这组词复制到niji · journey的/imagine中。niji · journey发回反馈，询问是否将这9组提示语生成图片。单击Yes按钮即可。

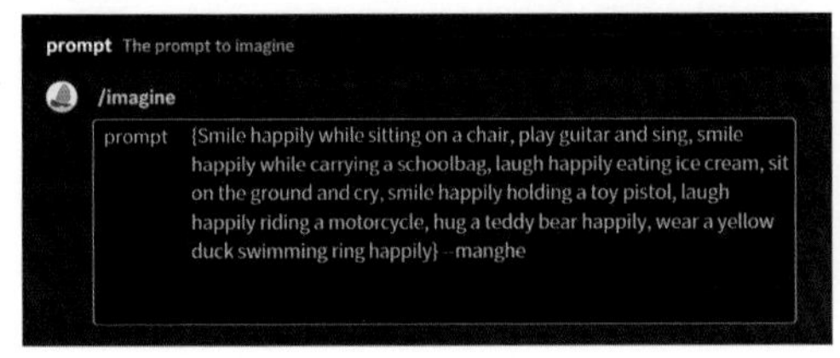

之后niji・journey Bot会按照括号内的提示语依次快速生成9组图片。

Smile happily while sitting on a chair a super cute three-year-old girl, full body, dreamy cute hair accessories, pop mart blind box, ip design, clean and bright background, 3d rendering, oc rendering, 8k, soft focus, super detail --niji 5 --ar 3:4 --s 750 --seed 258810624 --style expressive - @j.ones (fast)

play guitar and sing a super cute three-year-old girl, full body, dreamy cute hair accessories, pop mart blind box, ip design, clean and bright background, 3d rendering, oc rendering, 8k, soft focus, super detail --niji 5 --ar 3:4 --s 750 --seed 258810624 --style expressive - @j.ones (fast)

smile happily while carrying a schoolbag a super cute three-year-old girl, full body, dreamy cute hair accessories, pop mart blind box, ip design, clean and bright background, 3d rendering, oc rendering, 8k, soft focus, super detail --niji 5 --ar 3:4 --s 750 --seed 258810624 --style expressive - @j.ones (fast)

laugh happily eating ice cream a super cute three-year-old girl, full body, dreamy cute hair accessories, pop mart blind box, ip design, clean and bright background, 3d rendering, oc rendering, 8k, soft focus, super detail --niji 5 --ar 3:4 --s 750 --seed 258810624 --style expressive - @j.ones (fast)

sit on the ground and cry a super cute three-year-old girl, full body, dreamy cute hair accessories, pop mart blind box, ip design, clean and bright background, 3d rendering, oc rendering, 8k, soft focus, super detail --niji 5 --ar 3:4 --s 750 --seed 258810624 --style expressive - @j.ones (fast)

smlle happily holding a toy pistol a super cute three-year-old girl, full body, dreamy cute hair accessories, pop mart blind box, ip design, clean and bright background, 3d rendering, oc rendering, 8k, soft focus, super detail --niji 5 --ar 3:4 --s 750 -- seed 258810624 --style expressive - @j.ones (fast)

laugh happily riding a motorcycle a super cute three-year-old girl, full body, dreamy cute hair accessories, pop mart blind box, ip design, clean and bright background, 3d rendering, oc rendering, 8k, soft focus, super detail --niji 5 --ar 3:4 --s 750 -- seed 258810624 --style expressive - @j.ones (fast)

hug a teddy bear happily a super cute three-year-old girl, full body, dreamy cute hair accessories, pop mart blind box, ip design, clean and bright background, 3d rendering, oc rendering, 8k, soft focus, super detail --niji 5 --ar 3:4 --s 750 --seed 258810624 --style expressive - @j.ones (fast)

wear a yellow duck swimming ring happily a super cute three-year-old girl, full body, dreamy cute hair accessories, pop mart blind box, ip design, clean and bright background, 3d rendering, oc rendering, 8k, soft focus, super detail --niji 5 --ar 3:4 --s 750 -seed 258810624 --style expressive - @j.ones (fast)

经过筛选和整理得到以下 12 个方案，可以根据这些方案建模并输出量产。

9

使用ChatGPT和Midjourney提升服装设计效率

9.1 服装设计中 ChatGPT 和 Midjourney 的应用技巧

由于ChatGPT可以模拟人类的对话，帮助我们解决各种专业问题，因此可以用于个人娱乐、学术研究等领域，同样也可以运用于服装设计行业。通过与ChatGPT对话，可以获取行业信息，得到建议或者解决问题。在服装设计方面，ChatGPT可以提供以下帮助。

① **提供灵感：** 当没有任何设计灵感或头绪时，ChatGPT可以根据你的需求和喜好提供一些关于流行趋势、颜色搭配、面料选择等方面的灵感和设计参考。

② **执行任务：** ChatGPT可以协助完成日常设计任务，如素材采集、打样制作、样衣评审等，以确保设计工作顺利进行。

③ **管理档案：** 通过结合人工智能技术和数据管理工具，ChatGPT可以管理设计稿、参考资料等重要文件，以便我们随时查看和使用。

作为一个工作助手，ChatGPT可以提供高效精准的辅助服务，使我们在服装设计方面更加得心应手，从而创作出更加优秀的作品。ChatGPT可以成为我们的高品质素材库、灵感库和实时数据库。

以下就是ChatGPT提供的一个男士西装设计思路。

我 请以一个专业服装设计师的身份，设计一套适合正式场合穿着的格纹男士西装。

作为一位专业的服装设计师，我会设计一套适合正式场合穿着的经典格纹男士西装。

首先，我会选择适合正式场合的高质量面料，如100%纯羊毛或羊毛混纺等。这些面料可以保证西装的手感和品质，并且具有良好的透气性和舒适度。

其次，我会选择具有传统韵味的格纹图案，如细密的小方格或经典的窄条纹等。这些元素能够增加西装的趣味性，同时不影响整体的稳重感。再配上有略微光泽的面料，则能够增强男士的气场和自信心。

在剪裁方面，我会选择修身的款式、标准的肩部设计，从而更好地塑造男士的完美体型，展现男士的自信和风度。同时，合理的口袋设计和经典的三个纽扣造型则会让西装更加经典。

最后，我会选择搭配一套合适的领带。颜色建议选择深色系，如黑色、深灰或深蓝，无论是商务场合还是正式的社交场合都很适合。同时，选择同色系的皮鞋和腰带。对于正式的场合，建议选择黑色牛津鞋。

总之，我计划选择高质量的面料、传统的格纹图案和经典的剪裁方式，来设计一套适合正式场合穿着的格纹男士西装，这样能够完美地展示男士的稳重与自信。

用Midjourney进行服装设计其实并不比其他设计类工作难。大部分设计工作的难点往往不在于动手画图，而是确定用户的真实需求，越详细越好，然后将视觉语言向需求靠拢。将这些确定好后，接下来的工作就水到渠成了。

结合设计师、甲方和ChatGPT三方的想法，可以使需求更充分、细致。一旦设计需求确定了，接下来Midjourney就能派上大用场了。

在设计工作中，我们经常会遇到各种各样令人束手无策的问题，毕竟并非总能接到熟悉的工作和需求。这时搜集素材将会是一个很重要的工作。服装设计常规的素材收集途径有各种设计类、素材类网站和社交平台，某些情况下，电商平台的详情图也能起到很大的作用。但是，对于AIGC生成图片来说，Midjourney自带的社区才是真实的“宝藏”！

技巧1：通过Midjourney社区搜索关键词

在Midjourney社区首页直接搜索关键词，比如Fashion Design，就会实时看到与关键词相关的作品。

单击一张图片进入详情页，就能看到这张图片的提示语（Prompt）。如果图片的效果非常完美，则可以将提示语直接复制并粘贴到你的Discord输入框中使用。不用担心相同的提示语会生成一模一样的图片，这里只会生成风格相似的图片。

再往下滑动页面，还会出现风格类似的推荐。很多设计专用的素材类网站都使用了类似的图片推荐机制，即一旦找到一张满意的图片，通过关联推荐就可以瞬间得到很多风格类似的图片。

除此之外，Midjourney社区还有更强大的功能——详情页的提示语还会被分字段打上标签。当单击不同的语句或单词时，就能看到每句话或每个单词生成的典型效果。这样，当你得到复杂的提示语时，就能慢慢地知道哪句话对生成相应风格的作用更大。久而久之，你将能更精确地描述Prompt。这可是新时代的生产力工具，不容小觑。

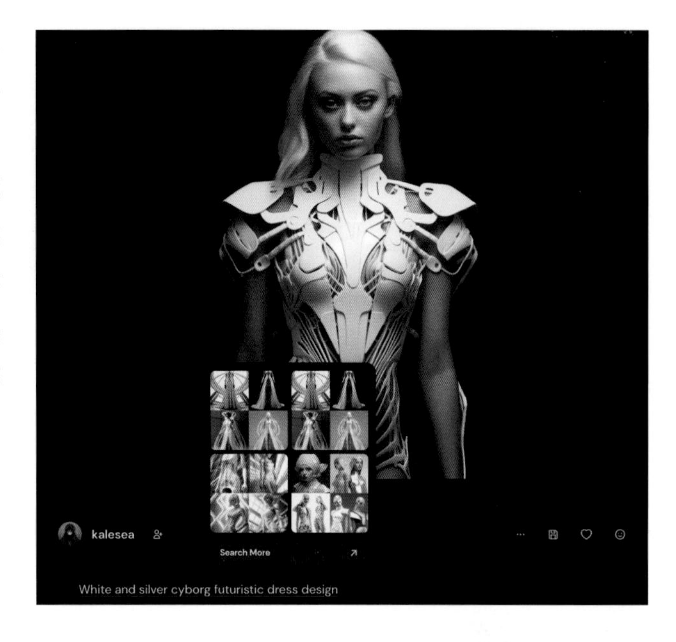

技巧2：学会使用/describe指令

通过第一个技巧，我们学会了使用Midjourney社区来搜索图片。实际上，在搜索图片的过程中往往会激发出很多的灵感。

在社区平台搜索图片时可能会遇到这种情况，即看到一些非常漂亮、完成度相当高的图片，却没有提示语，而且无法在社区中找到风格类似的图片，甚至不知道搜索什么关键词。这很正常，设计的风格千千万，任何人都不可能储备所有的知识，即使他是顶尖的专业设计师。这时就可以使用/describe指令以图片生成描述提示语。

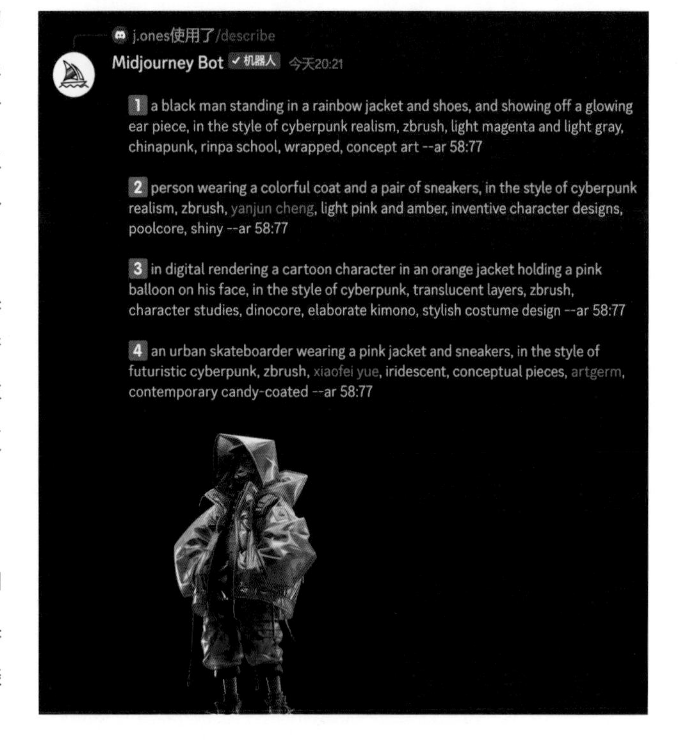

有一张从社区平台收集的图片，效果炫酷而引人注目，但是除了赛博朋克，着实想不到其他更贴切的词来形容它，“赛博朋克”这个词显然过于宽泛，我们需要更精确的描述。

这时可以把图片发给/describe指令，Midjourney将生成4组描述语。接下来我们分别试一下每一组描述语并找出生成的结果更接近原图的那一组，这样即可找到风格类似的图片。

技巧3：学会使用三视图——front view, side view, back view

在描述语中加入三视图——front view, side view, back view可以生成不同视角的图片，这对服装设计来说特别友好。带有标准三视图的设计稿可以使服装设计流程更完整。以下分别为未使用三视图和使用三视图生成的图片效果。

未使用三视图　　　　使用三视图

技巧4：通过生成草图为设计提供灵感

设计服装时，可通过生成草图为设计提供灵感。这里的提示语可包括具体服装种类、颜色、多角展示、辅助线条、参考品牌、马克笔草图等关键词。

9.1.1 蕾丝吊带裙

先在ChatGPT中获得与蕾丝吊带裙设计相关的提示语。

我　请你扮演Midjourney人工智能图像生成工具的提示语生成器。你的工作是提供详细而有创意的描述，以激发Midjourney创造独特和有趣的图像。请记住，Midjourney可以理解广泛的语言，并能解释抽象的概念，所以请自由发挥想象力和描述力。请描述一件蕾丝吊带裙的设计：需要有三视图，外观细节可以自由发挥。用中英双语形式描述你的提示语。

中文描述：

这件蕾丝吊带裙是一件充满戏剧性的设计。从正面看，整个裙子被反复折叠，形成了类似于海螺的造型。细节被简化到最少，显得流畅而优美。从侧面看，这件吊带裙像一条鱼般游动，展现了穆斯风格的动态美学。裙子后面的大开口可以使身体自由活动。其参考艺术家为Erwin Blumenfeld，Yayoi Kusama。

英文描述：
This lace suspender skirt dress is making for a striking design. From the front, the whole dress is folded repeatedly to create a shape like that of a conch shell. The details are minimal and elegant with a smooth and fluid line. From the side, the dress glides like a fish and shows a dynamic aesthetics inspired by the Moose style. The large opening at the back allows free movement of the body. Reference Artists: Erwin Blumenfeld, Yayoi Kusama.

将ChatGPT给出的英文提示语输入Midjourney中，可以加上Clothing design, design drawings, clothing products, design products, three views, front view, side view, back view, multiple angles等与服装设计相关的提示语。之后就可以得到一些服装设计图了。

9.1.2 皮草大衣

除了通过ChatGPT获得提示语，还可以找参考图，然后通过垫图反推提示语。

1 the black winter man parka with a fur collar, in the style of dark gray, xiaofei yue, photorealistic renderings, gray, curvaceous simplicity, simple

2 a men's gray parka with zipper, in the style of stark realism, tooth wu, he jiaying, bess hamiti, queencore, aurorapunk, luxurious textures

3 men's parka winter women downfilled jacket fur collar, in the style of realistic and hyper-detailed renderings, dark gray, beijing east village, oversized objects, fine and detailed, controversial, fawncore

4 men's brown fur hooded parka, in the style of light gray and light black, dystopian cartoon, dark black and light black, beijing east village, luxurious, gray, streamlined design

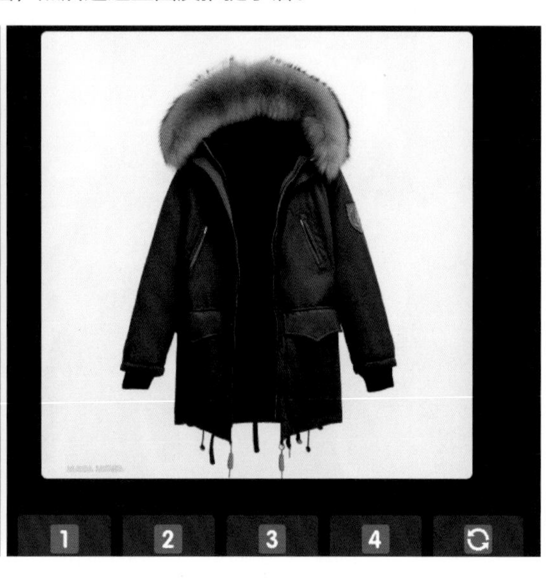

接下来根据得到的提示语直接生成图片。

我们也可以在提示语中加上参考图的链接，生成所需的图片。

https://cdn.discordapp.com/attachments/1106507054467784736/1119522767843377184/d8a46adb8f5e8dc60ffcf2eb1238c8d5.png https://cdn.discordapp.com/attachments/1106507054467784736/1119522710792450099/108ae782aacce0a905204c5639dd2099.png https://cdn.discordapp.com/ephemeral-attachments/1092492867185950852/1119521763274006598/j.ones_black_fur_parka_that_has_a_grey_fur_collar_in_the_style__2c8b4685-46e2-46df-b5f9-836483777fe5.png **the black winter man parka with a fur collar, in the style of dark gray, xiaofei yue, photorealistic renderings, gray, curvaceous simplicity, simple，a men's gray parka with zipper, in the style of stark realism, tooth wu, he jiaying, bess hamiti, queencore, aurorapunk, luxurious textures, men's parka winter women downfilled jacket fur collar, in the style of realistic and hyper-detailed renderings, dark gray, beijing east village, oversized objects, fine and detailed, controversial, fawncore，men's brown fur hooded parka, in the style of light gray and light black, dystopian cartoon, dark black and light black, beijing east village, luxurious, gray, streamlined design --s 750 --v 5.1** - @j.ones (Waiting to start)

9.1.3 方格图案西服

通过ChatGPT得到提示语，注意尽量详细地描述服装的外观和风格。

我 请你扮演Midjourney提示语生成器，详细描述一件方格图案西服的外观。提示语中要求包含外观描述、服装设计风格、多角度三视图、艺术家风格和配件描述，将提示语以中英双语的形式呈现出来。

中文提示语：

1.外观描述：西服的外观采用深蓝色方格图案，使其看起来高贵典雅。整件西服的剪裁和轮廓完美无瑕，给人高级定制感和精致的工艺感。

2.服装设计风格：该西服采用英式传统剪裁方式，同时将现代元素巧妙地融入其中，呈现出一种经典与现代相结合的时尚风格。

3.多角度三视图：为了完整展示西服的细节和设计，提供正面、侧面和背面多角度三视图展示效果，以确保每个角度都能展现它的美。

4.艺术家风格：采用Gucci的设计风格，让它看起来精致奢华而又不失个性，同时添加了Tom Ford的设计元素，注重材质和细节的处理，营造出一种令人惊叹的气质。

5.配件描述：领部和口袋的设计同样使用方格图案，尺寸较小的方格点缀在衣服的各处，使这件西服看来更加精致而又不喧宾夺主。

英文提示语：

1.Appearance: The suit features a deep blue plaid pattern that exudes sophistication and elegance. The cut and silhouette of the entire suit are flawless, evoking a sense of high-end customization and delicate craftsmanship.

2.Fashion Design Style: The suit adopts traditional British tailoring and cutting methods, while cleverly integrating modern elements, presenting a fashion style that combines classic with modern.

3.Multi-angle Three-view: To fully showcase the details and design of the suit, the three-view provides multiple angles of display, including front, side, and back views, to ensure that every angle can show its beauty.

4.Artist Style: Adopting Gucci's design style, making it look delicate and luxurious without losing personality, adding Tom Ford's design elements, paying attention to the treatment of materials and details, creating a stunning temperament.

5.Accessories Description: The design of the collar and pockets also uses plaid patterns, and small-sized squares are dotted around the clothes, making the suit look more exquisite without being overwhelming.

将得到的英文提示语输入Midjourney中，即可生成所需的图片。

提示

生成所需的图片后，可用以下方式展示服装不同角度的效果。

9.1.4 薄纱浪漫礼服

通过ChatGPT得到提示语。

我 请你扮演Midjourney提示语生成器，详细描述一件薄纱浪漫礼服的外观。提示语中要求包含设计元素、视觉风格、三视图描述、设计理念。将提示语以中英双语的形式呈现出来。

中文提示语：

1. 设计元素：薄纱，浪漫，艺术家气息。

2. 视觉风格：清新优雅，飘逸轻盈。

3. 三视图描述：正面细节、侧面立体感、背面饰品。

4. 设计理念：简洁而不失华美，突出品质和贴合度。

英文提示语：

1.Design Elements: Chiffon, Romance, Artistic Touch.

2.Visual Style: Fresh Elegance, Ethereal Lightness.

3.Three Views Description: Frontal Detailing, Side Dimensionality, Rear Ornamentation.

4.Design Philosophy: Clean yet Lavish, Emphasizing Quality and Fit.

把得到的英文提示语输入Midjourney中，即可得到一些不错的设计图。可多次生成，直至获得满意的图片为止。

9.1.5 洁白长尾拖地婚纱

通过ChatGPT得到提示语。

我 请你扮演Midjourney提示语生成器，详细描述一件洁白长尾拖地婚纱的外观。提示语中要求包含外观描述、服装设计风格、三视图、艺术家风格。将提示语以中英双语的形式呈现出来。

中文描述：

外观描述：这件婚纱造型优美，看上去很轻盈。由柔软的白色面料制成，拖尾细长美丽，让人不禁想试穿一下。

服装设计风格：这款婚纱设计风格高雅，简约而不失浪漫。通身覆盖着蕾丝和珠片装饰，为整个婚纱增添了浪漫和华丽的感觉，非常适合在庄重的婚礼仪式上穿着。

三视图：提供正面、侧面及后面等多个角度的三维视图，以展现婚纱不同角度的完美造型和设计。

艺术家风格：这个设计来自一位经验丰富的服装设计师，他深谙如何创作一件独特而精美的婚纱。其概念以自然为灵感，兼具现代与传统元素，整体透出清新自然和优雅的艺术气息。

英文描述：

Appearance: This wedding dress is beautifully shaped and looks very light. It is made of soft white fabric, and the long tail is slender and beautiful, making people want to try it on.

Fashion Design Style: This wedding dress has an elegant design style that is simple yet romantic. Covered with lace and bead decorations all over, the whole dress adds a romantic and gorgeous feeling, perfect for solemn wedding ceremonies.

Three Views: Provide multiple angles of 3D views, including frontal view, side view and back view, to show the perfect shape and design of the dress from different perspectives.

Artist Style: This design comes from an experienced fashion designer who knows how to create a unique and exquisite wedding dress. The concept is inspired by nature, combining modern and traditional elements, giving it a fresh and natural feel with elegant artistic flair.

将得到的英文提示语输入Midjourney中，可以得到一些不错的设计图。可多次生成，直至获得满意的图片为止。

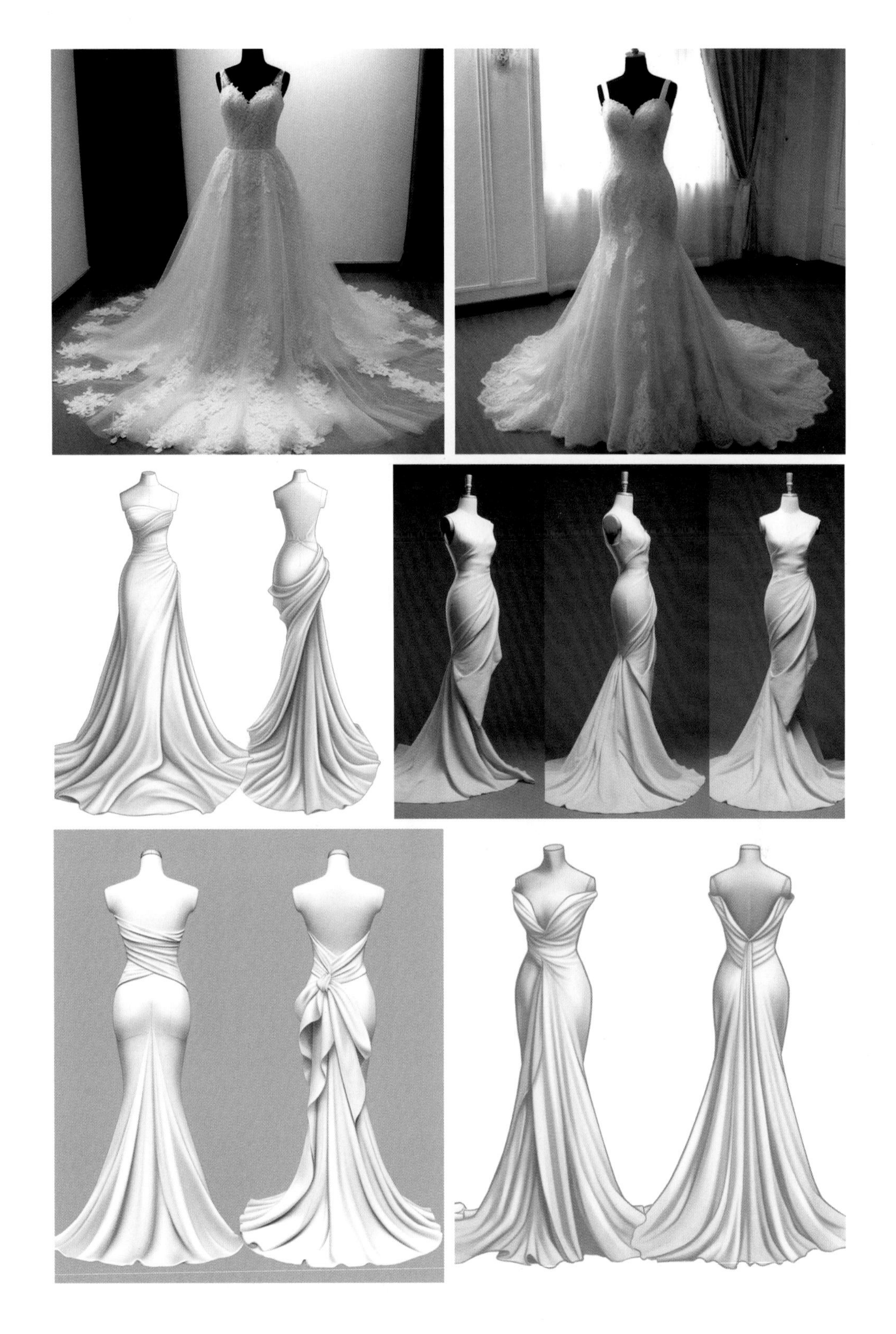

9.2 从草图到真人模特穿衣效果

先准备一张服装设计草图，可以自己手动绘制，也可以用Midjourney生成。使用Midjourney生成时，只需输入想要设计的服装并添加clothing design, sketch, clothing design sketch等关于服装设计草图的提示语即可。下面是用Midjourney生成的一张夹克的设计草图。将草图和模特用PS进行合成。

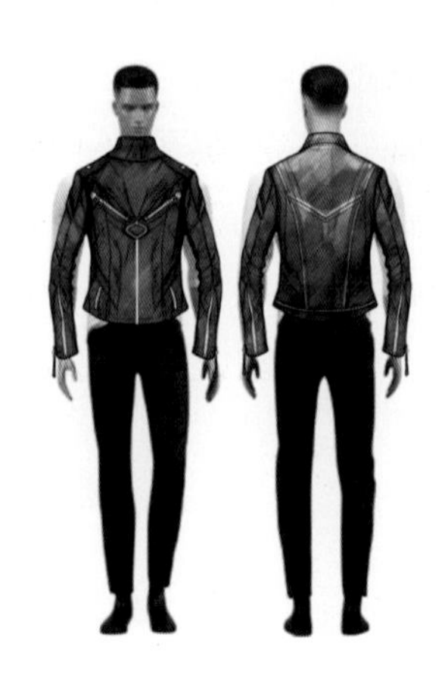

将合成的这张图发送到Midjourney中进行垫图，然后详细地描述夹克的外观作为提示语，可以添加--iw 2参数，让生成的夹克图与原图的设计风格更接近。

https://s.mj.run/vWFKQboyDms Black jacket worn on a male model, with small metal round buttons on the shoulders, a v-shaped line on the chest that connects to the sleeves, with large openings on the sleeves, leather texture, real texture, live model, clothing product image, front, back --iw 2 --s 750 --v 5.1 --style raw - @j.ones (fast)

由此就可以得到真人穿衣的效果图了。

9.3 AI生成模特穿衣效果

生成服装设计图时，可以加上Wearing it on a model, live model, full body, clothing product image, front, back等提示语，这样生成的衣服就会穿在模特的身上了。目前，Midjourney还无法很好地在服装细节保持不变的情况下将服装穿到模特的身上，多少会有一点细节上的随机变化。

例如，现在有一张西服的设计图，如右图所示。找一张穿西服的男模特的照片，然后使用PS将西服设计图与男模特进行简单的合成。

把合成的图片导入/describe指令中，生成提示语。

选择数字1生成图片时，在弹窗内添加垫图图片的链接，并加上--iw 2等参数，单击“提交”按钮。

此时生成的图片就是模特穿格子西服的效果了。其中--iw 2参数能让生成的图片与原图的设计风格更接近。

多次生成图片，从生成的图中找一些与我们想要设计的服装接近的图片。

提示

生成的图片中，衣服的一些细节有些变化。由此看来，目前的Midjourney虽然能在短时间内生成效果很不错的图片，但对于细节的可控性依然不高。

10

使用ChatGPT和Midjourney
提升家居建筑设计效率

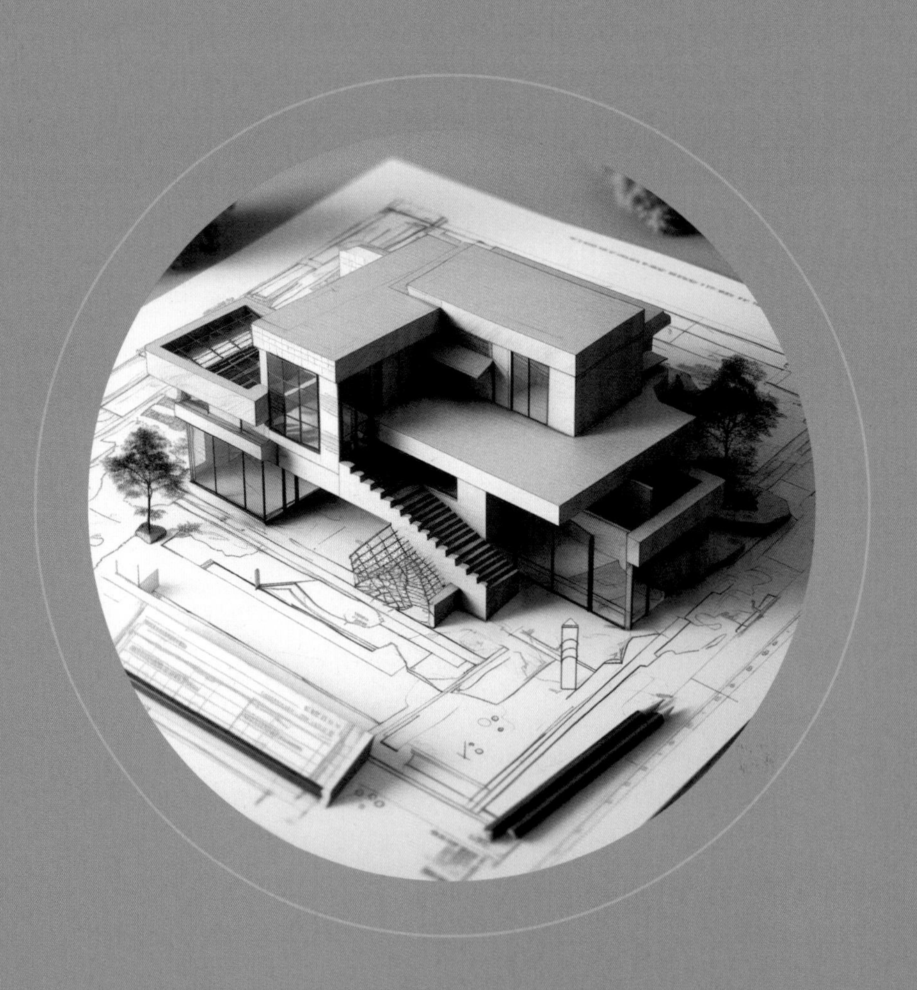

10.1 建筑概念设计

利用ChatGPT和Midjourney，设计师可以在短时间内获得多个初步设计方案，进而比较各方案的优缺点，确定最终的方案。

设计师还可以对初步设计方案进行优化，以满足设计目标和需求。

10.1.1 博物馆

以下是一个建筑方面的设计任务。(本案例主要获取设计灵感即可。)

项目名称：设计一个具有文化内涵的博物馆。

设计背景和目标：通过挖掘当地传统文化，设计一个具有文化内涵的博物馆。

设计需求：为了实现设计目标，需要考虑展品种类、展陈面积、人流量、通风采光要求等。

设计任务：设计师需要提交平面图、立面图、剖面图、结构图等设计图纸，最终制作完整的设计方案报告。

设计要求：设计方案应考虑美观性、创新性、实用性，能够充分体现所代表的文化内涵，符合建筑质量要求和评价标准。

该任务要求具备对文化内涵的敏感度和理解能力，需要对传统文化有一定的了解。同时，也需要有效地应用所学知识，如建筑结构、采光通风等，为博物馆的设计提供技术保障。设计方案应具有代表性和文化内涵，能够提升城市的文化形象。

了解任务后先去问一下ChatGPT，看看它有什么好的想法。

我 我想让你扮演一个顶尖的建筑设计师，你的任务是设计一个具有文化内涵的博物馆，请描述具体设计方案及设计理念。请记住，你的描述越详细，设计的作品就越具有吸引力。

非常感谢您给我这个机会，让我扮演一个顶尖的建筑设计师。我将设计一个既有文化内涵又有吸引力的博物馆。

首先，我会对博物馆所在的地域文化和历史背景进行深入的研究和调查，以确保设计能够贴切地体现当地的文化特色，并吸引参观者前来体验。

其次，我会注重博物馆的空间布局和功能分区设计。为了提升参观者的体验感，我会将博物馆分为多个功能空间，每个空间都可以呈现不同的文化景观。例如，通过不同的功能空间展示本地区的历史、风俗、艺术等。同时，在各个功能空间之间设置流线型设计，使整个空间呈现出一种自然而顺畅的连贯性。为了更全面地向参观者传达文化背景和魅力，我还考虑利用图像、声音、互动等现代技术，充分融合传统和现代的美学元素。

最后，我会根据空间设定合适的装饰材质和元素设计，以充分体现该博物馆的文化内涵。例如，在设计中利用当地典型的建筑材料，如石头、木材等，并将其巧妙地融合在整个设计中，以体现当地的历史和文化风貌。

总之，我会深入研究所在地域文化，并将其先进的建筑技术应用到设计方案中，让整个博物馆具有更强的文化内涵和吸引力，吸引更多的参观者前来探索和体验。

根据以上内容以及我们自己的想法总结了如下提示语，先让Midjourney生成方案。

museum design, line draft, Generate visually stunning architectural competition sheets. Clean and minimalist designs with white backgrounds, Showcase your innovative concepts through captivating graphics and concise text. competition sheets, architectural design, visual impact, creativity, minimalism. --ar 16:9 --s 750 --v 5.1 --style raw

多次生成，直至获得满意的方案为止。

得到的结果令人出乎意料，Midjourney生成的图片是带有设计说明的展板。虽然图片中的文字是AI随便填写的，但是我们可以参考这些排版形式。

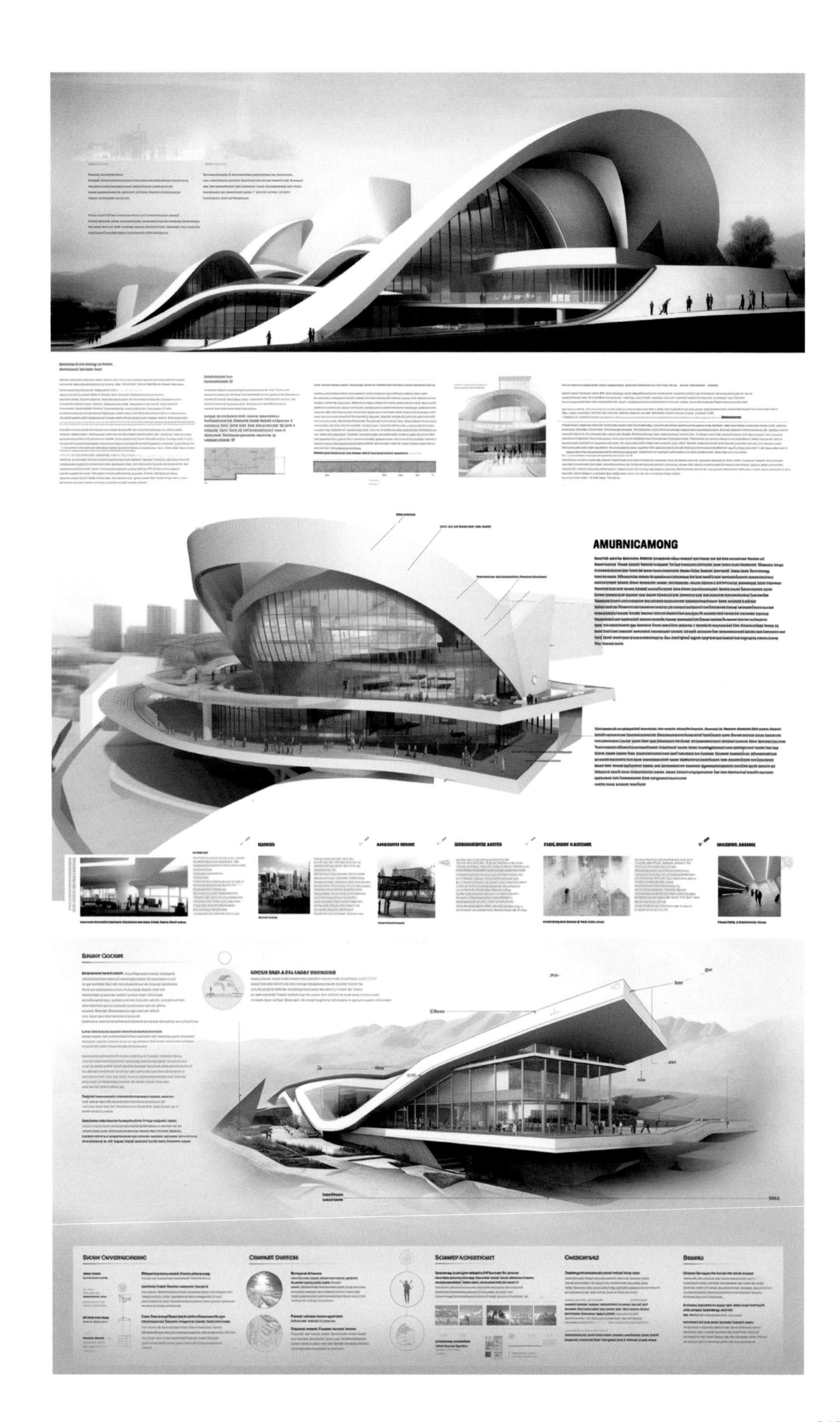
AMURNICAMONG

剩下的流程就是继续用其他工具优化设计图及进行文案排版了。虽然Midjourney目前还不能帮我们一步到位地完成设计，但是通过其生成的内容已经给我们提供了很多前期创意上的启发，大大减少了我们的工作量。

10.1.2 别墅

现需要设计一个独栋别墅，我们可以先通过以下提示语在Midjourney中生成参考图。

Architectural design pictures, architectural design analysis, explosion drawings, text annotations, reasonable design logic, exquisite materials, rich details, low saturation（建筑设计图片，建筑设计分析，爆炸图，文字标注，设计逻辑合理，用料考究，细节丰富，饱和度低）

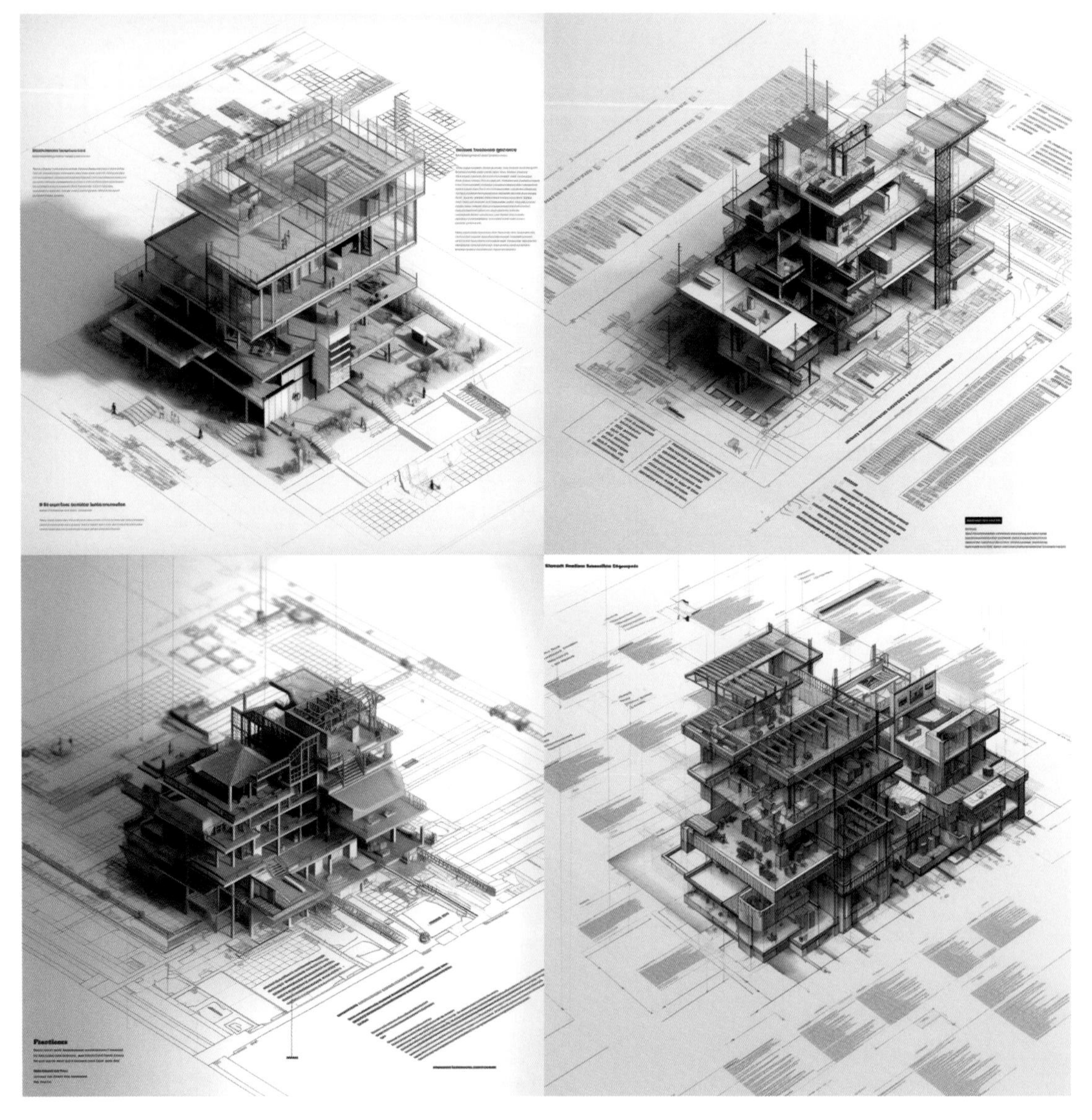

由于Midjourney无法精准地把草图变成3D图，因此可以使用其他AI绘画软件，比如Stable Diffusion，生成精准可控的3D渲染图。

下面是Midjourney生成的草图。

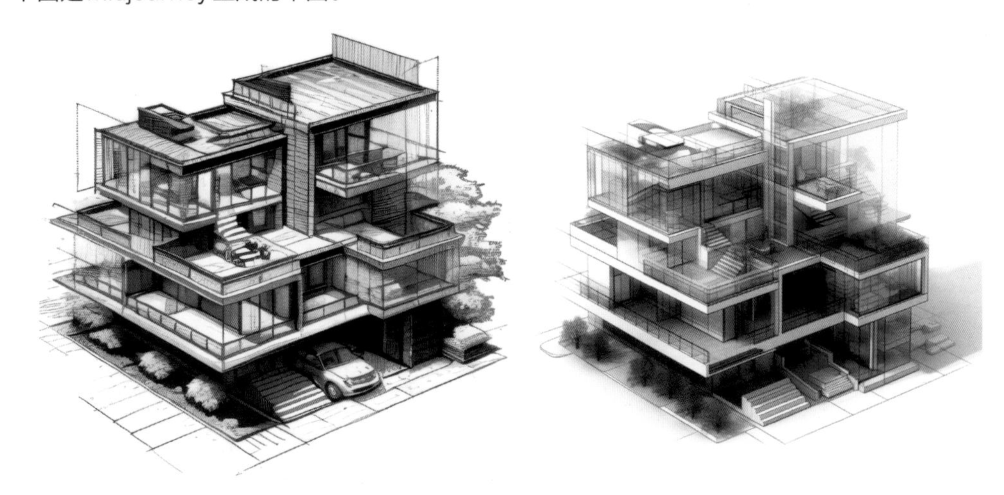

以下两张是使用Stable Diffusion中的ControlNet插件生成的3D风格的图片。

10.2 室内装修设计

如果要通过AI来辅助室内装修，则可以先找一些自己喜欢的设计风格的图片。

把所需风格的图片输入Midjourney中，在/describe指令下生成提示语。

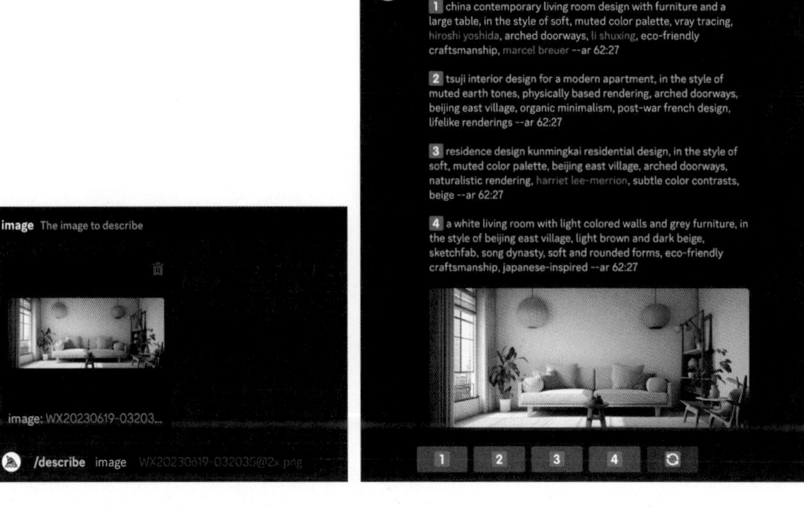

根据提示语多次生成图片，直到生成满意的图片为止。

接下来把生成的图片发给家装设计师，告诉他我们具体的想法和喜欢的风格。当然，如果你自己就是一名家装设计师，则可以用此方法快速生成图片发给甲方，让甲方明确自己的风格喜好。

根据户型图及参考图，做出最终的设计渲染图。

之后按照这个风格进行装修。下面是装修好的实拍图。

家装设计过程中需要用到户型图和长宽高数据。虽然Midjourney目前不能直接输出可施工的设计图，但是利用好Midjourney给出的前期设计创意，可以帮我们扩展思路并节省很多时间。

10.3 家具设计

10.3.1 椅子

设计需求是帮助制作纯手工实木椅的老师傅设计一款实木椅子。

我们可以在Midjourney社区内搜索chair，然后得到各种各样的椅子的提示语。

找到其中一个实木椅的提示语：A wooden contemporary sculptural chair, sharp details, organic，在Midjourney中多次生成图片。

把这些图发给老师傅，剩下的就是静等老师傅展示巧夺天工的技艺了。

10.3.2 桌子

家具设计师画出了一张桌子的草图，需要通过Midjourney让其生成真实渲染的质感。

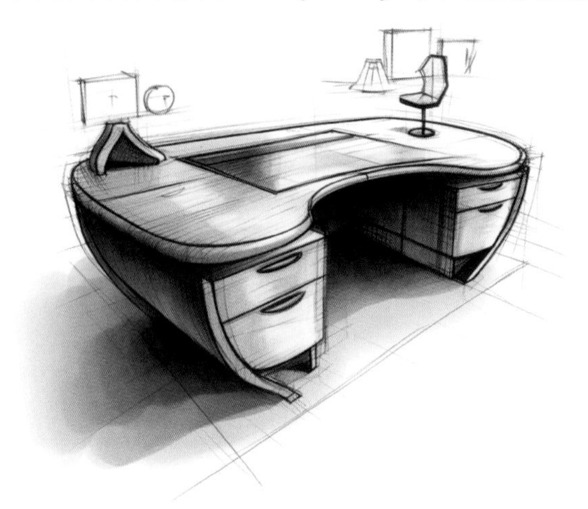

先把这张图导入/describe指令中，反推提示语。

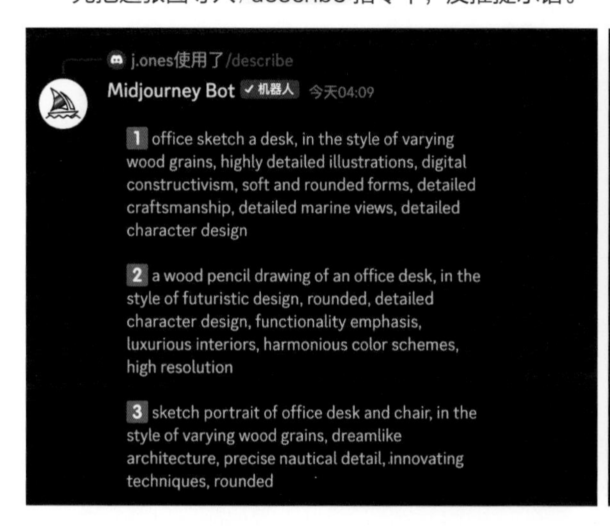

整理第一组提示语，然后在其前面添加Photo of a manager desk, interior design, modern and ergonomic design, 3D, blander，垫图并且添加--iw 2参数，然后生成图片。

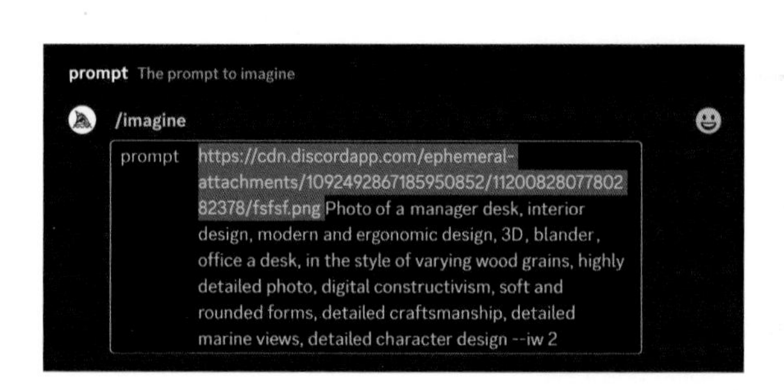

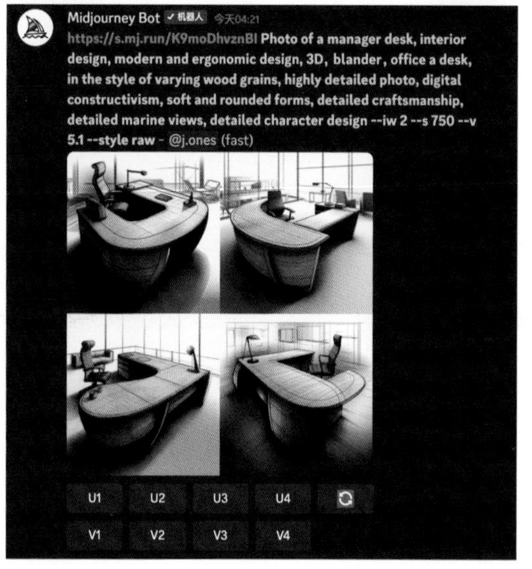

如果得到的效果图与草图不像，则可多生成几次，直到出现满意的效果为止。

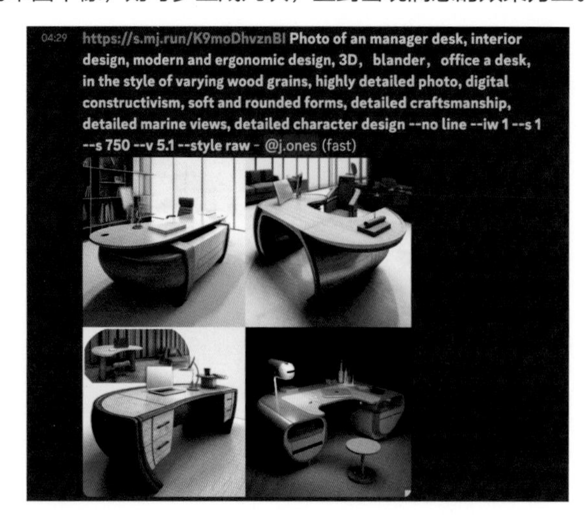

由于Midjourney的随机性，因此很难生成和草图一致的内容。但是经过反复尝试，增加--no line参数可减少--s参数的影响。

最终得到与草图相似的渲染图。

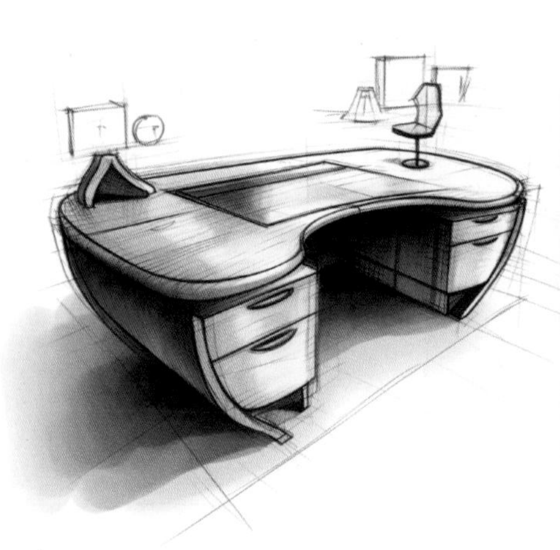

10.3.3 沙发

现需要设计一款流行的云朵沙发，先在设计网站上搜索相关的产品，得到以下3张参考图。

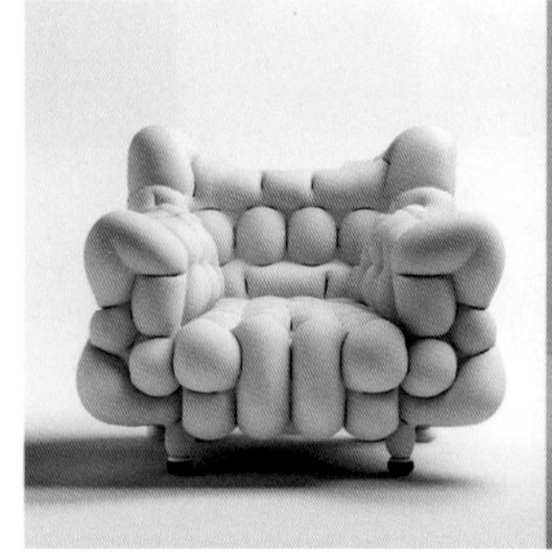

在Midjourney中使用/blend指令，让3张参考图混合生成图片。

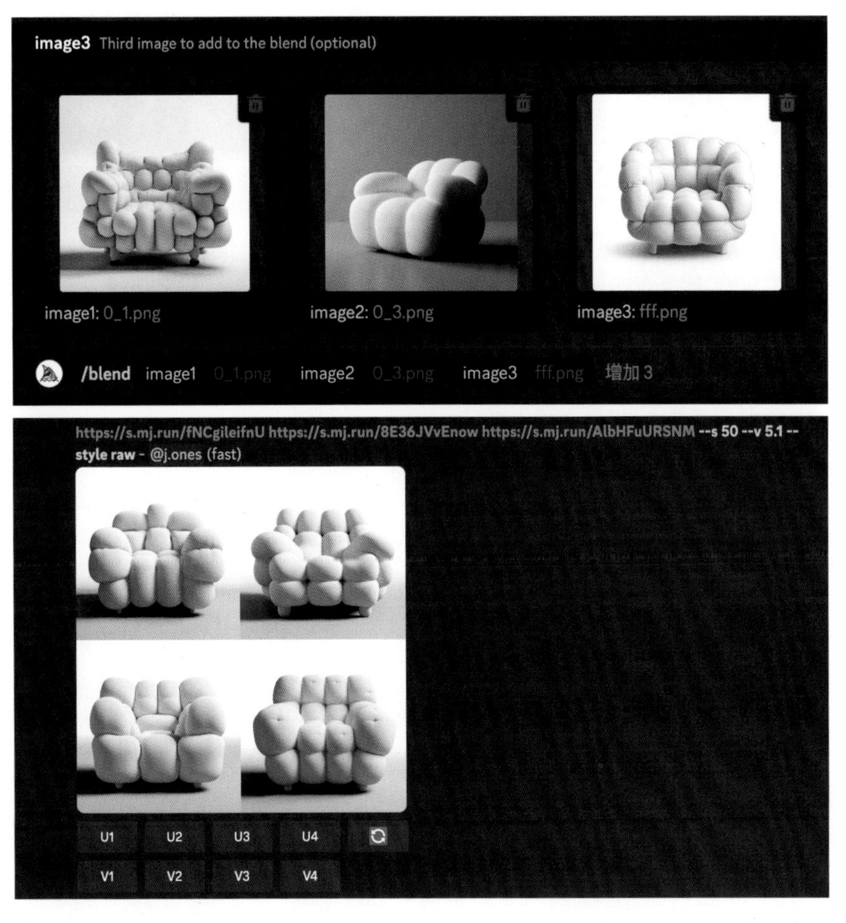

反复尝试，直到生成满意的图片为止。

当然也可以使用垫图结合文字再次生成图片：复制刚才混合生成的图片链接，并粘贴在提示语An off white chair inspired by the Up Armchair by Gaetano Pesce for B & B Italia --s 800 --s 50 --v 5.1 --style raw的前面。然后多次生成，选择满意的图片。

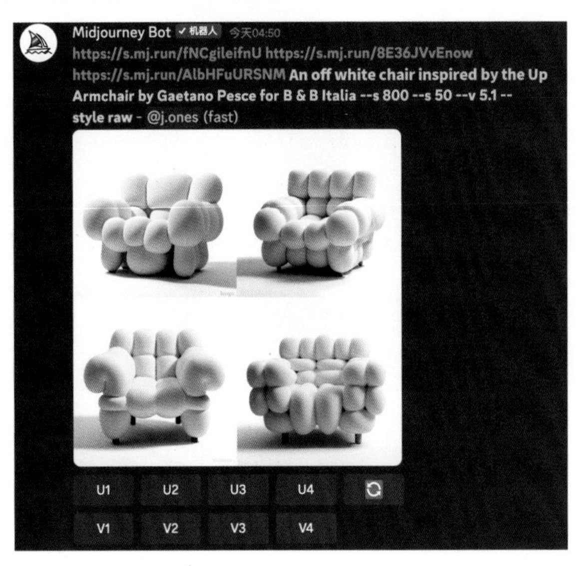

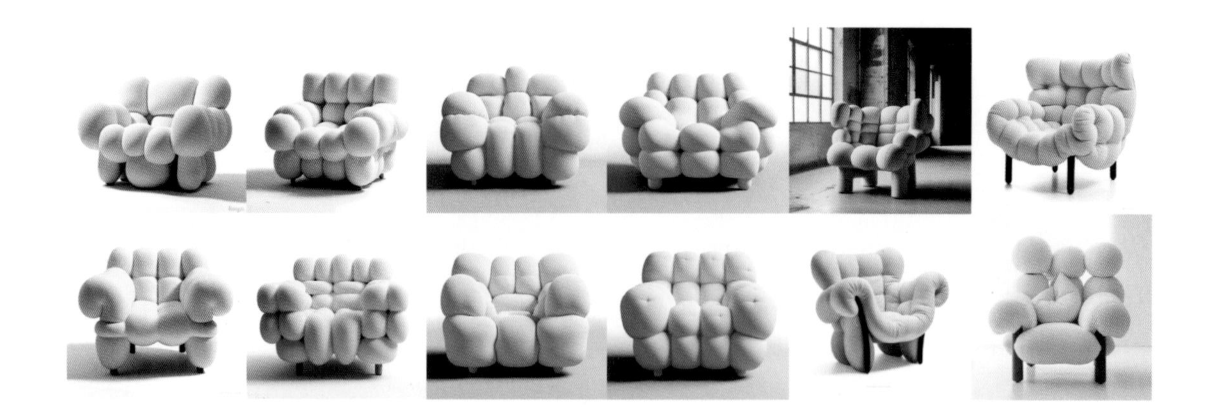

10.4 门店设计

在装修前期进行设计风格探索时，大渔学院云南校区使用Midjourney生成了一些图片。

the interior of the dental practice has red walls and other colors, in the style of de stijl influence, dark white and dark bronze, detailed, layered compositions, eccentric props, light pink and dark green, conceptual installation, italianate flair（牙科诊所的内部有红墙和其他颜色，受de stijl风格的影响，深白色和深青铜色，细致，分层的构图，古怪的道具，浅粉色和深绿色，概念性设施，意大利风格）

a room in red and white with stools, TV, and some chairs, in the style of berlin secession, vray tracing, installation creator, dark white and bronze, ceramic, eye-catching detail, salon（一个红白相间的房间，有凳子、电视和一些椅子，柏林分离的风格，VRay渲染，装置创作者，深白色和青铜色，陶瓷，引人注目的细节，沙龙）

把符合设计风格的图片发给设计师，经过几次沟通和调整后，设计师发来了设计稿。

最终效果还是很令人满意的。

10.5 快闪店设计

现需要为某羽绒服品牌设计一个商场的快闪店。

初步想法是设计一个彩色透明的充气塑料房子。先通过ChatGPT获得提示语。

我 设计一个羽绒服的快闪店，透明塑料屋顶。

设计一个透明塑料屋顶的羽绒服快闪店，要考虑以下几个方面。

1. 羽绒服的展示：在设计快闪店时，应该考虑如何将羽绒服进行最佳的展示。可以采用不同高度的陈列架来展示羽绒服，并且需要留出足够的空间让顾客获得舒适的试穿体验。

2. 塑料屋顶设计：透明塑料屋顶可以让阳光透进来，创造出自然明亮的氛围。此外，在建造透明塑料屋顶时，必须考虑保暖问题，以免墙面和地面的寒气影响顾客的体验。因此，在材料的选择上，可以考虑使用具有优良隔热性能的高强度塑料；也可以将塑料屋顶与遮阳帆的设计相结合，既保证良好的遮阳性能，又有透光效果。

3. 细节设计：在快闪店的设计中，细节是非常重要的。可以加入一些地方特有的元素，比如当地居民们广泛使用的颜色，或者装饰店铺用的特色天然植物等，从而为店面增添与众不同的效果。

总之，在设计羽绒服快闪店时，需要充分考虑装修的细节和空间布局，以及如何为顾客创造令人愉悦的购物体验。

根据ChatGPT给出的建议，整理出以下提示语：Pop-up shop for down jackets, holographic laser, orange, blue, inflatable house, a transparent covered igloo dome winter store design, light dust, magnificent, close up, sharp focus, young, highly detailed, realistic。

由于down jackets（羽绒服）的权重非常大，因此生成的图片大多是羽绒服，偏离了设计快闪店的想法。

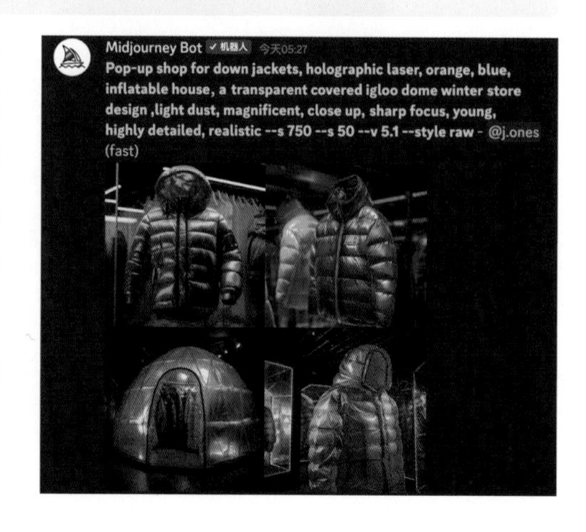

调整提示语，去掉down jackets，增加商店和充气的提示语权重，即shop::和inflatable::。

调整后的提示语如下。

design a Pop-up shop::, holographic laser, orange, blue, inflatable:: house, a transparent covered igloo dome winter store design, light dust, magnificent, close up, sharp focus, young, highly detailed, realistic --s 50 --v 5.1 --style raw

这次生成的图就符合预期效果了。多次生成，得到多个方案。

11

使用ChatGPT和Midjourney提升工业设计效率

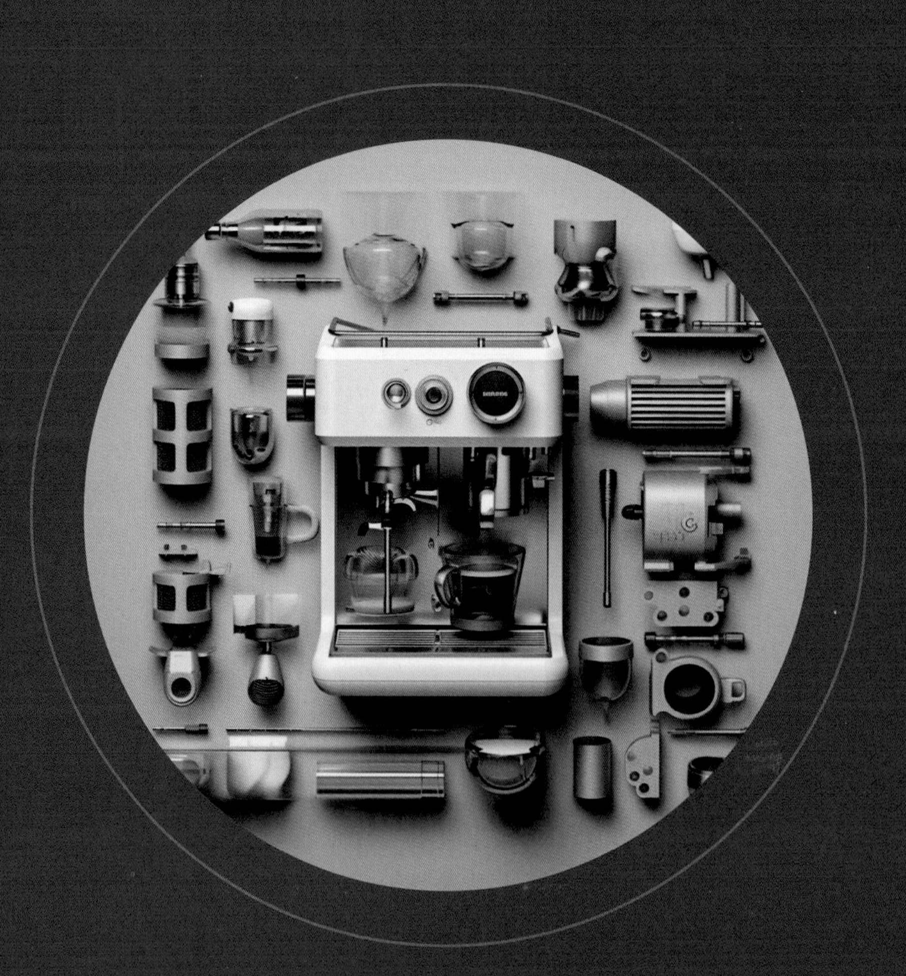

11.1 汽车

关键词：汽车，精湛的工业设计，汽车的外观充满未来科技感，纯白背景，逼真的薄感，质感细腻，等距视图，线条造型优雅，居中构图，OC渲染，Unreal Engine（虚幻引擎）。

在Midjourney中输入如下整理关键词后的提示语，生成相应的图片。可多次生成，直至满意为止。

cars, superb industrial design. The exterior of this car is full of futuristic technology feel, with a clean white background, realistic thin, fine texture, isometric view, industrial design, line draft and realistic mix, industrial design drawings, elegant lines and shapes, centered composition, oc rendering, Unreal Engine

我们也可以找一些有意思的参考图来反推提示语。

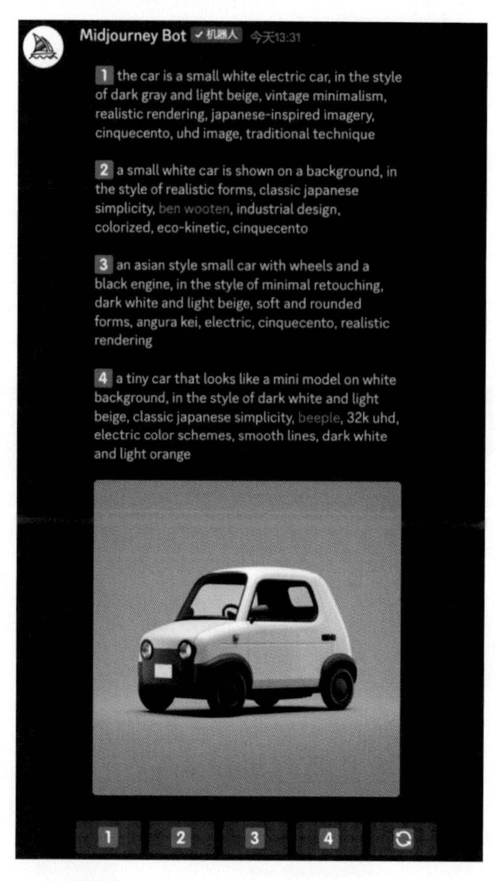

以小汽车参考图反推的提示语为参考，然后更改或添加提示语，让小汽车更具有科技感或复古感。

在此基础上添加三视图相关提示语：three views, front view, side view, back view，最终可得到多个角度的图。

11.2 摩托车

关键词： 摩托车，精湛的工业设计，摩托车的外观充满了未来科技感，干净的白色背景，影棚灯光，逼真的薄感，细腻的质感，等距视图，工业设计，工业设计图纸，优雅的线条和造型。

在Midjourney中输入如下整理关键词后的提示语，生成相应的图片。可多次生成，直至满意为止。

motorcycle, superb industrial design. The exterior of this motorcycle is full of futuristic technology feel, with a clean white background, studio light, realistic thin, fine texture, isometric view, industrial design, industrial design drawings, elegant lines and shapes, centered composition, oc rendering, Unreal Engine

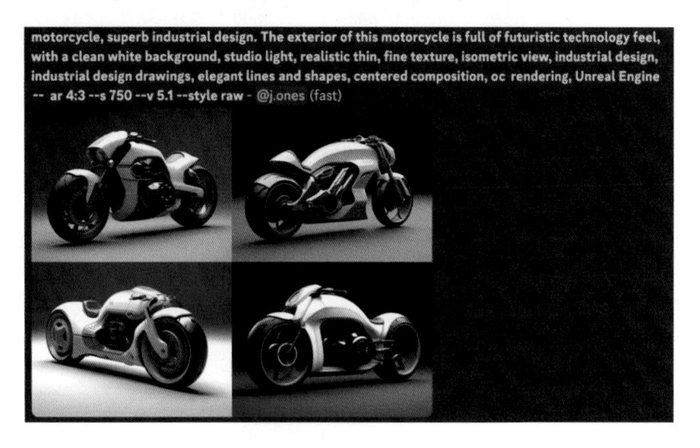

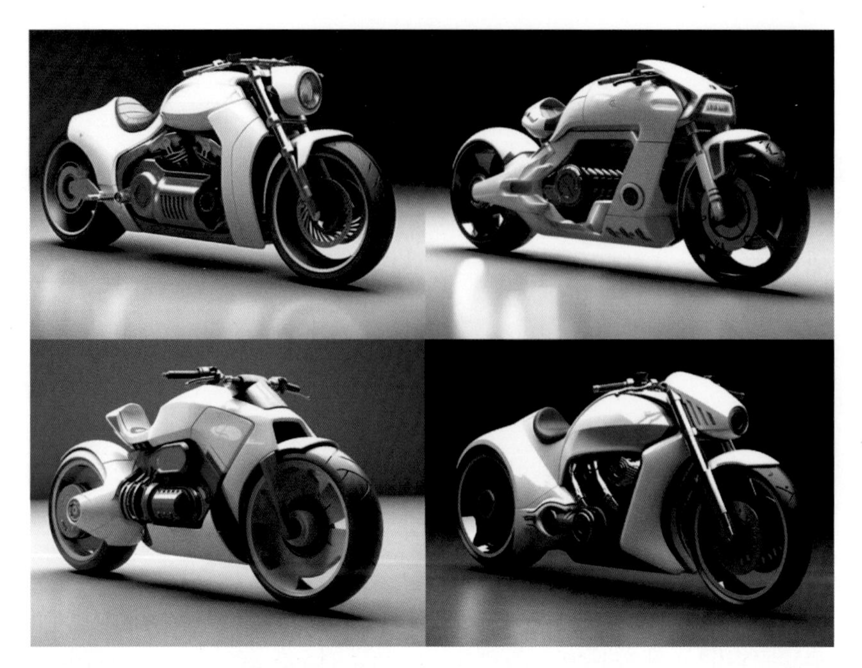

我们也可以先画一张摩托车草图，表达出自己想要的大致颜色和轮廓，然后通过关键词进行描述：一辆红色摩托车，光滑流线型表面，未来科技感，三视图，前视图，侧视图，后视图，工业设计，白色背景，工作室灯光。整理关键词后的提示语如下。

red motorcycle with smooth streamlined surface, sense of futuristic technology, three views, front view, side view, back view, industrial design, white background, studio lighting

将摩托车草图链接与提示语结合，生成相应图片。

11.3 咖啡机

关键词： 咖啡机3D图像，韩流风格，造型精致，OC渲染，童趣简约，纯色，白色图案。

在Midjourney中输入如下整理关键词后的提示语，生成相应的图片。可多次生成，直至满意为止。

coffee machine 3D images, in the style of hallyu, delicate modeling, octane render, childlike simplicity, pure color, white coffee machine

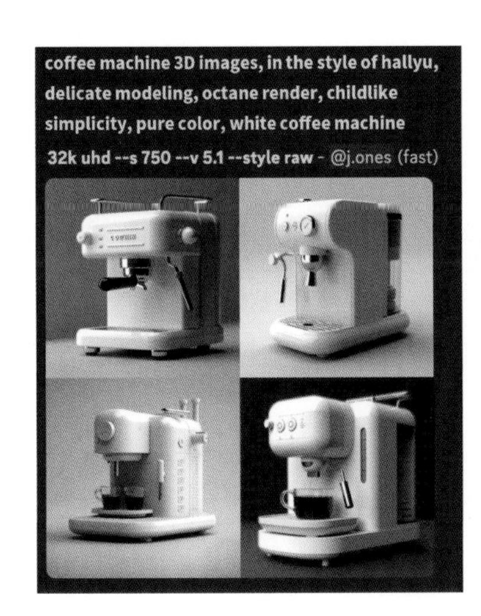

我们也可以利用参考图来反推提示语。选择一段提示语，就可以生成类似的咖啡机。借助Midjourney的随机性，多生成几次，就可以得到很多不错的产品图。

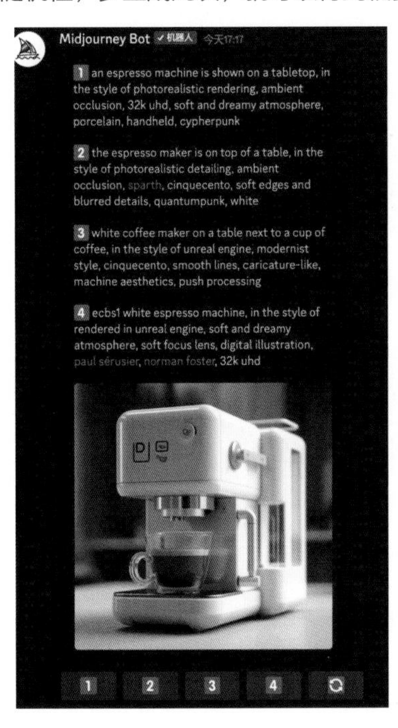

添加或修改提示语后，可以生成各种风格的咖啡机。

11.4 玩具

关键词：

① 带盒子和轮子的音乐玩具机器人，精心设计的风格，戴头盔的机器人玩具，中国朋克，圆形；

② 玩具音乐盒，机器人形状，俏皮的卡通插图，微妙的调色板，五颜六色的木雕，浅红色和浅翡翠色，科学学院，俏皮的混乱，模块化设计。

将以上关键词分别整理为恰当的提示语，可以生成不同效果的图片。

玩具的分类较为广泛，有很多不同的质感和外观。采用反推提示语的方法，提前找好参考图，进行垫图后，就可以生成更加接近预期效果的图片。

例如，在玩具图中加上一些玻璃质感，可以先使用/describe指令反推提示语。

1 a smiling robot with colorful parts, in the style of photorealistic detailing, cryptopunk, translucent immersion, realistic and hyper-detailed renderings, tim shumate, alan bean, vray --ar 97:125

2 a 3d model of an adorable robot, in the style of translucent layers, realism with surrealistic elements, realistic and hyper-detailed renderings, playful and colorful depictions, spacesolarpunk, realistic detail, dotted --ar 97:125

3 a 3d render of a colorful robot with a small smile, in the style of translucent immersion, realistic and hyper-detailed renderings, tinkercore, dotted, nostalgic subjects, sketchfab, bioluminescence --ar 97:125

4 small robot in the design of the computer, in the style of ross tran, realistic and hyper-detailed renderings, light pink and yellow, transparent/translucent medium, unreal engine 5, fernando botero, realistic detailing --ar 97:125

选择其中一段提示语，生成图片并进行垫图。之后对提示语做适当修改，比如可以加上Colorful transparent acrylic, toy texture, plastic texture等表示材质与质感的关键词作为强调内容，也可以加上three views, front view, side view, rear view, multiple angles等表示三视图的关键词。由此可以得到以下图片。

通过更改主体物的关键词和材质描述，可以得到很多不同质感的玩具产品。

11.5 其他

用Midjourney还可以做其他的设计，比如手表、手机、水壶、扫地机器人等。通过一些产品参考图反推提示语，然后加上三视图和风格等关键词，就可以做出很多不一样的设计图了。

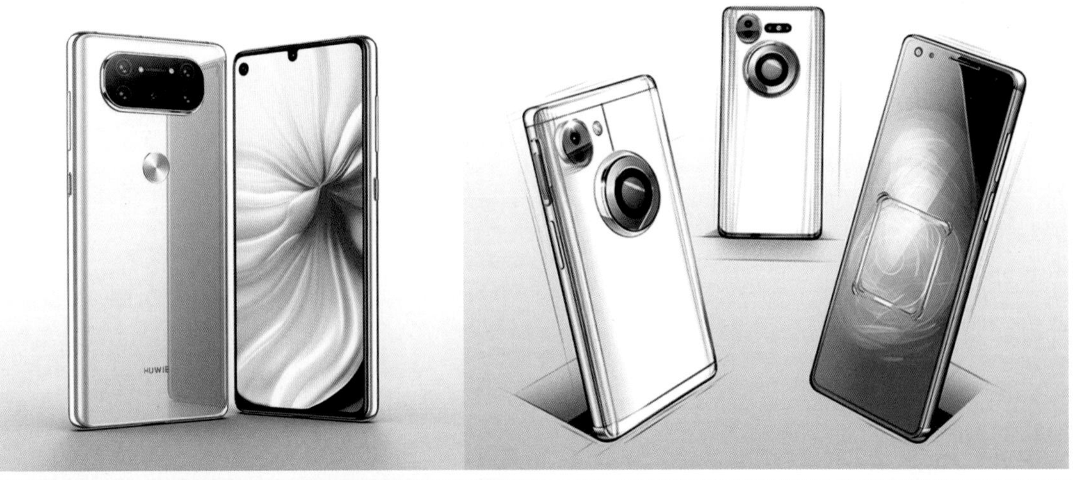
HUWIE

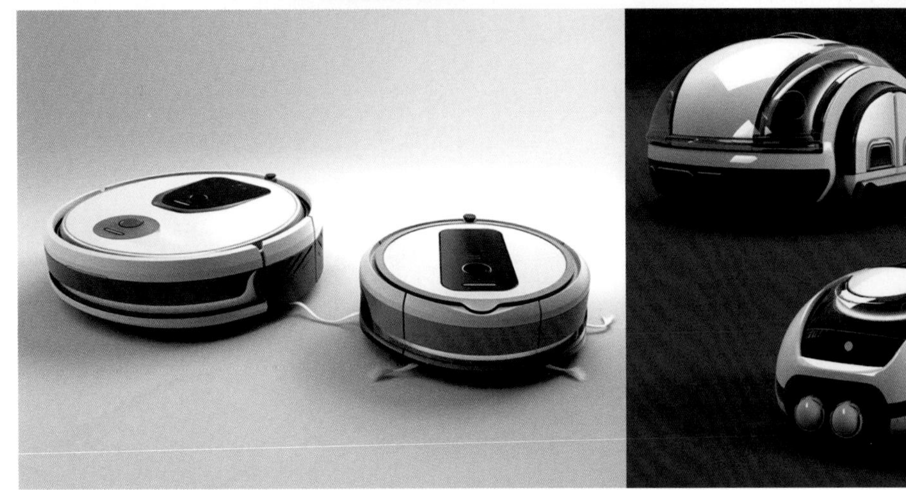

附　录

主题描述：the girl of Saturn by Tsutomu Nihei

色彩材质：peach orange and light turquoise and white and very light beige colors, beautiful lips with intense turquoise lipstick

视　　角：full body

质　　量：high definition, poetic render

the girl of Saturn by Tsutomu Nihei, peach orange and light turquoise and white and very light beige colors, beautiful lips with intense turquoise lipstick, high definition, poetic render, full body

主题描述：a young man in an anime style costume with computer game controllers

艺术风格：in the style of bold and vibrant watercolors

a young man in an anime style costume with computer game controllers, in the style of bold and vibrant watercolors, ad posters, detailed crowd scenes, Kuno Veeber, bold graphic design elements, iberê camargo

主题描述：the cover for summer green lotus

艺术风格：digital illustration, soft-focused realism

环境灯光：glistening

The cover for summer green lotus, in the style of anime influenced, digital illustration, fish-eye lens, soft-focused realism, sonian, glistening, loish

主题描述：a cartoon illustration of a girl

艺术风格：art by Rebecca Doodle, in the style of Grunge Beauty, mixed patterns, text and emoji installations, charming character illustrations, folkloric

色彩材质：in a bright green shirt over

视　　角：close up

close up, a cartoon illustration of a girl in a bright green shirt over, art by Rebecca Doodle, in the style of Grunge Beauty, mixed patterns, text and emoji installations, charming character illustrations, folkloric --s 400 --niji 5 --style default

主题描述：two Chinese girls in straw hats are cooking

艺术风格：in the style of romantic illustration, 2D game art, angura kei, charming illustration

色　　彩：light white and green

two Chinese girls with straw hats are cooking, in the style of romantic illustrations, 2D game art, angura kei, charming illustration, light white and green, oil portraiture, cartoonish features --ar 51:91

主题描述：a Chinese woman, Chinese landscape

艺术风格：abstract painting, Zen, Amy Sol style

色　　彩：soft color palette

a Chinese woman, Chinese landscape, abstract painting, Zen, Amy Sol style, cover art with light abstraction, simple vector art, contemporary Chinese art, color gradients, soft color palette, layered forms, whimsical animation, style Ethereal abstract --q 2 --niji 5

主题描述：an esports player is competing

艺术风格：flat illustration, UI illustration, GUI, minimalism

色　　彩：white background, bright color scheme

an esports player is competing, flat illustration, UI illustration, GUI, minimalism, white background, bright color scheme --s 750 --ar 3:4 --v 5 --q 2

主题描述：a Chinese girl and umbrella

艺术风格：in the style of figurative minimalism, flat illustration style

色　　彩：beautiful color palette

a Chinese girl and umbrella, in the style of figurative minimalism, beautiful color palette, utilitarian, organic shapes and lines, illustration, flat illustration style, danish design

主题描述：a cute white seal wearing sunglasses

艺术风格：illustration style, 3D animation style character design, cartoon realism

环境灯光：bright and harmonious

色　　彩：high-grade natural color matching

a cute white seal wearing sunglasses, standing naturally, clean and simple design, high-grade natural color matching, bright and harmonious, cute and colorful, detailed character design, C4D style, 3D animation style character design, cartoon realism, illustration style, behance, ray tracing --niji 5 --style expressive

主题描述：an elephant wearing a hat and a blue short-sleeved shirt, white skin, with a smile, wearing sneakers

艺术风格：blind box style, pop mart

环境灯光：the warm sunshine is shining on the side face, mid-range, natural light, fairy tale lights

质　　量：super detail, 8K

an elephant wearing a hat and a blue short-sleeved shirt, white skin, with a smile, wearing sneakers, whole body, realistic rendering, PVC texture, the warm sunshine is shining on the side face, blind box style, pop mart, mid-range, natural light, fairy tale lights, OC rendering, 3D, depth of field, super detail, 8K --ar 3:4 --q 2 --s 300 --style expressive

主题描述：pop mart's girl IP

艺术风格：fantasy, creativity, imagination, blind box toy

视　　角：full body

质　　量：high detail, high quality

pop mart's girl IP, goddess, fantasy, creativity, imagination, full body::, blind box toy, OC rendering, high detail, C4D, high quality --ar 3:4 --q 2 --s 750 --v 5

主题描述：super cute bunny IP, with rabbit ears shaped chef's hat

艺术风格：blind box toy, exquisite 3D effect

环境灯光：perfect lighting

视　　角：full body display

质　　量：super high precision, super high detail, 8K, super noise reduction

super cute bunny IP, with rabbit ears shaped chef's hat, cute expression, happy smile, wearing waiter's white and orange uniform, blind box toy, hand puppet, exquisite 3D effect, full body display, super high precision, super high detail, perfect lighting, OC rendering, blender, 8K, super noise reduction

主题描述：a super cute little girl, happy, bear transparent raincoat

艺术风格：blind box, pop mart design

环境灯光：fluorescent, bright light

色彩材质：diamond luster, metallic texture

视　　角：full body

质　　量：ultra-detailed, 8K, HD

full body, a super cute little girl, happy, bear transparent raincoat, bear transparent fluorescent translucent holographic pajamas, blind box, pop mart design, diamond luster, metallic texture, holographic, fluorescent, exaggerated expressions and movements, raincoat girl holds a transparent water bottle in her hand, bright light, clay material, precision mechanical parts, close-up intensity, 3D, ultra-detailed, C4D, octane render, blender, 8K, HD

主题描述：a cute white bear wearing shorts

艺术风格：pop mart style, children's book illustration style

色　　彩：high-grade natural color matching

质　　量：ultra-detailed, 8K, HD

a cute white bear wearing shorts, pop mart style, children's book illustration style, ray tracing, IP image, high-grade natural color matching, 3D, ultra-detailed, C4D, octane render, blender, 8K, HD

主题描述：a lovely little girl of the Tang Dynasty

艺术风格：blind box, pop mart style, pixar style

环境灯光：bright background

视　　角：full body

质　　量：complex details, best quality

full body, a lovely little girl of the Tang Dynasty, elegance, beauty, wearing exquisite traditional Tang attire, loose robes, elaborate and refined hairstyle, in an intricate updo, shiny mane, fluid dance moves or elegant walks, bright background, blind box, pop mart style, pixar style, depth of field, complex details, unreal engine, octane render, best quality

主题描述：a little anime girl wearing pink clothes is walking

艺术风格：ZBrush style, cute and colorful, pop mart, punk

a little anime girl wearing pink clothes is walking, which is ZBrush style, cute and colorful, mischievous sculptures, handmade, pop mart, punk, cartoon characters

主题描述： a miniature figurine of the cartoon character fox

艺术风格： in the style of kawacy, 2D game art

色　　彩： monochromatic white figures

质　　量： 32K, UHD

a miniature figurine of the cartoon character fox, monochromatic white figures, in the style of kawacy, 2D game art, 32K, UHD, Guido Reni, lit kid

主题描述： 3D rendering of Libo Xiaoqikong, Guizhou Scenic Area

艺术风格： fairyland

色彩材质： green waves rippling

视　　角： ultra-wide angle

质　　量： ultra-high definition, ultra-detail

3D rendering of Libo Xiaoqikong, Guizhou Scenic Area, in fairyland, known as the mirror of the ground, the scenery is very large, mountains, boats, green waves rippling, ultra-wide angle, ultra-high definition, ultra-detail --ar 2:3 --v 4

主题描述： Chinese swordsmen film tale

艺术风格： Illustration style, Chinese ink and wash style, art style, Jin Yong style, concept art

环境灯光： realistic lighting and shading

质　　量： highly detailed

Illustration style, scenes, Chinese ink and wash style, Chinese poem, arts style, Chinese swordsmen film tale, highly detailed, dynamic, stunning, realistic lighting and shading, Jin Yong style, vibrant, octane render, very detailed, concept art, cry engine, cinematic, unreal engine, 8K --v 5 --s 750 --v 5

主题描述： a very cute little girl

艺术风格： cartoon style, flat illustration

环境灯光： natural light, movie light

视　　角： wide angle

质　　量： super details, 16K, best quality

a very cute little girl, with bright green hues in spring, a pleasant and relaxed atmosphere. green grass, various plants, cartoon style, mountains, clouds, wide angle, natural light, movie light, flat illustration, super details, 16K, best quality --ar 2:3

主题描述： an orange VW bus, seaside scenes vista

艺术风格： 2D game art, dreamlike atmosphere

质　　量： 32K, UHD

an orange VW bus, in the style of highly detailed environment, detailed illustrations, 32K, UHD, cute and colorful, seaside scenes vista, 2D game art, dreamlike atmosphere --ar 2:3

主题描述： sky city, amusement park on the white clouds

艺术风格： futurism

环境灯光： movie lighting

色　　彩： colorful, blue sky

sky city, amusement park on the white clouds, colorful, fanciful, futurism, blue sky, movie lighting, ultra detailed --ar 3:4

主题描述： quiet forest, deep blue forest

艺术风格： fantasy, dreamy, illustration

质　　量： intricated details, 8K, UHD

quiet forest, deep blue forest, giant trees, streams, fireflies, glowing leaves, beams of light, flashing spots, fantasy, dreamy, intricated details, illustration, 8K, UHD, --no man --niji 5

主题描述： a ship in front of the sun on a blue background

艺术风格： in the style of light magenta, minimalist geometry, modernism

a ship in front of the sun on a blue background, in the style of light magenta, minimalist geometry, abstract, manipulated photo, coastal landscape, modernism --q 2 --s 750 --v 5.1

主题描述：an adventurer in a cinema room with cinema seats, standing in front of the cinema screen

艺术风格：vector design

vector design, an adventurer in a cinema room with cinema seats, standing in front of the cinema screen. The scene unfolding in the movie screen is a jungle-like adventure landscape. This landscape comes out of the movie screen --s 750 --v 5.1 --style raw

主题描述：stereo headphones

艺术风格：maya-style rendering, polished craftsmanship, precisionist art

色　　彩：colorfull

质　　量：HD

stereo headphones, maya-style rendering, polished craftsmanship, colorfull, ISO 200, precisionist art, detailed, 3D rendering, C4D, HD

主题描述：a photo realistic picture of a blue Ming vase

环境灯光：cinematic lighting

a photo realistic picture of a blue Ming vase, cinematic lighting, light background

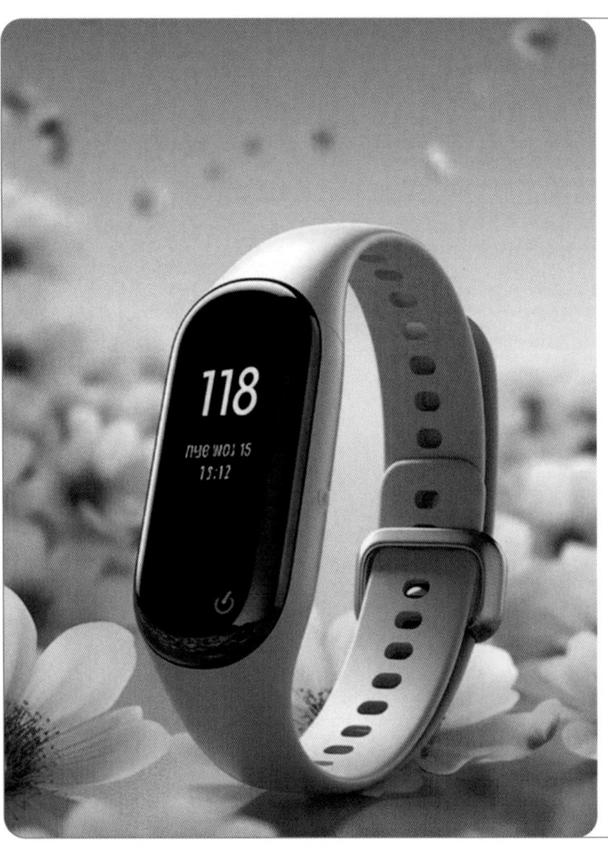

主题描述：Smart Band, placed on a showcase full of pink flowers, dreamy scenes

艺术风格：product photography

环境灯光：dazzle light

视　　角：macro shooting

Smart Band, placed on a showcase full of pink flowers, dreamy scenes, product photography, dazzle light, macro shooting --ar 3:4 --s 800 --v 5

主题描述： small desktop fan

艺术风格： commercial photography, retro look

环境灯光： natural light

commercial photography, natural light, small desktop fan, retro look, sitting on a table, in a bright living room, minimalist backdrop, features shallow depth of field, Canon camera, --ar 3:4 --s 750 --q 2

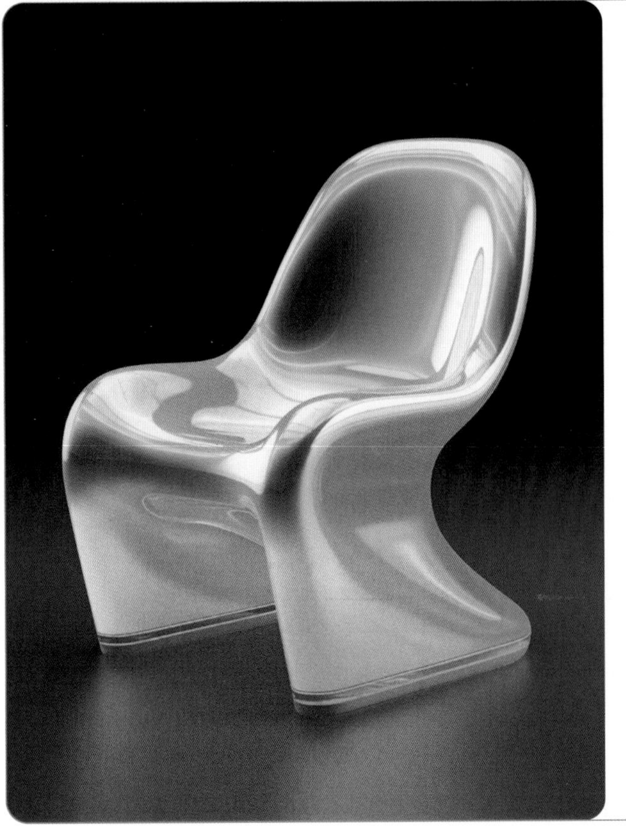

主题描述： the chair is made of clear, colored glass

艺术风格： in the style of digital gradient blends, futuristic design

色彩材质： colored glass, soft and dreamy pastels, glowing colors

the chair is made of clear, colored glass, in the style of digital gradient blends, soft and dreamy pastels, melting pots, futuristic design, 8K, 3D, glowing colors --s 750 --v 5.1 --style raw

主题描述：in the forest, the girl is surrounded

艺术风格：soft, colorful film, Kodak

视　　角：close up

close up, in the forest, the girl is surrounded, flowers, her hair gleaming in the sun, smiling, soft, colorful film, Kodak --ar 3:4

主题描述：a man in Gucci suit flying over a city, joyful whimsicality

艺术风格：in the style of Y2K aesthetic, celebrity photography, Kodak film

视　　角：medium shot, aerial view

质　　量：highly realistic photograph, 32K, UHD, hyper realistic, 8K

highly realistic photograph, a man in Gucci suit flying over a city, in the style of Y2K aesthetic, cloud mass, 32K, UHD, celebrity photography, soviet, deconstructed tailoring, grid, joyful whimsicality, Medium shot, aerial view, clearly visible facial features, realistic skin texture, dynamic composition, hyper realistic, Kodak film, 8K --ar 3:4 --s 750 --v 5.1 --style raw

主题描述：an alone astronaut landed on a planet in the galaxy

艺术风格：science fiction, futurism

视　　角：wide-angle view

质　　量：photo realistic

an alone astronaut landed on a planet in the galaxy, photo realistic, depth of field, wide-angle view, science fiction, futurism, upbeat --s 1000 --q 1.5 --v 5

主题描述：the image is of a lady walking from a red dress along the dunes

艺术风格：in the style of exotic fantasy landscapes

视　　角：aerial photography

the image is of a lady walking from a red dress along the dunes, in the style of exotic fantasy landscapes, topographic photography, daz3d, national geographic photo, aerial photography, flowing draperies, sculpted

主题描述：delicious bibimbap which is rice topped with namul and gochujang

色　　彩：high key saturated color grading

质　　量：evident in every detail

delicious bibimbap which is rice topped with namul and gochujang, simple background, Korean food, evident in every detail, high key saturated color grading --v 5.1

主题描述：the girl on the white Hanfu posing with a pink dragon, dragon is SSS material

艺术风格：in the style of Amy Judd, Chen Zhen, Miwa Komatsu, child-like innocence, cinematic stills

色彩材质：light pink smoke

the girl on the white Hanfu posing with a pink dragon, dragon is SSS material, in the style of Amy Judd, Chen Zhen, Miwa Komatsu, light pink smoke background, child-like innocence, cinematic stills, meticulous design --ar 3:4 --s 750 --v 5.1 --style raw

主题描述： ultra-high-definition physical texture details, a white and green village

艺术风格： in the style of fluid formations，Gu Hongzhong, innovative page design, Hans Baluschek

色彩材质： white and green, marble

质　　量： 8K

8K, ultra-realistic photography photos, ultra-high-definition physical texture details, an artist is making a white and green village, in the style of fluid formations, streamlined design, hyper-realistic water, Gu Hongzhong, innovative page design, marble, Hans Baluschek --ar 3:4 --q 2 --s 750 --v5.1

主题描述： a glass of snow top coffee drink in a clear glass cup

艺术风格： product photography, commercial shooting

环境灯光： bright environment

色　　彩： bright blue sky background

质　　量： high resolution photography

product photography, commercial shooting, bright blue sky background, splash explosion, a glass of snow top coffee drink in a clear glass cup, floating in the clouds, high resolution photography, bright environment, a concise background --ar 3:4

主题描述：Alice is a beautiful and cute girl, white skin, upper body, a girl in a white dress, blue eyes, white hair, holding a white cat with blue eyes

艺术风格：oil painting, in Miho Hirano style, hyper realism

环境灯光：dramatic lighting

质　　量：4K, highly detailed, HD

oil painting, Alice is a beautiful and cute girl, white skin, masterpiece, upper body, a girl in a white dress, blue eyes, white hair, holding a white cat with blue eyes, beautiful face in Miho Hirano style, Alice is surrounded by roses, sad face, sad expression, concept art, sparkle lighting, hyper realism, 4K, unreal engine, highly detailed, stretch motion intricate textile details, dramatic lighting, HD, 3D, unreal engine, up close, C4D, octane render, blender --style expressive --niji 5

主题描述：malachite storm trooper as a vintage punk samurai

艺术风格：artstation by James Jean, Moebius, Cory Loftis, Craig Mullins, Greg Rutkowski, Mucha, Rococo art

环境灯光：dark grey background, beautiful lighting

色彩材质：blue and golden details, vibrant colors

视　　角：over the shoulder, close up

质　　量：hyper detailed, 8K

malachite storm trooper as a vintage punk samurai, dark grey background, blue and golden details, hyper detailed, 8K, beautiful lighting, artstation by James Jean, Moebius, Cory Loftis, Craig Mullins, Greg Rutkowski, Mucha, over the shoulder, close up, fractal, vibrant colors, Rococo art, clear shape, defined shape

主题描述： a violin-shaped container with a sea world

艺术风格： in realistic and ultra-detailed rendering styles, surrealism

环境灯光： sunny beach

质　　量： HD, 8K

a violin-shaped container with a sea world, sunny beach, cheesy milk-covered clouds, C4D, OC rendering, HD, 8K, in realistic and ultra-detailed rendering styles, behance, surrealism --s 400 --ar 3:4 --niji 5 --style expressive

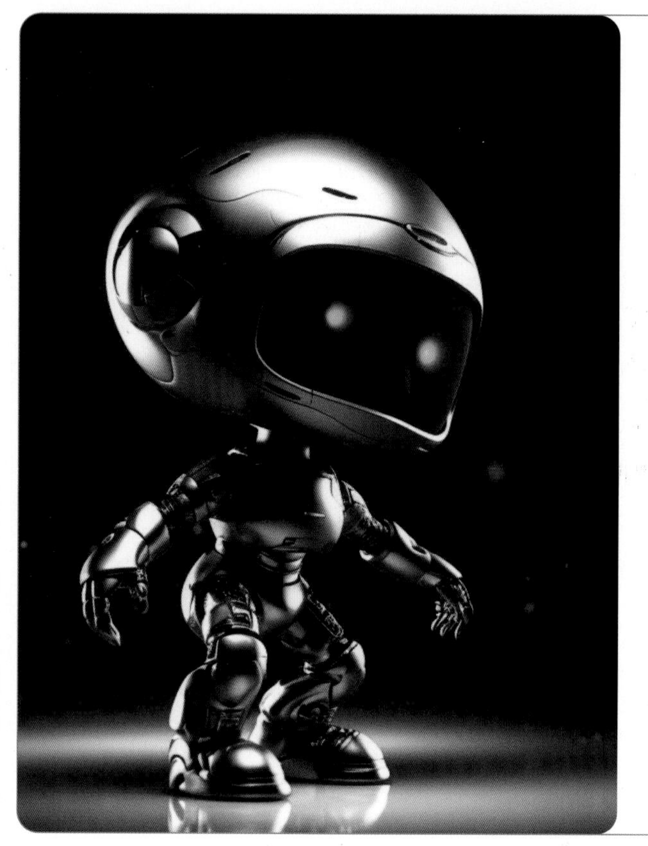

主题描述： a cartoon character is in space with the solar nebula behind him

艺术风格： in the style of futuristic spacecraft design

色彩材质： black and silver, soft edges and blurred details

a cartoon character is in space with the solar nebula behind him, in the style of futuristic spacecraft design, black and silver, soft edges and blurred details, adorable toy sculptures, xbox 360 graphics, contest winner, smooth lines --s 750 --v 5

主题描述： girl sitting by the pool

艺术风格： neo-pop iconography, fashion illustration

色　　彩： vibrant colors

质　　量： super detail, 8K

girl sitting by the pool, neo-pop iconography, fashion illustration, vibrant colors, OC rendering, 3D, depth of field, super detail, 8K --s 400 --ar 3:4 --q 2 --style expressive

主题描述： white hair girl and a giant cat, the girl sits on the giant cat, the cat has big eyes, long wool

艺术风格： Krenz Cushart, Hikari Shimoda, minimalist

质　　量： realistic detail, 32K, best quality

white hair girl and a giant cat, the girl sits on the giant cat, the cat has big eyes, long wool, Krenz Cushart, unreal engine, Hikari Shimoda, realistic detail, radiant clusters, pseudo-infrared, minimalist, 32K, best quality --ar 3:4